中国工程院“颠覆性技术及未来产业发展前沿跟踪研究”重点项目（2024-HZ-22）
“环境领域未来产业发展前沿跟踪研究”课题（2024-HZ-22-06）
支持

美国环境政策倾向及其机制

刘晓龙 / 著

中国环境出版集团 · 北京

图书在版编目（CIP）数据

美国环境政策倾向及其机制 / 刘晓龙著. -- 北京 : 中国环境出版集团, 2024.6

ISBN 978-7-5111-5861-1

Ⅰ. ①美… Ⅱ. ①刘… Ⅲ. ①环境政策－研究－美国 Ⅳ. ①X-017.12

中国国家版本馆 CIP 数据核字(2024)第 097288 号

出 版 人　武德凯
责任编辑　丁莞歆
封面设计　岳　帅

出版发行　中国环境出版集团
（100062　北京市东城区广渠门内大街 16 号）
网　　址：http://www.cesp.com.cn
电子邮箱：bjgl@cesp.com.cn
联系电话：010-67112765（编辑管理部）
010-67147349（第四分社）
发行热线：010-67125803，010-67113405（传真）

印　　刷　北京中献拓方科技发展有限公司
经　　销　各地新华书店
版　　次　2024 年 6 月第 1 版
印　　次　2024 年 6 月第 1 次印刷
开　　本　787×1092　1/16
印　　张　14
字　　数　310 千字
定　　价　88.00 元

中国环境出版集团郑重承诺：
中国环境出版集团合作的印刷单位、材料单位均具有中国环境标志产品认证。

序　一

美国的环境政策对美国国内环境治理乃至世界环境治理有着举足轻重的影响。然而，美国的环境政策复杂多变，既可能推动全球环境治理，也可能阻碍全球环境治理。因此，研究美国对待环境议题态度变化的规律和机制有着重要的理论和现实意义，也成为政治学和公共政策等领域的前沿热点。学术界一直试图解释美国对环境议题态度差异的原因和规律，但已有的理论却一直不成功。这些理论往往只能解释部分现象，而不能全面解释美国的态度，尤其是难以解释美国对待臭氧层保护环境议题的态度。

本书以美国国内政治的博弈作为主线来挖掘美国环境政策发展的逻辑，以环境恶化后果的地理覆盖范围作为自变量，重点考察该自变量如何影响美国国内支持与反对环境议题的力量对比及它们之间的博弈。根据本书提出的理论，如果环境恶化的后果明确地出现在美国国内，那么美国国内支持环境议题的政治力量就持续壮大，从而推动美国政府采取积极的态度；如果环境恶化的后果出现在国外或以概率的方式出现在全球范围，那么美国国内支持环境议题的力量就难以战胜反对力量，从而使美国政府采取消极的态度。本书考察了环境后果具有地理延展性的所有重要环境议题，验证了书中所提出的理论；同时，还对滴滴涕污染、臭氧层保护、禁止危险废物越境转移和应对气候变化这四个具有典型意义的环境议题进行了重点案例研究，用于考察在议题进程中美国各派力量博弈的过程和结果，细致地掌握和刻画了美国环境整治的动态特征。

大致而言，本书具有如下三个创新点：一是从微观视角出发，厘清了美国环境政策倾向随时间变化的特征，深入梳理了美国面对不同环境议题而采取的环境政策，总结出一般性规律；二是针对不同类别的环境议题，提出统一的理论框架并建立因果机制；三是环境议题的类别决定了美国国内支持方和反对方随着环境议题进程的“动态博弈”，而这种“动态博弈”的结果反过来又影响了美国环境政策倾向的变化规律。

本书作者刘晓龙是自中国工程院战略咨询中心成立以来的首批员工，十几年来一直在有关院士和专家的指导下从事国家能源、环境和信息等工程科技领域的发展战略和政策研究。晓龙的本科和硕士专业分别为电气工程及其自动化和模式识别与智能系统，博士转攻清华大学的国际关系专业，这种理工科加社会科学的学术背景，结合其参与国家工程科技发展战略课题研究的实际经历，得此佳作，以飨读者。

是为序。

中国工程院原副院长、院士

国家能源咨询专家委员会副主任

国家气候变化专家委员会顾问

序　二

20 世纪 90 年代，我刚投身军控研究领域的时候看到了一些奇葩的现象，百思不得其解。在《化学武器公约》《全面禁止核试验条约》的谈判中，美国都极力推动现场视察，要求在条约中安排介入性更强、启动程序更简易的现场视察。可是这两个条约达成后，美国马上翻脸，极力抵制现场视察。更为奇葩的是，美国积极推动《禁止生物武器公约》核查议定书（以下简称《议定书》）的谈判，主要通过现场视察来实现核查。可在《议定书》谈判基本完成后，美国却独自抵制该《议定书》20 多年。

美国这种前后不一致的行为模式也体现在美国对待环境议题的态度上。美国对限制固体废物越境转移的《控制危险废料越境转移及其处置巴塞尔公约》就如同对待前述的现场视察一样前恭后倨；对待气候变化的态度，则比川剧变脸还频繁。当然，美国对待部分环境议题的态度则始终如一，如对待滴滴涕的限制、对待臭氧层的保护等。美国这种环境政策的特点催生了两种“理论”：第一种可以称作“灯塔论”，该“理论”只看到了美国推动环保的一面，认为凡是美国的政策都是好的，我们应该学习；第二种可以称作“做局论”，该“理论”认为美国在环境问题上做局，引诱其他国家入局，等其他国家入局之后自己再抽身退局，其他国家只好“买单”。这两种“理论”在学术上很难登堂入室，但是影响力巨大。在学术上，就如何理解美国环境政策的特点发展出了不少理论。这些理论能够解释美国的部分环境行为，是学术探索的重要阶梯，但显然不能解释美国环境政策的善变。

刘晓龙博士在他的研究中提出的核心观点看似平淡却非常精准：在环境议题的初始阶段，美国具有理想主义情怀的环保主义者会推动美国政府采取积极姿态；环境议题一旦进入实质阶段，理想主义就不能当饭吃了。对此，晓龙给出的结论更为朴实，但却是符合实际判断的：如果环境恶化的后果明确落在美国人头上，美国将前赴后继，积极推动该环境议题；如果环境恶化的后果没有明确落在美国人头上，美国将对该环境议题三心二意，甚至前恭后倨。看到晓龙的这个研究判断，我有种豁然开朗的感觉。这个判断看上去不够高大上，但却深刻、准确地描述了美国环境行为的基本逻辑。推测一下，美国在军控领域对待现场视察等问题恐怕也是奉行了类似的逻辑。

为了检验上述假设，晓龙在他的研究中选取了环境后果存在不同地理分布特征的案例，深入挖掘相关历史数据，考察了美国对这些环境议题的长期态度，有力地证明了他的学术判断。

晓龙是理工科背景的研究人员，在人生的重要时刻花费五年时间努力获得了政治学博士学位。这篇著作以他的博士论文为基础，从中可以看出其文理结合的研究特点。这也恐怕是未来学术研究的一个走向。

晓龙的这部著作不仅有平实可信的学术判断，而且共享了很多有价值的历史数据，展现了精益求精的研究方法。这部著作可供环境领域的技术和政策专家参考，也值得国际关系领域的学者和研究生学习，普通读者从本书中也能发现很多有趣的历史现象和观察世界的独特视角。

清华大学国际关系学系教授

前言

美国的环境政策对于世界其他国家的环境状况乃至全球环境治理都有着举足轻重的影响。然而，美国的环境政策倾向却是复杂多变的。面对不同的环境议题，其态度往往不同；甚至对待同一个环境议题，在不同阶段的态度也经常前后差异很大。因此，本研究试图解释的核心困惑是，为什么面对不同的环境议题，美国政策的动态特征有明显不同？具体而言，环境后果的地理分布如何改变美国的政策倾向？这种变化背后的原因和机制是什么？

本书试图寻找美国环境政策倾向的原因和机制。研究发现，影响美国环境政策倾向的核心机制是环境议题支持方与反对方的博弈：当环境议题支持方的力量压倒反对方时，美国的环境政策倾向积极；当支持方的力量远小于反对方时，其环境政策倾向消极；当双方的力量相差不大时，其环境政策倾向由美国的党派政治所决定。本书还发现，影响美国环境政策倾向的主要原因是环境后果的地理分布范围。当环境后果明显发生在美国国内时，美国国内支持环境议题的力量始终占上风，美国的政策倾向始终保持积极；当环境后果主要体现在国外或者全球范围时，在环境议题的实质阶段美国国内反对环境议题的力量会上升，美国的政策倾向也会因此变得更加消极。

本书运用比较案例分析和过程追踪法，分别从产生环境问题的原因是在美国国内还是全球，环境问题的主要后果是在美国国内还是全球两个维度出发，详细分析了滴滴涕污染、臭氧层保护、禁止危险废物越境转移和应对气候变化这四个环境议题案例，成功检验了本书的研究假设和逻辑机制。

尽管本书取得了一定的研究成果，但鉴于研究资料的获取难度较大和研究精力有限，仍然存在案例选择有限，缺乏对关键变量更精准的操作化，以及缺乏研究结论的普适性研究等不足，留待后续进一步深入研究。

在本书研究和撰写过程中，自始至终得到了我的博士生导师——清华大学国际关系学系李彬教授、中国工程院原副院长杜祥琬院士和北京航空航天大学毛剑琴教授的倾力指导。在研究过程中，还得到清华大学史志钦、孙学峰、张传杰、赵可金、张成岗、陈琪、刘丰、周建仁、唐晓阳、陈冲和吴日强等教授，以及中共中央党校（国家行政学院）国际战略研究院樊吉社研究员的大力指导与帮助。此外，中国工程院战略咨询中心江媛副研究员提出许多修改意见并做了大量校对工作，国家发展和改革委员会能源研究所田智宇研究员、中国工程物理研究院崔磊磊高工、中化集团王海滨研究员，以及胡高辰、曾政、陈志寰、李享、罗易煊等博士也提出和提供了很多很好的建议和研究素材。本书在出版过程中得到了中国环境出版集团领导和专家的大力支持，在此一并致以诚挚的谢意！同时，本书也得到了中国工程院“颠覆性技术及未来产业发展前沿跟踪研究”重点项目（2024-HZ-22）及其下设的“环境领域未来产业发展前沿跟踪研究”课题（2024-HZ-22-06）的大力支持。

最后，感谢我的家人给予我一如既往的支持、关心和照顾，使我能够全身心投入到学习和研究工作中。特别感谢我的妻子和我两个可爱的孩子，你们不仅是我学习和工作的动力，更是我生命的支柱！我深深地、永远地爱着你们！

尽管在研究和撰写过程中力求完善，但限于笔者的知识结构和水平，书中难免存在疏漏和不足之处，恳请广大读者批评指正！

刘晓龙

目　录

第1章

导 论

1.1 研究背景

在传统国际关系研究中，环境问题属于“低级政治”（low politics），[①] 并不是国际关系研究中的核心问题。20 世纪五六十年代，由于人类活动能力的快速提高，环境问题日益成为国际议事日程中首要关注的问题之一。[②]

美国长期作为超级大国，其环境政策对世界环境问题的发展和解决有着举足轻重的影响。可是，美国的环境政策极为复杂多变，对待不同的环境议题，其政策倾向可能千差万别，即使对同一个环境议题的政策倾向也可能前后差异很大。在滴滴涕（dichloro diphenyl trichloroethane，DDT）污染环境议题上，从 20 世纪 60 年代开始，美国逐步启动了激进的限制政策，而且之后长期保持了积极的政策倾向。美国对待臭氧层保护环境议题的政策倾向也类似，自始至终都保持着激进的政策和积极的态度。但是对于其他一些环境议题，美国环境政策的动态特征则十分蹊跷。例如，在对待危险废物越境转移、危险化学品污染、持久性有机污染物、生物多样性及气候变化等环境议题方面，美国从一开始是积极的倡导者，但当这些环境议题逐渐进入实质性限制时，美国的政策倾向却又变得犹疑、消极、摇摆甚至对抗。尤其值得注意的是，臭氧层保护是与应对气候变化性质相似的环境议题，然而美国对气候变化的政策多次反向调整，但对臭氧层保护却一直保持积极的政策倾向。美国对待不同环境议题的政策倾向见示意图 1.1。

① [美]詹姆斯 • 多尔蒂、小罗伯特 • 普法尔茨格拉芙：《争论中的国际关系理论》（第五版，中译文第二版），阎学通、陈寒溪等译，广州：世界知识出版社，2018 年，第 541 页。

② [美]肯尼迪 • 沃尔兹：《国际政治理论》，信强译，上海：上海世纪出版集团，2003 年，第 283-284 页。

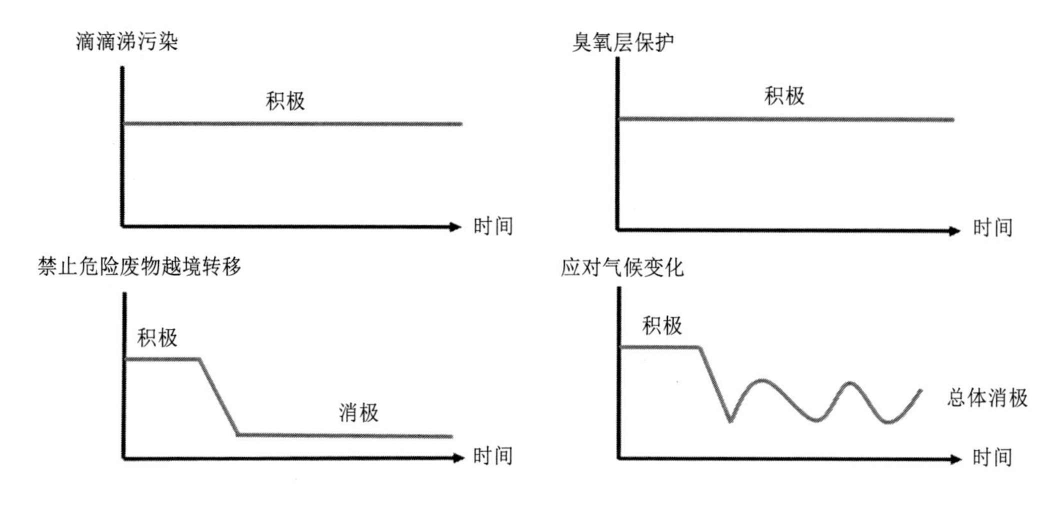

图 1.1　美国对待不同环境议题的政策倾向

（来源：作者自制）

从后果来说，美国环境政策的多变性对全球环境治理的进程有明显影响；从原因来说，美国环境政策的动态特征也十分耐人寻味。

从前述的这些案例可以看出，面对某些环境议题，美国在提出问题和探究问题解决方案的初始阶段表现积极，然而到需要达成国际协定并安排国际协定实施的实质阶段时却走向消极，甚至会完全否定之前自己的提议或自身的行为；有时还会出现某个阶段积极但其后又再次消极的“反复”现象。对待自己提倡的环境规范如此反复，先承诺遵守后退出又加入再退出，这种反复无常的现象确实颇为令人费解。

按照理性主义的国际关系理论来说，国家在制定政策时以国家利益为前提。在世界格局和国际环境格局没有发生很大变化、所涉及的全球环境问题也没有发生实质性变化时，国家利益不应该出现重大变化，那么国家所制定的政策或态度也应该不会发生根本性变化。然而，美国的对外政策倾向却表现出阶段性，这不符合上述常理。再者，美国是当今世界上唯一的霸权国家，以其自身的实力，如果认为某项环境议题或政策对其不利，或者说有损于其国家利益，美国完全可以在初始阶段就进行阻止或者反对，将该环境议题或政策“扼杀于摇篮”。但很多现象表明，美国在初始阶段是一些全球环境议题或政策的积极支持者甚至倡导者，而进入实质阶段却消极对待，甚至成为反对者，这也与常理不符。如果美国坚持它所倡导的环境议题，则完全有能力在这些议题的实质性阶段保持其积极的领导地位，而不应成为该环境议题的反对者。

为此，我们面对的一个疑惑是，为什么面对不同的环境议题，美国政策的动态特征有明显不同？前述这些案例的环境后果所覆盖的范围有很大不同，其中最为典型的两个案例是滴滴涕污染和禁止危险废物越境转移环境议题。这两个典型案例为我们理解这一问题提供了线索。美国使用滴滴涕杀虫剂，其环境后果主要体现在美国国内，为了避免国内的环境危害，美国政府对于在美国国内限制滴滴涕使用长期采取积极的政策；禁止危险废物越境转移环境议题的后果主要体现在美国之外的欠发达国家或地区，所以美国不愿意长期支持对危险废物越境转移的限制。因此，可以推测：环境后果的地理范围是决定美国对一个环境议题长期政策倾向的最主要原因；在环境议题的不同阶段，美国政策倾向的变化则源于美国的国内政治对环境议题的博弈。

为此，可以将美国所应对的环境议题按照其原因和后果的范围进行如下分类：第一类是产生环境问题的主要原因和主要后果都在其国内（如滴滴涕污染环境议题）；第二类是产生环境问题的主要原因在全球，而环境后果在美国国内有充分的体现（如臭氧层保护环境议题）；第三类是产生环境问题的主要原因在其国内，而后果主要体现在全球范围（如禁止危险废物越境转移环境议题）；第四类是产生环境问题的主要原因在全球，而主要后果也体现在全球范围（如应对气候变化环境议题）。其中，对于第一类和第二类环境议题，无论产生环境问题的原因是在美国国内还是全球，其环境影响的后果都在美国国内有充分体现，所以这两类议题可以统称为环境后果在美国的环境议题，或者粗略地称为美国的“国内环境议题”；对于第三类和第四类环境议题，无论产生环境问题的原因是在美国国内还是全球，其环境影响的后果主要在美国国外或全球范围，所以这类问题可以统称为“全球环境议题”。

综合以上分析，本书所要研究的问题主要有两个：第一，对环境后果主要体现在美国国内的环境议题，以及对环境后果主要体现在全球的环境议题，美国的长期政策倾向分别有什么特点？第二，美国对两类环境议题长期政策倾向形成的原因和机制是什么？

本书主要研究美国对环境议题的长期政策倾向，以及形成这种政策倾向的原因机制，这里的环境议题主要是由人为因素造成的对自然环境的重大影响，或称次生环境问题。“二战”后，随着经济社会的快速发展，越境环境问题变得突出，环境问题的国际性讨论逐渐兴起。因此，本书研究的时间范围也限制在“二战”后。

1.2 研究意义

考察和理解美国对不同类型的环境议题的立场动态特征和机理具有重要的理论意义和现实意义。

1.2.1 理论意义

本书的研究有利于形成解释美国对各类环境议题政策倾向的统一解释框架。虽然学术界对于这个领域的研究由来已久，有的理论从宏观层面出发，粗略地提出了美国对外政策的周期理论，显然缺乏具体的、细致的案例支撑；有的理论从国际机制出发，认为美国对全球环境议题或政策（条约）倾向的变化主要源于国际压力，显然没有意识到美国在整个国际体系中的地位；有的理论从国内机制出发，认为美国对环境议题或政策（条约）倾向的变化源于认知共同体（epistemic community，EC）、公众舆论、利益团体、党派政治等，这种列举式的研究显然没有形成统一的因果机制；还有些理论既考虑了国际层面的因素，也考虑了国内层面的因素，这种理论看起来考虑得很全面，但忽略了美国的特有特征，没有抓住核心要素。本书在前人研究的基础上，全面分析了美国针对各类环境议题所表现出的不同政策倾向，试图形成统一且适合美国自身的国家行为理论。

本书的研究属于国际关系和美国政治交叉的前沿热点，融合了政治学、经济学、社会学、环境学和国际关系等学科的观点，拓宽了国际关系研究的领域和范畴，给国际关系研究提供了一个新的视角。既往的美国环境政策研究，往往将环境问题粗分为国内环境问题和全球环境问题，并分别研究美国的环境政策动态特征和机制。这样的划分没有抓住美国行为的本质原因是环境后果而不是环境原因，从而导致建立的因果机制解释力不强。比如，很多文献中经常将臭氧层保护问题当作全球环境问题对待，但当面对美国一直以积极的政策倾向应对这个环境议题时，其理论解释力就会下降或者根本解释不了，这些研究只能将这个案例当作特例对待。实际上，臭氧层保护这个环境议题看似是全球环境问题，但对美国而言，其环境后果在美国国内有明显且直接的体现，容易引起国内的政治反应。本研究根据主要环境后果是否在美国国内有明确且直接的体现来对自变量进行重新定义，抓住了美国行为的本质，从而使建立的因果机制框架的解释力更强。

本书的研究还可为一些传统领域和新兴领域的研究提供新的启发。例如，本研究可以为跨层次分析研究领域中的“双层博弈”理论提供新的思考。“双层博弈”理论认为，国际因素和国内因素在决定国际谈判的结果方面是“同时的”和“相互的”，并且参加国际谈判的国家领导人是国际因素和国内因素的关键节点。此理论既考虑了国际层面的因素，又考虑了国内层面的因素，看似很全面，然而就美国而言，单就全球环境议题或政策（条约）这个范围而论，此理论夸大了国际压力对美国的作用，而本书却能弥补此理论的这些不足。再如，本书可以为国家行为理论，尤其是大国行为理论提供新的启发。美国当前仍然是世界唯一的超级大国，其对外行为可以与诸如以欧盟为代表的发达国家和地区，以及以中国为代表的发展中国家的行为进行对比，在对比中可不断丰富国家行为理论。

1.2.2 现实意义

本书的研究有助于理解全球环境治理的进程，使我国在全球治理中发挥更有意义的作用。当前，全球面临着严峻的生态环境挑战。美国是世界上唯一的超级大国，其环境政策的倾向对全球环境治理有很大影响。在全球环境治理进程中，无论是进展较为顺利的环境议题，还是难以推动的环境议题，其背后都存在美国的影子。我国已是仅次于美国的第二大经济体，在取得巨大进步的同时，也面临来自国际和国内强大的环境压力，迫切需要认清和借鉴美国的对外和对内环境政策规律、经验和教训，在国际舞台上推行独立的环境政策，彰显负责任的大国担当。本书可以为此提供参考。

本书的研究有助于我国更好地制定中美博弈的应对策略，避免出现误判。中美博弈注定是一场持久战。随着博弈的不断深化，双方所涉及的范围已经延伸到包括环境保护在内的多个领域。“知此知彼，才能百战不殆。”如果我们能够理解美国环境政策的长期趋势、动态特征及形成机制，就能更好地制定我国的应对策略，避免出现误判。当看到美国国内出台一项具体的环境政策时，我们需要了解政策背后的力量博弈机制，从而避免生搬硬套；当美国在某些环境议题的对外政策上表现积极时不要指望它会长久积极，当表现消极时也不必惊讶，这是常态。本书可为我国在中美博弈中占据主动权提供一定的战略判断。

本书的研究有助于理解美国国内政治及由此衍生的政策。环境政策只是国家公共政策的一小部分，但其决策机制和因果机制可以为研究其他领域的公共政策提供参考和借鉴。也就是说，本研究可拓宽美国其他领域公共政策研究的思路。此外，无论环境后果是在美国国内还是在美国国外（或者全球），美国制定环境政策的本质在于国内政治（包括选举政治、游说政治、党派政治、利益集团政治和公开辩论等）。不同的政治类型对决策者影响的程度不一样。本书既可以深入理解美国当前的国内政治状况，也可以根据美国国内政治的走向和变化趋势较为准确地预测美国决策者的政策倾向及其变化。

1.3 本书架构

本书架构的基本逻辑是，阐述选题背景，提出研究的经验困惑和理论困惑，凝练课题研究的理论意义和现实意义；围绕提出的问题，深入开展文献综述；开展研究设计，对核心概念进行界定和测量，并提出理论框架、研究假设和研究方法；选取案例对提出的理论假设和因果机制进行检验；最后，进行总结。

第 1 章　导论。本章重点阐述选题的背景、经验和理论困惑与研究意义，并对研究的整体架构进行介绍。

第 2 章　文献综述。本章对美国环境政策倾向的现象和因果机制研究方面的现有文献进行梳理，并对其进行评述。

第 3 章　研究设计。本章对重要的概念进行概念化和测量。在此基础上，辨析了自变量、干扰变量和因变量，并提出了理论框架、基本假设和研究方法。

第 4 章　滴滴涕污染环境议题。美国使用滴滴涕农药所造成的环境污染议题，其产生环境问题的原因在美国国内，环境后果也主要发生在美国国内，属于典型的美国国内环境问题。本章选取滴滴涕污染环境议题，分别在该环境议题的初始阶段和实质阶段详细论证了环境议题支持方与反对方之间的激烈博弈及其对美国政策倾向的影响。此案例充分检验了本书提出的理论和假设。

第 5 章　臭氧层保护环境议题。该环境议题看起来是一个全球问题，但是对于美国来说，臭氧层损耗客观上为美国国内带来了非常严重的后果，美国民众面临极其严重的生存威胁。因此，臭氧层保护环境议题与其说是全球环境问题，不如说是美国国内环境问题的国际化。本章选取臭氧层保护环境议题，分别在该环境议题的初始阶段和实质阶段详细论证了环境议题支持方与反对方之间的激烈博弈及其对美国政策倾向的影响。此案例充分检验了本书提出的理论和假设。

第 6 章 禁止危险废物越境转移环境议题。对于该环境议题，其产生环境问题的原因在美国国内，但所造成的环境后果主要在国外，属于典型的国外（全球）环境问题。本章选取禁止危险废物越境转移环境议题，分别在该环境议题的初始阶段和实质阶段详细论证了环境议题支持方与反对方之间的激烈博弈及其对美国政策倾向的影响。此案例充分检验了本书提出的理论和假设。

第 7 章 应对气候变化环境议题。对于该环境议题，其产生环境问题的主要原因在全球，环境后果显然也发生在全球，属于典型的全球环境问题。本章选取应对气候变化环境议题，分别在该环境议题的初始阶段和实质阶段详细论证了环境议题支持方与反对方之间的激烈博弈及其对美国政策倾向的影响。在实质阶段，由于该环境议题支持方与反对方的力量不相上下，本章重点论证了党派政治对美国政策倾向的影响。此案例也充分检验了本书提出的理论和假设。

第 8 章 结论与展望。本章全面总结了本书的研究内容和研究结论，并提炼出创新点，同时对后续研究进行了展望。

第2章

文献综述

“美国环境政策倾向”这个话题一直都是政治学、国际关系和公共政策等学科的研究热点。美国长期位居世界霸权地位，无论是应对各国相似的国内环境问题还是应对全球相互关联的环境问题，其影响力都很大。面对不同的环境议题，美国可能有不同的政策倾向；或者面对一项具体环境议题，美国在不同阶段的政策倾向也可能有很大不同，这使政治学、国际关系和公共政策等领域的学者为此着迷，并积极探索其深层次的原因和机制。

学者在研究美国环境政策倾向时一般会从以下两个视角入手。

第一个视角是对美国环境政策倾向现象的认识。这个视角的研究文献大致可分为两种：一种是按时间顺序将环境问题及其应对措施分为若干个阶段，并且分析每个阶段的特征和美国的政策倾向；第二种是按照美国总统的任期将环境问题及其应对措施分为若干个阶段，并且分析每个阶段的特征。这个视角的研究文献一般不会对环境问题进行分类，而是综合地研究每个时间段美国在环境问题上总体表现出的政策倾向是积极的还是消极的。以“绝对时间”为标度，即某个时间段美国政策倾向的表现，而不是注重特定环境问题的发展阶段之间美国政策倾向的相对变化，即不以特定环境问题发展的“相对时间”为标度。

第二个视角是对美国环境政策倾向的动态特征和因果机制的研究。文献中研究的环境问题基本上都是全球环境问题，很少针对美国的国内环境问题（强调认知共同体作用的“科学共识论”有时用于国内环境问题的研究）。针对全球环境问题的动态特征和因果机制主要有以下几类：第一类是综合国际因素和国内因素的“双层博弈”模型；第二类是强调美国国内政治的国内政治主因论；第三类是强调认知共同体作用的科学共识论；第四类是根据“成本-收益”进行分析的利益最大化论等。

2.1 对研究现象的认识：阶段特征论

在研究美国环境政策倾向时，学者首先会对研究对象进行观察。经过梳理发现，学者往往根据时间脉络将美国的环境政策倾向分为几个阶段，然后总结每个阶段的总体特征。

学者保罗·哈里斯（Paul Harris）将"二战"后美国的环境政策分为 2 个阶段：① 20 世纪 60—80 年代，称为美国的第一个"环境时代"；② 20 世纪 90 年代，称为第二个"环境时代"。[①] 楼庆红则从全球环境问题的角度将美国环境对外政策分为 3 个发展阶段：第一个阶段是 1972—1980 年，即美国环境对外政策的兴起阶段，此阶段美国在外交活动中高度重视全球环境问题，并引领推动环境议题的进程，不遗余力地推动国际环境组织的创建，努力推动双边和多边环境国际协定的制定和签署；第二个阶段是 20 世纪 80—90 年代初，即美国环境对外政策的停滞阶段，此阶段美国的环境对外政策趋于保守，不仅消极对待双边和多边国际协定，还大幅削弱对外环境援助，总体来说，与上一个阶段相比，美国在此阶段的立场或政策倾向明显消极；第三个阶段是 1993 年以后，即美国环境对外政策的复兴阶段，此阶段美国积极改变上一阶段的消极态度，重新争夺全球国际环境治理的领导权，无论对国际环境议题的进程，还是对美国国内的环境法律法规，都表现出积极的姿态。[②]

还有学者以国际环境治理进程中里程碑式的事件为转折点，结合美国总统的任期，将美国的环境治理划分为 5 个发展阶段：① 20 世纪 60 年代，面对全球和美国国内环境问题凸显的现状，美国开始重视环境和资源保护，环境外交逐渐兴起；② 20 世纪 70 年代，被称为"环境十年"，此阶段美国无论是在环境治理内政还是全球环境治理外交方面都表现积极，从而确立了美国环境外交的领先地位；③ 20 世纪 80 年代，美国的环境事务管理预算大幅缩减，保守主义倾向明显，环境外交发展缓慢（但关于臭氧层保护的环境条约谈判除外），其外交角色逐渐转变为一个滞后者；④ 20 世纪 90 年代，美国重新重视全球环境治理，通过积极的外交政策和手段又重新夺得国际环境治理的领导权；⑤ 2001—2008 年小布什执政时期，美国拒绝应对气候变化的《联合国气候变化框架公约》京都议定书（以下简称《京都议定书》），在联合国气候大会上表现消极，进入了单边主义环境外交时期。[③]

有些文献以美国历任总统为出发点，根据总统的任期对任期内政府的环境政策或实践进行论述。

有学者使用政治沟通（political communication）、立法领导（legislative leadership）、行

---

① Paul G. Harris，*The Environment，International Relations，and U.S. Foreign Policy*，Washington：Georgetown University Press，2001.

② 楼庆红：《美国环境外交的三个发展阶段》，《社会科学》1997 年第 10 期，第 28-30 页。

③ 徐蕾：《美国环境外交的历史考察（1960—2008 年）》，博士学位论文，吉林大学，2012 年。

政行动（administrative actions）和环境外交（environmental diplomacy）四个因素[1]评价罗斯福到小布什期间众位美国总统的环境政策倾向。该文献认为，环境政策“积极”的总统包括罗斯福、杜鲁门、肯尼迪、约翰逊、尼克松、卡特和克林顿，通过行使总统权力，这些领导人留下了比他们入主白宫时更强大的环境保护遗产；环境政策“消极”的总统包括里根和小布什，他们强调发展和放松管制，而不是保护环境，以至于他们留下的环境遗产比入主白宫时弱得多；处在中间的总统包括艾森豪威尔、福特和老布什，这些总统并不认为环境问题是一个重要的政策问题，并且没有使用总统权力来确保环境质量得到长期改善。[2]

还有学者通过研究美国总统和民众之间的环境行为和互动模式系统地研究了总统是如何影响环境和自然资源政策发展的，即总统“帽子”理论。该类文献着眼于总司令（commander in chief）、首席外交官（chief diplomat）、舆论和政党领袖（opinion and party leader）、首席立法者（chief legislator）和行政长官（chief executive）五个角色，详细分析了克林顿等五位美国总统的环境政策倾向。[3]

有学者则认为，冷战后美国环境政策经历了老布什、克林顿和小布什三届政府演变过程，表现出由消极到较为积极再到消极的环境外交发展态势。老布什政府时期，老布什在促进美国环境政策方面并未采取实质性行动；克林顿政府时期，美国政府积极充当全球环境治理领导角色，不仅努力促进各国积极合作，还加大了对外环境援助，政策倾向明显积极；小布什政府时期，美国再次改变态度，改变甚至取消了克林顿政府时期制定的多项积极政策，政策倾向明显消极。尤为重要的是，在此阶段，美国坚决反对并退出了《京都议定书》。[4] 有的学者用同样的研究视角将总统任期往前延伸至尼克松总统，详细分析了从尼克松总统到小布什总统执政期间美国的环境外交历程。[5]

关于尼克松总统的对外环境政策，有学者认为，尼克松的内心并不是环保主义者，但是蓬勃发展的环境运动使他认为环保主义具有非同寻常的政治影响力，因此在当选总统的前两年很重视环境保护。他于1969年签署《美国濒危物种法》，1970年签署《国家环境保护法》。在争取监管立法的同时，他签署了旨在遏制空气、水和农药污染、监管海洋倾倒、保护海岸带和海洋哺乳动物，以及应对其他环境问题的法律。但在1970年以后，出于政

① 政治沟通包括总统关于环境的言论和对美国公众的正式演讲，以及总统作为政党领袖对环境的立场。换句话说，就是总统在环境问题上向公众和相互竞争的决策者传达了什么信息。总统的立法领导能力被认为是其总统任期内最重要的方面之一，因为他在公职方面的总体成就往往取决于他与国会的关系及他制定成功的立法议程的能力。虽然很少有总统能够掌握“制度化总统制”，但总统们已经能够通过几种方式影响环境政策，包括设立新的办公室、工作人员、他们所做的任命，以及发布行政命令和公告。随着众多问题变为跨国性质，现代总统越来越多地被卷入全球政治。作为美国在国际舞台上的代言人，总统和政府与另一个国家或多个国家达成的任何国际协议都是国际社会关注的焦点，影响国际舞台的任何其他努力也是如此。

② Byron W. Daynes and Glen Sussman, *White House Politics and the Environment: Franklin D. Roosevelt to George W. Bush*, College Station: Texas A&M University Press, 2010.

③ Dennis L. Soden, *The Environmental Presidency*, New York: SUNY Press, 1999.

④ 何忠义、盛中超：《冷战后美国环境外交政策分析》，《国际论坛》2003年第1期，第63-68页。

⑤ 丁金光：《国际环境外交》，北京：中国社会科学出版社，2007年。

治和经济等原因，尼克松对环境保护运动采取日益敌视和反对的态度，并力图限制以前在环保政策上所取得的成就。[①] 夏正伟和许安朝则分析了尼克松政府环境外交的原因和特点。[②] 滕志波重点研究了尼克松—卡特执政时期（1969—1981 年）美国环境外交兴起阶段的政策、实践和特点。[③] 周佳苗则深入分析了尼克松时期美国的环境外交情况，认为尼克松总统并不是环保主义者，其任内的全球环境治理政策主要源于当时美国国内的政治现实和传统思想等因素。[④]

关于克林顿总统的对外环境政策，有学者研究了 1992 年在里约热内卢召开的联合国环境与发展会议的过程，及其在老布什政府最后几个月的影响，并对克林顿政府时期的对外环境政策进行了深入评估。[⑤] 还有学者研究了克林顿政府开展环境外交的原因、政策、实践和特点等。[⑥] 类似的文献还有夏正伟和孔宁的《克林顿政府的环境外交》[⑦] 等。

关于小布什总统的对外环境政策，有学者对小布什时期美国面临的环境问题进行了审视。该文献指出，自就任总统以来，小布什退出《京都议定书》，表现出包括推动在北极国家野生动物保护区进行石油钻探、破坏对濒危物种和荒野的保护、放弃控制二氧化碳的竞选承诺在内的这些消极的对外环境政策倾向，破坏了过去 30 年来发展起来的整个环境保障体系。小布什政府的策略主要包括鼓励对联邦政府提起诉讼，挑战现有环境法；无视科学，并迫使科学家做出政府想要的结果；高估成本，低估保护人类健康和环境的法规的好处等。[⑧] 还有学者分析了小布什政府的环境外交政策、实践和特点。[⑨] 龚捷则分别从个人层次、国内层次和国际层次研究了小布什政府环境外交政策形成的缘由。[⑩] 类似的研究还有王彬的《小布什执政时期的美国环境外交研究》、[⑪] 赵杰的《从退出〈京都议定书〉透视小布什政府的环境外交》、[⑫] 邹伟的《小布什政府的环境政策研究》[⑬] 等。

关于奥巴马总统的对外环境政策，有学者重点研究了奥巴马总统第一任期的前三年，即 2009 年年初至 2012 年年初进行的环境治理措施。文献认为，奥巴马总统与前几任总统的不同之处在于他非常关注气候变化，接受科学家关于人为因素是造成全球气候变暖的主要因素等论断。在此基础上，奥巴马总统试图在哥本哈根气候变化会议上达成国际协议，

① Brooks Flippen，*Nixon and the Environment*，Albuquerque：University of New Mexico Press，2000.
② 夏正伟、许安朝：《试析尼克松政府的环境外交》，《世界历史》2009 年第 1 期，第 44-56 页。
③ 滕志波：《美国环境外交的兴起及其特点研究》，硕士学位论文，青岛大学，2009 年。
④ 周佳苗：《美国当代环境外交的肇始：探析尼克松时期的环境外交（1969—1972）》，博士学位论文，南京大学，2015 年。
⑤ Hopgood Stephen，*American Foreign Environmental Policy and the Power of the State*，New York：Oxford University Press，1998.
⑥ 韩庆娜：《克林顿执政时期的美国环境外交研究》，硕士学位论文，青岛大学，2005 年。
⑦ 夏正伟、孔宁：《克林顿政府的环境外交》，《历史教学问题》2014 年第 4 期，第 29-34 页。
⑧ Robert S. Devine，*Bush Versus the Environment*，New York：Random House，Inc，2004.
⑨ 史卉：《论小布什执政时期美国的环境外交》，《前沿》2007 年第 10 期，第 205-209 页。
⑩ 龚捷：《论小布什政府的环境外交》，硕士学位论文，外交学院，2007 年。
⑪ 王彬：《小布什执政时期的美国环境外交研究》，硕士学位论文，青岛大学，2009 年。
⑫ 赵杰：《从退出〈京都议定书〉透视小布什政府的环境外交》，硕士学位论文，华东师范大学，2009 年。
⑬ 邹伟：《小布什政府的环境政策研究》，硕士学位论文，河北师范大学，2019 年。

并在国内为“排放总量管制和交易”立法，建立起碳排放许可系统等，但实际情况却并不理想。[①] 还有学者则指出，奥巴马政府调整了其前任小布什政府强硬的单边主义环境外交政策，推出了较为温和、务实的环境外交新政并重视国际合作。但由于它未改变片面追求美国利益的立场，国内又存在阻力和制约因素，其环境外交建树有限。[②] 赵嘉欣则指出，奥巴马政府积极构建并参与多边环境合作机制，积极推动国际气候谈判进程。[③] 类似的文献还有汤琳艳的《试论克林顿政府的环境外交》[④]等。

总之，前述文献总体上认为，在早期的环境治理实践中，美国不仅积极开展国内环境治理，同时还是全球环境治理的重要倡导者和推动者；在冷战时期，美国环境外交一度成为展现美国价值和活力的重要侧面，美国在诸如国际臭氧层保护的环境谈判过程中起到主导作用；冷战后，美国总统克林顿开创了美国环境外交的全新历史时期；进入 21 世纪，美国总统小布什对待国际环保运动的政策倾向日渐消极，表现出强烈的单边主义色彩。综观美国近半个世纪的环境外交历史发现，其环境外交经历了“峰谷交替”的变化。这些研究将时间划分为不同的阶段，认为美国在单个阶段中对所有环境议题的政策倾向都相似：要么都消极，要么都积极，而在不同的阶段美国的政策倾向则有明显不同。也就是说，这些文献认为，美国对待环境问题的总体政策倾向是随“绝对时间”在演变的，美国的政策倾向并非随着特定环境议题的发展在变化。

在阶段特征论的文献中特别值得关注的一类文献可称为“两阶段论”。这类文献的逻辑思路是，根据观察，“二战”后特别是 20 世纪 60 年代以来，美国在积极治理国内环境问题的同时一直引领和积极推动国际环境合作，推进和促成多项国际环境协定，无论是国际事务，还是国内环境政策机制都遥遥领先于其他国家。然而，自 20 世纪八九十年代开始，美国逐渐放弃了在环境治理上的世界领导地位而被欧盟等其他发达国家或地区所替代。也就是说，这类文献将美国环境治理的历史分为两个阶段：在起始阶段，美国国内环境治理处于积极的主导地位，全球环境治理处于领导地位；之后被欧盟等其他发达国家或地区所取代。

有学者指出，20 世纪 60 年代末 70 年代初，当环境问题出现在国际议程上时，美国是国际环境条约或协定最坚定和一贯的支持者。在这一时期，美国是名副其实的领导者，而欧盟由于在很多情况下与美国相比都很落后，属于跟随者，其成员国批准了这一时期所有的国际环境协定。然而，自 20 世纪 90 年代以来，国际环境政策的政治动态发生了变化，欧盟逐渐取代美国成为全球环境治理领袖，美国却一再反对由欧盟领导下制定的多边国际环境协定。文献认为，20 世纪 60 年代末 70 年代初，环保主义者在美国掌握了相当大的政

---

① Martin S. Indyk，Kenneth G. Lieberthal，Michael E.O' Hanlon，*Bending History*：*Barack Obama's Foreign Policy*，Washington D.C.：Brookings Institution Press，2013.

② 夏正伟、梅溪：《试析奥巴马的环境外交》，《国际问题研究》2011 年第 2 期，第 23-28 页。

③ 赵嘉欣：《奥巴马执政时期的美国环境外交研究》，硕士学位论文，青岛大学，2017 年。

④ 汤琳艳：《试论克林顿政府的环境外交》，硕士学位论文，华东师范大学，2018 年。

治权力，推动制定了雄心勃勃的国内环境法规。之后，美国试图通过在国际事务中发挥领导作用并支持多边环境协定将类似的标准推广到其他国家和地区。1990 年以后，美国环保主义者的力量已经减弱，国内主要环境政策倡议的发展明显放缓。随着越来越少的国内新法规被采纳，美国在国际环境事务中发挥领导作用不再符合竞争利益。因此，20 世纪 70 年代，美国引领了全球多边环境协定；自 20 世纪 90 年代开始，美国放弃了领导地位，而欧盟逐渐成为领导者。①

在过去的几十年里，学术界和政界等对比美国和欧盟对国际法规法则立场的做法已经非常普遍。有批评人士指出，自 2001 年 9 月 11 日美国遭受恐怖主义袭击以来，美国就放弃了“二战”后作为国际法律秩序捍卫者的角色，取而代之的是对国际法律法规约束的矛盾态度，有人甚至将美国称为“无赖国家”。② 相比之下，欧盟开始越来越多地在国际舞台上展现自己，并且被视为“规范力量”（normative power），成为国际法律法规秩序最强有力的推动者。③

在国际环境议程领域，有学者指出，近年来美国在批准和执行国际重大多边环境协定方面明显落后于欧盟，美国越来越不愿意支持国际法律法规，而欧盟则成为国际法律法规的主要捍卫者。自 20 世纪 60 年代末 70 年代初以来，世界各国谈判并缔约了数十项涉及广泛环境问题的国际重大多边环境协定。刚开始的十几年里，美国作为国际环境议程中全球领导者的身份脱颖而出，而欧盟（当时的欧洲经济共同体）的成员国不是领导者而是跟随者，同意、遵守并实质性地将美国领导下通过的国际环境协定内部化。然而，1991 年以后，美国在这一领域的领导地位发生了动摇，越来越不愿意参与重大国际多边环境协定，并对《京都议定书》和《生物多样性公约》等协定进行了强烈反对。与此同时，欧盟取代美国成为这一领域的领导者，成为一系列国际重大多边环境协定的主要支持者。与美国早期领导欧洲国家不同，美国不愿意同意、遵守或内化欧盟倡导的国际环境协定和规范。也就是说，在 20 世纪七八十年代，美国领导而欧洲紧随其后；而自 20 世纪 90 年代开始，欧盟领导但美国积极抵制。同时，文献也指出，尽管 20 世纪 90 年代美国的领导地位开始被欧盟取代，但是美国对其之前已批准的重大国际多边环境协定的承诺却没有打折扣，对尚未正式批准的其他重大国际多边环境协议总体上也是遵守的。此外，尽管欧盟已经成为重大国际多边环境协定的领导者和主要参与者，但它对这些环境协定的接受主要是来自各成员国内经济利益的推动，而不是对国际法本身的任何抽象承诺。④

① R. Daniel Kelemen and David Vogel，“Trading Places：The Role of the United States and the European Union in International Environmental Politics”，*Comparative Political Studies*，Vol. 43，No. 4，2010，pp. 427-456.

② John F. Murphy，*The United States and the Rule of Law in International Affairs*，Cambridge：Cambridge University Press，2004.

③ Ian Manners，“Normative Power Europe：A Contradiction in Terms?”，*Journal of Common Market Studies*，Vol. 40，No. 2，2002，pp.235-258.

④ R. Daniel Kelemen and Tim Knievel，“The United States，the European Union，and International Environmental Law：The Domestic Dimensions of Green Diplomacy”，*International Journal of Constitutional Law*，Vol. 13，No. 4，2015，pp. 945-965.

还有学者认为，美国和欧盟在对待重大国际多边环境协定方面的领导地位发生了转变，但对这一转变的原因给出了不同的解释。[①] 有文献认为，20 世纪中叶，发达国家和地区开始更系统地减轻空气、水和土壤中的环境危害。20 世纪六七十年代，经济合作与发展组织（Organization for Economic Co-operation and Development，OECD）中富裕国家的环境法数量大幅增加，美国率先制定了严格和具有对抗性的环境法，环境质量标准“比个别欧洲国家或欧盟都更严格、更全面和更具创新性”。此时，美国已成为名副其实的全球环境治理领导者。1972 年后的整个 70 年代，美国成为主要国际环境条约的“催化剂”。然而，1980 年以来，美国的环境努力开始落后于其他发达国家，并拒绝签署和批准很多国际协定[《关于消耗臭氧层物质的蒙特利尔议定书》（以下简称《蒙特利尔议定书》）是一个例外]。显然，美国已经将“领导者”地位让位于其他国家。该文献认为，要理解这一转变，就必须深刻理解美国两种根深蒂固和相互交织在一起的具有美国特色的制度——广泛的私有财产权（private real property）和竞争性的联邦制（federalism），即私人所有者对私人土地（或不动产）的广泛控制和鼓励各州在培育州内产业、吸引新投资和发展州经济方面展开竞争的联邦制度。这些制度安排鼓励美国人优先利用自然资源谋取利益。在过去的 50 多年里，这种广泛的私人财产权和竞争性的联邦制产生了独特的影响。

该文献认为，20 世纪 70 年代，由于民众对环境保护日益高涨的要求和对各州政府的不满，美国国会颁布了非常严格的国家环境标准。例如，1970 年出台的《清洁空气法》（*Clear Air Act of 1970*），迫使国家对污染进行强有力的限制。这些环境高标准既助推了美国领导全球国际环境发展的积极性，也为其领导地位奠定了坚实基础。然而，随着实施，这些严格环境法规逐渐侵蚀了私人利益，反对者就开始动员力量挑战、瓦解和减缓其实施。这时，各州出于自身利益，认为宽松的环境政策会提升州的税收并促进经济繁荣，从而使州政府受益，因此州政府动员强大的选民（被侵蚀了私人利益）更加强烈地反对严格的环境法规。在这些根深蒂固的制度影响下，环境保护政策倾向逐渐两极分化，相对于其他国家来说，美国逐渐失去了优势，进而失去了领导地位。

综合以上内容，阶段特征论这类文献的主要成果是，在美国环境治理政策发展的历史长河中，阶段性划分可以很好地总结归纳出不同时期美国环境政策倾向的主要特征，对于从宏观层面判断美国环境政策的倾向具有重要的参考价值和意义。但是，这类文献也存在诸多不足。

一是过于宏观，不能很好地观察到微观现象。这类文献很重要的一个特点是通过观察美国不同环境领域的政策倾向归纳出美国在此阶段的总体特征。但实际情况是，如果具体到某个环境领域，即使在同一个阶段内美国的政策倾向也会不一样。例如，在这类文献中普遍提到，20 世纪 80 年代是美国环境治理缓慢发展的时期，这一时期美国政府的保守主

---

① David Brian Robertson，“Leader to Laggard：How Founding Institutions Have Shaped American Environmental Policy”，*Studies in American Political Development*，Vol. 34，Issue 1，2020，pp. 110-131.

义思想严重，对环境外交的关注降低，成为国际环境外交的阻碍力量。然而，在这一时期，正是在美国的引领和积极推动下成功在全球层面达成了保护臭氧层的《蒙特利尔议定书》。在这些文献中都明确把这个案例当作例外，其实这类现象的出现很难得出这一时期美国的环境政策是“消极的”这一定论。在上述研究中，这个例外是致命性的。

二是没有将国内环境问题和全球环境问题进行区分。这类文献的一个共同特点是将美国从 20 世纪六七十年代开始的所有环境问题统一进行研究，或者只研究越境及全球环境问题，由此得出每个阶段美国的对外环境政策倾向。尽管越境和全球环境问题越来越多，但国内的环境问题并没有消失。在同一个阶段，在对待国内环境问题和越境及全球环境问题上，美国的政策倾向明显不同。而这类文献却将不同类别的环境问题统统放在一起研究，或者只关注美国对外环境政策，这样得到的规律及其解释并不准确。

三是很少进行因果分析。这类文献还有一个共同的特点是采用历史分析法和系统分析法对美国开展的环境治理进行历史阶段分期，在整体考察美国环境治理的基础上，重点分析了不同阶段美国开展环境治理的特点、目的、制约因素及其影响等，但并没有开展因果分析。即使提到了一些阶段性的影响因素，也是诸如国际形势、国内经济、社会和利益集团等宏观因素，没有进行因果分析进而没有建立因果机制，从而使研究成果过于粗糙。

至于“两阶段论”这类文献，它们利用“二分法”明确将美国的环境政策倾向分为两个阶段：第一个阶段是美国充分重视国内环境问题，引领全球的国际环境合作，领导和促进重大国际多边环境协定；第二个阶段处于跟随状态，消极对待甚至抵制重大国际多边环境协定。这种分类较好地解释了近 20 多年来美国对待重大国际多边环境协定的状况，但也存在不足。

一是这类文献从宏观层面按照时间顺序将美国的环境政策倾向分为“积极”阶段和“消极”阶段，这与我们观察的情况有所不同。我们观察到，对于主要环境后果发生在美国国内的环境议题，美国基本上自始至终都是以“积极”的政策倾向予以对待的；而对于环境后果发生在国外或者全球的环境议题，总体上符合文献中认为的“两阶段”论，即初始阶段“积极”，之后变为“消极”。然而，这类文献中有的将两阶段“转变”的时间定位为 20 世纪 80 年代，有的定位为 90 年代。而经过本书的研究发现，对于不同的环境议题，这个“转变”发生的时间有可能是不同的。也就是说，如果用文献中的“两阶段论”，很难找到一个“固定”的“转变”时间点。

二是这类文献称 20 世纪八九十年代后欧盟处于国际环境议题的“领导”地位，美国处于“跟随”地位，美国不愿意接受欧盟的领导地位，对欧盟领导下的重大国际环境多边协议进行抵制。本书认为，文献中认为美国的这种“抵制”有些绝对，其实美国对待不同环境领域的抵制程度有强有弱，或者时强时弱。例如，就应对气候变化这个环境议题而言，尽管在 1992 年联合国环境发展大会上美国不愿意承担实质性的减排义务而反对《联合国气候变化框架公约》，但是最终很快签署并批准了该公约。总体来说，在这之前美国是引领和支持气候变化的科学性并支持该公约的。1998 年，克林顿总统签署了《京都议定书》，但并没有提交国会批准；然而，小布什总统入主白宫后却马上退出该议定书。也就是说，在克林顿执政时期，美国政府支持《京都议定书》而国会不支持；到了小布什执政时期，美国政府也不支持该议定书。可以看出，这两任政府时期对于抵制《京都议定书》的程度有很大的不同。后来，奥巴马总统和特朗普总统执政时期对待《巴黎协定》也有类似情况。可以看出，就这类文献中提到的第二时期，即欧盟处于领导地位的时期，美国抵制欧盟领导下的重大国际环境多边协定的程度具有很大的不同。要深刻认识美国对待环境政策的倾向，最好进行对比研究。

三是这类文献中用于解释美国和欧盟“领导角色”转换的方法有两类。一类称为“国内政治主因论”，即认为这种转变的主要因素在于美国的国内政治。这种方法在后面章节会进行详细评述。另一类方法认为美国固有的广泛私有财产权和竞争性的联邦制两种国内制度决定了美国对外环境的政策倾向。这种方法的逻辑认为，在 20 世纪 70 年代初美国民众对国内环境污染严重不满，要求国内制定严格的环境标准，美国的决策者采取积极措施予以应对。严格的环境标准使美国具备国际环境领导地位，国内环境效益也逐渐提高，但同时却以牺牲民众其他利益（如由于标准的提高导致物价飞涨）为代价。当民众认为综合效益下降时就会抵制严格的环境标准，而决策者出于自身利益支持民众抵制严格的环境标准，从而造成美国环境标准的停滞和落后，进而影响其国际领导地位。这类方法可以归纳为“国内政治-利益”模型。

这两类方法的共性是强调美国环境政策倾向变化的主要因素是国内政治和制度，这是值得肯定的。第二类方法提出的“国内政治-利益”模型也很具有参考价值，但其存在两个主要问题：一是它认为影响美国环境政策倾向的因素是美国民众，而没有考虑其他行为体；二是它认为国内环境标准是中间变量。但事实并不一定如此，美国的很多环境标准仍然是世界上最先进的。例如，为了积极采取行动处理美加酸雨问题，1990 年美国对《清洁空气法》进行了修订。由此可见，并不一定是由国内标准或法律法规决定美国对国际环境协定的政策倾向，而很可能是反过来的。

2.2　对因果机制的解释

对美国环境政策倾向因果机制进行研究的文献有很多，大致可分为四种类型：同时强调国际因素和国内因素的“双层博弈”模型、仅强调国内政治的国内政治主因论、强调认知共同体作用的科学共识论、强调综合效益的利益最大化论。这四种类型的文献尽管没有严格的时间上的先后顺序，但是侧重点或因果机制相对独立。

2.2.1 “双层博弈”模型

“双层博弈”模型面向的对象是全球环境议题，由美国学者罗伯特·普特南（Robert Putnam）于 1988 年提出，后经其他学者进一步丰富完善，逐渐形成了较为完善的理论分析框架。该理论的核心是将国际政治博弈的理性选择模式与国内政治博弈的国内政治模式相结合，从而描述和解释国家的对外政策和行为。“双层博弈”模型认为，国家的对外政策行为有两个前提条件：一个是在国际合作或谈判中，国家能够让国际社会中的其他国家接受，即在国际政治层面上选择理性的博弈模式；另一个是能够让国内选民接受和支持，即在国内政治层面上选择理性的博弈模式。只有将国际层面和国内层面同时结合起来考察国际政治与国内政治的互动，才能更好地描述和理解国家的对外政策和行为。[①]

“双层博弈”模型假定，国家首脑既要负责国际层面的谈判，也要负责国内各类行为体之间的沟通。在国际层面，国家首脑要与其他国家的代表进行谈判；在国内层面，国家首脑要与参议院和众议院的议员、有关利益集团代表和非政府组织等各类行为体进行谈判协商。但是，其间国家首脑既不能有自己的偏好，也不能表达自己的观点和思想，只能作为一个客观的“中间人”，努力使国内各类行为体能够同意并支持国际共识或协定。[②] 从另一个角度来说，国家的对外政策和行为不仅取决于其他国家对所要达成全球共识的认同，也取决于国内各类行为体对此共识的认同。[③]

利用“双层博弈”理论，学者分析了美国的对外环境政策倾向。例如，有学者利用该理论分析美国对待《京都议定书》态度的影响因素。文献认为，美国在《京都议定书》上的对外决策和行为就是其在国际层面和国内层面进行“双层博弈”的结果，其中政府首脑是“双层博弈”的“桥梁”，其策略对“双层博弈”有着重要的影响。具体来说，在克林顿总统执政时期，由美国国内的批约程序及国内当时的政治现状所决定的获胜集合规模较小，但克林顿政府采取了积极策略，从而提高了国内支持《京都议定书》的可能性。然而，由于该议定书没有对关键的发展中国家在减排温室气体的承诺问题上作出具体规定，克林顿政府意识到即使将签署后的此议定书递交给国会，也不会获得国会的批准。因此，克林顿政府并没有把该议定书递交给国会批准，导致该议定书只签署而没有被批准。在小布什总统执政时期，小布什政府认为《京都议定书》在国际层面存在严重缺陷，国际谈判不会使谈判各方的获胜集合得以重合。因此，尽管与克林顿时期相比，小布什在国内层面的获胜集合规模并不小，然而其一上台就宣布美国退出《京都议定书》，使国内层面的影响因

---

① Robert D. Putnam，“Diplomacy and Domestic Politics：The Logic of Two-Level Games”，*International Organization*，Vol. 42，No. 3，1988，pp.427-460.

② Robert D. Putnam，“Diplomacy and Domestic Politics：The Logic of Two-Level Games，” in Peter B. Evans，Harold K. Jacobson，Robert D. Putnam（eds.），*Double-Edged Diplomacy：International Bargaining and Domestic Politics*，California：University of California Press，1993，p.438.

③ Ibid.，pp.436-437.

素难以对小布什政府在此议定书上的决策产生影响和限制，这也进而表明政府首脑所采取的策略对美国政策倾向发挥了更为关键的作用。[①]

还有学者利用“双层博弈”模型分析美国对待《巴黎协定》态度的影响因素。文献指出，影响《巴黎协定》的国际谈判和生效过程的主要因素是参与谈判各国获胜集合的重叠程度。重叠程度越高，该协定谈判和生效的成功率就越高。政府首脑所采取的策略是影响美国对该协定采取何种政策的最为重要的因素。[②]

综上所述，正如“双层博弈”模型的提出者普特南所说，已有的以国家为中心的文献通常将国家视为理性的单一的行为体，无法对国内和国际政治如何相互作用进行理论分析。[③] “双层博弈”模型的优点就是超越了简单的国内因素影响国际事务或者国际事务影响国内因素，而是寻求整合两个领域并考虑它们之间相互作用的理论。“双层博弈”模型的初衷是既考虑国际层面的因素，又考虑国内层面的因素，还考虑两个层面因素之间的互动，可以说是建立了一个统一分析国家对外政策行为的框架，具有很重要的意义和影响。然而，美国是当今世界上唯一的霸权国家，“三权分立”相互制衡、政治极化严重、利益集团势力强大、环保主义与反环保主义斗争激烈等一系列不同于其他国家的特征使美国的对外政策和行为特征也与众不同，采用“双层博弈”模型对其进行分析也存在诸多不足之处。

一是利用“双层博弈”模型预测美国对外环境政策倾向的结果与事实不符。例如，“双层博弈”模型认为，重大国际多边环境条约对获得国内批准的需要加强了国家在国际层面讨价还价的能力，即面对重大国际多边环境条约，那些在国内层面对批准国际协定壁垒较高的国家可能会在国际谈判中获得优势，因为其他国家会做出让步，以促进国内层面能够达成协议。[④] 然而，当这种情况反复发生时，可能会适得其反，因为延迟批准或拖延批准重大国际多边环境协定可能导致其他各方对美国作为谈判伙伴失去信心。[⑤] 如果获得美国参议院的批准非常困难，其他各方可能不愿做出代价高昂的让步，干脆无视美国的要求或者完全放弃谈判。[⑥] 诸如此类的预测结果与实际情况相互矛盾的地方还有很多。正如有学者指出，不同政治制度的国家决策方式差别极大，滥用“双层博弈”模型无疑会导致错误的认识。[⑦] 所以，要将“双层博弈”模型用于美国环境对外政策倾向的研究还需要对其进行改进和完善。

---

① 薄燕：《国际谈判与国内政治：对美国与〈京都议定书〉的双层博弈分析》，博士学位论文，复旦大学，2003 年，第 20 页。

② 金琳：《美国参与国际气候谈判的双层博弈分析》，硕士学位论文，外交学院，2021 年。

③ Robert D. Putnam，“Diplomacy and Domestic Politics：The Logic of Two-Level Games”，pp.427-460.

④ Ibid.

⑤ Jean Galbraith，“Prospective Advice and Consent”，*The Yale Journal of International Law*，Vol. 37，No. 247，2012，pp. 247-308.

⑥ Judith G. Kelley and Jon C.W. Pevehouse，“An Opportunity Cost Theory of US Treaty Behavior”，*International Studies Quarterly*，Vol. 59，No. 3，2015，pp. 531-543.

⑦ James E. Dougherty，Robert L. Pfaltzgraff，Jr. *Contending Theories of International Relations：A Comprehensive Survey*，New York：Longman，1997，pp.492-493.

二是该模型一方面过分强调了国家首脑的作用，另一方面却对国家首脑的作用进行了严格限制，使理论假定与现实情况严重不符。“双层博弈”模型假定参与国际谈判的国家首脑没有自己的偏好和独立的观点与态度，只是作为一个诚实的代理人或者中间人。这样的假定确实使“双层博弈”模型看起来简洁明了、易于分析，然而它又是完全不符合实际情况的。普特南本人也承认：“这个假定极大地简化了“双层博弈”的分析。然而，正如委托代理理论（principal-agent theory）提醒我们的那样，这一假定是不切实际的。”① 这也就不难理解为什么这类文献往往得出的结论是“政府首脑所采取的策略是影响美国对该议定书政策最为重要的因素”。就美国而言，不同时期的总统党派不同，国家首脑价值观和所代表的利益集团等也不同。在很多情况下，学者认为美国的政治是党派政治，面对同一个领域的全球环境问题，不同的总统具有明显的偏好和独立的态度与观点，从而使对外环境政策倾向发生变化、摇摆甚至完全相反。因此，在利用该理论进行实际分析时，如果放宽对国家首脑的假定，则会降低该理论的简洁性，并对理论框架造成巨大挑战。但是如果坚持这个假定，这又与实际情况严重不符，从而导致该理论的解释力降低，甚至会得出错误的结论。

三是该理论不能很好地解释本课题提出的问题，即面对某项国际环境议题或政策（条约），美国的政策倾向和行为为什么往往前后不一致？该理论最大的创新点就是在分析国家对外政策倾向时既考虑国际层面的影响，又考虑国内层面的影响，强调国际层面和国内层面的“共时”性。然而，在一定的时间段内，国际层面和国内层面的各类因素发生了很小的变化，在这些变化可以忽略不计的情况下，根据该理论的推断，美国的对外环境政策倾向理应不发生太大的变化，甚至不发生变化。然而，实际情况却并非如此。还以美国在应对全球气候变化中的表现为例。克林顿总统执政期间，美国政府非常支持《京都议定书》，然而，小布什总统一上台，马上宣布退出《京都议定书》。在克林顿总统卸任到小布什总统上台这个短短的时期内，国际层面和国内层面的因素变化相当小，几乎可以忽略不计。并且根据该理论的假定，小布什总统和克林顿总统的个人偏好和态度之间的不同也可以忽略不计。然而，两届政府的更替对《京都议定书》的态度却截然相反，该理论难以解释这样的结果。尤其值得注意的是，当美国决定退出一项国际环境协定时（如小布什退出《京都议定书》、特朗普退出《巴黎协定》），国际社会并没有任何能力挽留美国，这说明已有的这方面文献可能夸大了国际层面的博弈对美国决策的影响力。

2.2.2 国内政治主因论

国内政治主因论面向的对象是全球环境议题。为了研讨美国和欧盟对国际法（包括环境协定）的立场，《国际宪法学》期刊于 2015 年专门召开了研讨会（以下简称 2015 研讨

① Robert D. Putnam，“Diplomacy and Domestic Politics：The Logic of Two-Level Games”，p.456.

会），旨在提出一个统一框架研究美国和欧盟支持国际法的性质和原因。具体来说包括三个方面的问题：分析美国和欧盟对国际法的政策倾向（支持还是反对），即因变量；分析制约美国和欧盟支持国际法的政治和法律、国内和国际因素，即自变量；自变量与因变量之间的因果关系。2015 研讨会最终形成了一个统一的理论框架，① 并用国际环境法进行了检验。②

2015 研讨会认为，尽管美国在 20 世纪 70 年代和 80 年代经常同意多边国际环境协定，但自 90 年代初以来，它显然更不愿意这样做。美国在过去几十年中作为签署和批准多边国际环境协定的缔约方，总体上遵守了它所承担的义务。在某些情况下，美国已采取措施遵守其并非正式缔约方的多边国际环境协定。美国在将新的多边国际环境协定的条款内化方面遇到了困难，即使这种内化只需要对现有的法定权力进行微小的修改。美国肯定没有表现出对多边国际环境协定的无私承诺，支持其反对的多边国际环境协定。恰恰相反，近年来在某些情况下，美国积极抵制多边国际环境协定。

在 2015 研讨会上，一项重要的工作就是提供一个因果机制的分析框架，用以解释美国的对外环境政策倾向。这个框架使用两个独立变量（自变量）——分析水平（level of analysis，国际层面或国内层面）和因果因素（causal factors，政治的或法律/宪法的）组成了一个 2×2 的矩阵，在此基础上分析了哪些因素决定了美国支持对外环境政策。

第一个分析层次是国际政治因素。国际政治因素基于国际关系理论中的自由主义和现实主义，重点关注国家偏好分配（distribution of preferences）和国家权力分配（distribution of power）。有学者认为，拥有主流偏好的国家更有可能支持国际协定承诺，而偏离主流偏好的国家则更可能抵制这些承诺。③ 相对于美国等发达国家，发展中国家的地位会越来越高。在理论预期中，随着时间的推移，国际协定越来越反映出发展中国家的偏好，从而可能使美国对待国际协定的政策倾向越来越差。④ 但 2015 研讨会认为，这一论断在国际环境法领域却站不住脚。因为国际环境法在很大程度上是由偏好异常值主导的，即偏离值领先的国家（20 世纪 70 年代和 80 年代初的美国和自 20 世纪 90 年代以来的欧盟），它们对国际环境法表现出最强烈的偏好。

还有学者认为，大国尤其是霸权国家通常更有可能支持国际协定，它们会在建立国际法律秩序的过程中发挥主导作用，并努力在其中反映出带有其自身偏好的规则。美国作为世界上唯一的霸权国家，在战后引领了国际法律秩序的建立和发展，这一秩序密切反映了

① Mark A. Pollack，"Who Supports International Law，and Why? The United States，the European Union，and the International Legal Order"，*International Journal of Constitutional Law*，Vol. 13，No. 4，2015，pp. 873-900.

② R. Daniel Kelemen and Tim Knievel，"The United States，the European Union，and International Environmental Law：The Domestic Dimensions of Green Diplomacy"，pp. 945-965.

③ Andrew Moravcsik，"Taking Preferences Seriously：A Liberal Theory of International Politics"，*International Organization*，Vol. 51，No. 4，1997，pp. 513-553.

④ Mark A. Pollack，"Who Supports International Law，and Why? The United States，the European Union，and the International Legal Order"，p. 885.

美国自身的偏好。① 但是，也有学者认为，国家权力对国际法支持的影响是不确定的：要么与制度主义的观点一致，国家权力对国际法的支持是强有力的；要么与现实主义或新保守主义观点一致，国家权力强烈反对受制于有利于弱者或阻碍强者的僵化规则。② 可以看出，这两种观点甚至是相互矛盾的。

综合以上分析，2015 研讨会认为，国际政治因素不是美国支持对外环境政策倾向的决定性因素。

第二个分析层次是国际法因素。国际法因素即国际法律体系，包括影响国际条约谈判和国际习惯法发展的基本法律规范与国际法律机构。对于国际习惯法，各国显然都试图影响其演变，对国际规范的地位提出主张和反诉，可以说已经达到了国际习惯法的目标。2015 研讨会认为，美国经常求助于国际习惯法，作为接受和批准其反对国际条约的替代方案。可以说，美国是严格遵守国际法律秩序的，而不是反对或忽视国际法律秩序的。因此，国际习惯法解释不了为什么在开始阶段美国引领全球环境治理而后让位于欧盟。

国际法的机构也会影响国际条约的谈判。联合国体系确立了由主权平等机构制定规则的一般性原则，这些机构既支持普通加入，也支持一国一票的投票权。因此，在联合国主持下谈判的大量多边条约中，在许多问题上美国等西方国家将成为结构性少数群体，从而使这些国家在制定国际法方面遭遇系统性挫折。2015 研讨会认为，联合国体系的这种法律或制度特征使美国对谈判和受全球多边协议约束表现得非常担忧，美国认为联合国是“一个危险的地方”。但是，这也解释不了同样是在联合国这个国际法律机构的主持下，美国刚开始很积极之后会变得消极的现象。同时，相对于广大发展中国家来说，欧盟和美国都是结构性少数群体，那么美国和欧盟对待对外环境政策的倾向应该是一样的。然而，事实情况却并非如此。

综合以上分析，2015 研讨会认为，国际法因素也不是美国支持对外环境政策倾向的决定性因素。

第三个分析层次是国内法律（宪法）因素，主要是指条约的批准规则。2015 研讨会认为，国内法律（宪法）的批准程序有助于解释为什么自 20 世纪 80 年代末以来美国对很多多边国际环境协议都未能批准。因为美国的对外政策批准程序构成了非常高的同意门槛，不仅需要参议院 2/3 以上的议员同意才能批准条约，而且参议院的结构还导致人口较少的州代表过多，使仅代表美国人口 17%的参议员有能力拒绝任何国际条约。③ 此外，所有国

① G. John Ikenberry，*After Victory：Institutions，Strategic Restraint，and the Rebuilding of Order after Major Wars*，New Edition，Princeton：Princeton University Press，2019；Jeffrey L. Dunoff and Mark A. Pollack，*Interdisciplinary Perspectives on International Law and International Relations*，Cambridge：Cambridge University Press，2012.

② Mark A. Pollack，“Who Supports International Law，and Why? The United States，the European Union，and the International Legal Order”，pp. 873-900.

③ Oona A. Hathaway，“Treaties' End：The Past，Present，and Future of International Lawmaking in the United States”，*The Yale Law Journal*，Vol. 117，No. 7，2008，pp. 1236-1372.

际条约都必须通过参议院外交关系委员会，然后由参议院领导层安排表决，最后才能进行众议院表决。这进一步增加了批准过程中潜在否决权参与者的数量。因此，这些制度规则有助于解释总统签署但随后未经参议院批准的大量积压条约的情况。此外，美国的“二元论”体系中不被视为“自动执行”的条约通常需要通过额外的执行立法，而不像在其他“一元论”体系的民主国家中批准的条约在国内法中自动生效。

2015 研讨会认为，与美国的宪法对批准国际环境条约构成很大障碍相比，欧盟的内部规则对欧盟批准国际环境条约也构成了相当大的障碍。一项多边环境协议不仅需要得到欧盟的批准，也需要得到欧盟各个成员国的批准，并且执行这些协议的要求涉及一个复杂的法律过程，欧盟通常通过某种形式（如以指令的形式）实施立法。在此之后，成员国必须将欧盟指令转变为国家法律。可以说，对待一项国际环境条约，欧盟的法律障碍与美国的宪法障碍一样繁重。然而，欧盟克服了这些障碍，但是美国没有。

综上所述，2015 研讨会认为，尽管国内法律（宪法）因素在解释美国和欧盟对国际环境协定的支持方面发挥了一定的作用，但是它们并不能为两者之间的差异提供令人信服的解释，即国内法律（宪法）因素也不是美国支持对外环境政策倾向的决定性因素。

第四个分析层次是国内政治因素。2015 研讨会认为，国内政治因素为美国支持国际环境协定提供了最令人信服的解释。2015 研讨会特别赞成有些学者的观点，即美国对待国际环境协定的立场可以用结合国内政治和国际监管竞争影响的“监管政治”（regulatory politics）模型来解释。也就是说，环保主义者在国内的政治影响力越强，美国就越可能采用严格的国内标准，这反过来又会降低国内生产商支持对其他国家实施类似标准的国际环境协议的经济成本（或产生正向激励）。相较之下，环保主义者在国内的政治影响力越弱，国内标准可能就越弱，对国际监管竞争的担忧将促使美国政府和国内企业反对国际环境协议，因为他们认为这会给他们带来额外的负担。①

总之，2015 研讨会认为，美国对待对外环境政策的倾向既不适合用国内或国际法律解释，也不适合用国际政治解释，而应该用国内政治解释。国内意识形态、党派政治、利益集团等国内政治因素决定了美国国内环境法规，而这些国内法规的严格程度反过来又塑造了美国对国际环境协定的政策倾向。在国内环境法规严格并对国内商业利益构成潜在竞争劣势的领域，国际环境协定可以作为一种机制将这些标准传播到其他国家；而在国内环境标准宽松的领域，国际环境协定更有可能被视为一种威胁，即有可能会提高监管成本，所

---

① Kal Raustiala，“Domestic Institutions and International Regulatory Cooperation：Comparative Responses to the Convention on Biological Diversity”. *World Politics*，Vol. 49，No. 4，1997，pp. 482-509；Elizabeth R. Desombre，“Understanding United States Unilateralism：Domestic Sources of U.S. International Environmental Policy”，in Regina S. Axelrod，David Downie，& Norman Vig（eds.），*The global environment：Institutions，law and policy*（*2nd edition*），Washington，DC：CQ Press，2005，pp. 181-199；R. Daniel Kelemen and David Vogel，“Trading Places：The Role of the United States and the European Union in International Environmental Politics”，pp. 427-456.

以会被抵制。[①]

"监管政治"模型是1997年学者卡尔·劳斯迪亚拉（Kal Raustiala）提出的理论。[②] 他认为，国际监管制度（或者说是一项具体的国际环境协定）通常会转变为具有约束力的国内规则或标准，如果国内的规则或标准本来就很高，这会相对降低国内企业的国际竞争成本，从而使社会行为体游说政府支持国际环境协定；反之，则会游说政府反对国际环境协议。而政府迫于选举等压力，通过权衡政治成本和利益来决定是否支持或反对该国际环境协议。

学者丹尼尔·克莱门（Daniel Kelemen）和大卫·沃格尔（David Vogel）利用"监管政治"模型研究了为什么欧盟在20世纪90年代取代美国成为国际环境领导者。[③] 文献认为，面对一项全球环境议题，国内环保压力团体的影响力越大，国内环境监管标准就越严格，国内企业就越有可能支持高标准的国际环境协定。因为国际环境协定同样要求国外的竞争对手也采取高标准，这样才能创造国际公平竞争环境。迫于国内环保压力团体和国内企业的压力，政府就会表现出积极的政策倾向。在某些情况下，当国内企业认识到国内将采取更严格的标准时，他们很可能会主动采取行动，要求政府去推动达成国际环境协定，因为这样一来，国外的竞争对手也必须采取类似的标准。因此，总体来说，当国内的环境标准很高或者有可能变得很高时，企业就不太可能反对这个国际环境协定，而更有可能加入环保压力团体倡导的这些标准。相较之下，当国内环境标准较弱时，它们更有可能反对新的国际环境协定。

文献认为，20世纪70年代初至90年代初，美国的环境标准总体上是世界上最严格的，它有强烈的动机推动其他国家采用类似的标准。两党的许多领导人都认为，通过促进美国在国际环境政治中的领导地位，他们可以获得环保人士的支持，努力为美国工业创造公平的国际竞争环境，并可能通过出口美国减少污染的技术来获得经济利益。[④] 从20世纪80年代末开始到整个90年代并持续到21世纪，欧盟逐渐在许多领域赶上并超过美国。随着美国新环境政策出台放缓，欧盟继续在废物管理、转基因生物控制和温室气体排放等环境领域采用更严格的标准，而美国逐渐处于落后地位，开始越来越多地反对新的国际环境协议。

总之，该文献认为，国内绿色选民的相对政治实力和国际协定的竞争影响两个因素决定了美国和欧盟位置的互换，即将国内政治和国际监管竞争的影响联系起来的"监管政治"

---

① R. Daniel Kelemen and Tim Knievel，"The United States，the European Union，and International Environmental Law：The Domestic Dimensions of Green Diplomacy"，pp. 945-965.

② Kal Raustiala，"Domestic Institutions and International Regulatory Cooperation：Comparative Responses to the Convention on Biological Diversity"，pp. 482-509.

③ R. Daniel Kelemen and David Vogel，"Trading Places：The Role of the United States and the European Union in International Environmental Politics"，pp. 427-456.

④ Jacobson，Harold，"Climate Change：Unilateralism，Realism，and Two-Level Games"，in Stewart Patrick and Shepard Forman（eds.），*Multilateralism and U.S. Foreign Policy：Ambivalent Engagement*，Boulder，CO：Lynne Rienner，2002，pp. 415-436.

模型为美国和欧盟在国际环境政治中立场的转变提供了有力的解释：环境压力团体和绿色政党的政治影响力越大，国内标准就越严格，支持这些标准国际化的多边环境协议就越符合国内经济的竞争利益；相较之下，当环境压力团体和绿色政党相对薄弱时，国内对国际环境协议的政治支持也会减弱。在国内环境力量较弱、国内标准更加宽松的领域，国内企业和政府通过反对迫使它们提高国内标准的国际协议来获得经济利益。

还有学者认为，美国对外环境政策倾向可以用"监管政治"模型来解释，并指出美国在 20 世纪六七十年代率先对许多环境问题进行国内管制，这些做法为全球环境问题的解决奠定了基础。因此，当时的美国愿意并能够在全球范围内解决这些问题。然而，美国在之后的许多问题领域不再是环境政策的国内创新者，所以其拒绝就较新的国际环境问题采取国际行动。[①] 该文献引用学者哈罗德·雅各布森（Harold Jacobson）的研究成果对 20 世纪 70 年代美国的多边环境外交浪潮这样进行描述："一旦美国制定了旨在保护和改善环境的立法，它通常建议国际社会谈判达成多边条约，以实现同样的目标。"[②] 例如，美国决定是否签署和批准《生物多样性公约》时最关注的是该公约是否可以在美国现有法律框架内实施。美国消极应对全球气候变化是因为美国不仅没有现成的国内气候变化缓解政策，也拒绝征收任何形式的能源税。在批准《关于持久性有机污染物的斯德哥尔摩公约》（以下简称《斯德哥尔摩公约》）时，美国的一个重要症结就在于该公约呼吁消除美国国内尚未禁止的化学物质。[③]

总之，以上这类综合国际监管竞争影响和国内政治的"监管政治"模型认为，国际监管制度要与国内制度产生共鸣，而国内制度又决定了美国政府积极或消极对待国际环境政策。社会行为体/绿色压力团体/环境组织的国内政治影响力越强，政府迫于压力就越有可能制定严格的国内标准，这些严格的国内标准降低了国内生产商的经济成本或者说产生了正向激励（因为将严格的标准强加给国外生产商将提高其经济成本），从而使政府积极支持对外环境政策。反之，社会行为体/绿色压力团体/环境组织的国内政治影响力越弱，政府就越没有压力制定严格的国内标准，这时国内标准较为宽松或者根本不存在，国际监管会给政府和国内企业带来额外的负担，从而使政府反对对外环境政策。

当然，除了上述提到的"监管政治"模型，有些文献还从其他角度论述了国内政治主因论。

有学者指出，在一个跨国关系日益密切、主权重新定义的世界里，国家仍然具有现实意义。美国的对外环境政策，特别是 1972 年在斯德哥尔摩召开的联合国人类环境会议和 1992 年在里约热内卢召开的联合国环境与发展会议中所涉及的国内政治因素就是一个很

① Elizabeth R. Desombre，"Understanding United States Unilateralism：Domestic Sources of U.S. International Environmental Policy"，pp. 181-199.

② Jacobson，Harold，"Climate Change：Unilateralism，Realism，and Two-Level Games"，p. 415.

③ Kristin S. Schafer，"Global Toxics Treaties：U.S. Leadership Opportunity Slips Away"，（Foreign Policy in Focus，October 4，2005）. Accessed Feb. 2，2023.

好的例证。文献认为，有关“国内和国际之间的鸿沟在缩小”和“国家主权受到侵蚀”等说法被夸大了；用现实主义、多元化和马克思主义等解释美国对外环境政策非常不妥，而应该将解释的重点放在国内政治；在解释美国对外环境政策中，国家允许国内和国际因素同时发挥作用，但国家仍然是占主导地位的政策制定机构。① 在后续的研究中，有文献认为美国的对外环境政策应从美国国家声誉、跨国公司的国际利益、环保科技竞争等方面进行衡量。②

还有学者考察了 20 世纪末的 25 年间美国和全球的环境政策，认为美国在全球环境方面发挥了普遍积极和建设性的作用，虽然环境问题日益跨国，但是国内政治因素在塑造美国对全球环境问题的政策方面发挥了核心作用。③ 在美国国内政治各因素中，美国总统、国会和国内有组织的利益集团是三大主要因素，经常上演国会或白宫的党派之争及强大的国内有组织利益集团的限制，它们共同决定了美国的对外环境政策。文献认为，美国国内政治三大因素中，美国总统作为舆论或政党领袖和首席外交官，可以与其他国家一起代表国际环境协议的签字国，在国家电视讲话中涉及包括全球环境问题在内的话题以强调它们的重要性，鼓励在促进全球环境保护方面的国际合作；国会以多种方式参与全球环境政策进程，包括批准国际援助和总统提议的国际环境协定倡议等；利益集团则利用自己的资源努力影响美国的全球环境政策。环保利益集团从历史悠久的生态组织到资金雄厚的大型团体，再到多国协会应有尽有，反对环保的利益集团包括部分商业和工业团体。研究表明，当美国发挥领导作用时，它常常积极支持解决全球环境问题的多边努力；当它不能发挥领导作用时，就会削弱这种努力。④

综上所述，国内政治主因论这类文献认为国内政治因素是美国对外环境政策倾向的决定性因素。尤其是 2015 研讨会提出了一个统一框架研究美国和欧盟支持国际法的性质和原因，利用比较的研究方法得出美国对待对外环境政策的倾向应该用国内政治去解释。这对于我们认识美国对外环境政策倾向的本质具有重要的参考意义。

这类文献虽然都认为，国内政治因素是美国对外环境倾向的决定性因素，但不同文献提出的国内政治因素不同。因此，它们之间是互相证伪。有的认为是美国的国家声誉、跨国公司的国际利益、环保科技竞争等因素，⑤ 有的认为是美国总统、国会和国内有组织的利益集团等因素，⑥ 还有的认为是美国政党政治、利益集团和国内意识形态等

---

① Hopgood Stephen，*American Foreign Environmental Policy and the Power of the State*，1998.

② Stephen Hopgood，“Looking Beyond the ‘K-Word’：Embedd Multilateralism in American Foreign Environmental Policy”，in Rosemary Foot，S. Neil Macfarlane，and Michael Mastanduno（eds.），*US Hegemony and International Organizations：The United States and Multilateral Institutions*，Oxford：Oxford University Press，2003，p. 154.

③ Glen Sussman，“The USA and Global Environmental Policy：Domestic Constraints on Effective Leadership”，*International Political Science Review*，Vol. 25，No. 4，2004，pp. 349-369.

④ Ibid.

⑤ Stephen Hopgood，“Looking Beyond the ‘K-Word’：Embedd Multilateralism in American Foreign Environmental Policy”，p. 154.

⑥ Glen Sussman，“The USA and Global Environmental Policy：Domestic Constraints on Effective Leadership”，pp. 349-369.

因素。[①] 这些文献提到的国内政治参与者在一定程度上都可以影响到美国的对外环境政策倾向。但是，前述的这些研究并没有解释什么原因决定了这些国内政治参与者的环境立场，以及什么原因决定了他们影响力的大小。因此，它们也没有提出一个统一的框架研究国内因素会通过什么样的因果机制来影响美国对待国际环境协定的态度。这些研究得到的一些结论也存在实证中的困难。例如，单纯的党派政治无法解释为什么共和党政府有时也会非常积极地推动环境议题的发展。

国内政治主因论中很重要的一个理论是“监管政治”模型。这类文献最为突出的优点是有清晰的因果机制，在一定程度上较好地解释了美国对外环境政策倾向，但也存在以下不足。

一是该理论会推导出与事实完全相反的结论。按照该理论的逻辑，美国在20世纪七八十年代，由于环境组织等环境议题支持方的大力推进，其国内的环境法律法规更加严格、标准水平更高。为了在国际上保持竞争优势，美国国内的工业界强烈要求美国政府推动国际环境协定生效，迫于选举等压力，美国政府会以积极的态度加以推动。按道理说，当国际环境协定生效后，其他国家的工业界也必须遵守更严格的法律法规和更高水平的标准。此时，美国的工业界一方面保持了国际竞争优势，另一方面积极与国内环境组织等合作，不断提高国内的环境标准，争取在后续的竞争中一直保持优势。那么，美国的政府或者决策者也会不断以积极的态度主动寻求国际环境议题的升级换代。然而，事实刚好相反，美国在环境议题的初始阶段表现积极，在实质阶段却总体表现消极。

二是该理论的因果机制有问题。该理论认为，美国国内的环保标准是一个中间变量，美国自20世纪90年代以来不断以消极的态度对待国际环境协定是因为美国的环保标准越来越弱，越来越没有国际竞争力。事实上，这是不符合实际情况的。自20世纪90年代以来，美国国内的环保标准其实一直都是上升的，很多环保标准都是世界上最严格的，但美国对待国际环境协定的政策倾向却不是积极的，而是消极的。究其原因，是美国国内的环保标准这个中间变量出了问题。也就是说，决定美国对待国际环境协定政策倾向的因果机制并不是通过该理论中所说的这个中间变量实现的。

2.2.3 科学共识论

科学共识论的相关文献认为，很多对环境问题的认识和应对源于科学的发现和知识的积累。认知共同体的专业知识和能力使国家决策者和民众能够相信环境问题是有科学依据的，从而积极应对。环境问题的科学性质和认知共同体的权威地位通常会使专家和科学成果对政策产生相当大的影响。[②] 有学者认为，“环境问题植根于自然的过程和自然对人类

---

① R. Daniel Kelemen and Tim Knievel,“The United States, the European Union, and International Environmental Law: The Domestic Dimensions of Green Diplomacy”, pp. 945-965.

② Kal Raustiala,“Domestic Institutions and International Regulatory Cooperation: Comparative Responses to the Convention on Biological Diversity”, p. 487.

干预的反应，因此不可避免地嵌入科学背景”。[①] 还有人认为，包括全球气候变暖和生物多样性保护在内的全球环境问题都会涉及科学、科学家和主要政治机构的积极互动。[②]

认知共同体是指在某一领域中具有被人们普遍认可的知识群体，该群体凭借其知识权威和跨国网络平台对政府政策产生影响。尽管认知共同体可能由来自不同学科和背景的专业人员组成，但他们的共同点有四：一是拥有共同的规范和原则信念（normative and principled beliefs），这为共同体成员的社会行动提供了基于价值观的理由；二是拥有共同的因果信念，来自他们对导致或促成其领域内中心问题的实践分析，然后作为阐明可能的政策行动与预期结果之间的多重联系基础；三是拥有共同的有效性概念，即主观的内部定义的衡量和评估的标准；四是拥有共同的政策进取心（policy enterprise），即拥有与他们专业能力相匹配、针对一系列相关问题的共同实践。[③]

这类文献常见的检验案例是通过认知共同体对保护平流层臭氧所做的努力最终使国际社会通过了《蒙特利尔议定书》。彼得·哈斯（Peter Haas）指出，“生态认知共同体”（ecological epistemic community）是一个以知识为基础的专家网络，他们在因果关系、有效性检验和潜在的原则性价值观方面有着共同的信念，并追求共同的政策目标。该共同体由大气科学家和决策者组成，接受氯氟化碳排放中的氯通过与臭氧分子反应并分解从而损耗平流层的薄层臭氧，进而破坏了自然臭氧平衡的因果假设，并且使用基于科学方法的共同效度进行有效性检验，其政策目的是保护臭氧层，防止有害的紫外线到达地球。在美国国内，“生态认知共同体”中大气科学家的影响力主要通过宣传他们的研究成果及在国会听证会上进行作证来实现，并且很多共同体的成员是直接负责相关政策制定的政府官员，这使美国自始至终对氯氟化碳进行强有力的监管控制，积极支持和引领《蒙特利尔议定书》的通过。[④]

可以看出，科学共识（包括认知共同体）对美国环境政策倾向具有很重要的影响，但是其作用或理论解释也存在几点不足。

一是认知共同体的影响力被夸大了。[⑤] 一般来说，环境问题源于科学认知，认知共同体作为以知识为基础的专家网络在环境问题的起始阶段可能会发挥很大作用，因为此时还没有更多的其他行为体介入。但随着环境问题进入实质阶段，各类行为体陆续介入，认知共同体的影响力会相对下降。例如，美国在克林顿政府时期在促成《京都议定书》达成方

---

① James Rosenau，“Environmental Challenges in a Global Context”，in Sheldon Kamieniecki（ed.），*Environmental Politics in the International Arena：Movements，Parties，Organizations and Policy*，Albany：State University of New York Press，1993，p. 257.

② Brent Steel，Richard Clinton，Nicholas Lovrich，*Environmental Politics and Policy：A Comparative Approach*，Boston，MA：McGraw Hill，2003.

③ Peter M. Haas，“Introduction：epistemic communities and international policy coordination”，*International Organization*，1992，46（1）：3.

④ Peter M. Haas. Banning Chlorofluorocarbons：Epistemic Community Efforts to Protect Stratospheric Ozone. *International Organization*，Vol. 46，No. 1，1992，pp.187-224.

⑤ David Toke，“Epistemic Communities and Environmental Groups”，*Politics*，Vol. 19，No. 2，1999，pp.97-102.

面发挥了重要的作用，并且签署了《京都议定书》，但到小布什执政时期美国却退出了《京都议定书》。在这么短的时间内，认知共同体的作用和影响力不会发生太大变化，但美国对待《京都议定书》的态度却发生了逆转，用认知共同体理论似乎难以解释类似现象。

二是科学共识与美国政策倾向之间并不总是一致的，而是在很多情况下呈现出不一致甚至相反的情况。也就是说，即使各方面取得了科学共识，但是政策辩论依然存在，环境政策倾向会呈现消极甚至反对的情况。例如，美国全球变化研究计划[①]在2017年和2018年发布的第四份国家气候评估报告中提到："在过去的150年里世界变暖了，特别是在过去的60年里，气候变暖引发了地球气候的许多其他变化。许多证据表明，人类活动，特别是温室气体的排放，是工业时代观测到的气候变化的主要原因。"[②]且不说联合国政府间气候变化专门委员会（Intergovernmental Panel on Climate Change，IPCC）早就提出了大量记录全球变暖的科学证据，单纯依靠自己本国权威部门的研究结果，美国政府也应该与世界各国一道共同应对气候变化。然而，时任美国总统的特朗普却无视这些权威科学共识，于2017年6月1日的记者招待会上说"即日起，美国将停止落实不具有约束力的《巴黎协定》"。至此，美国正式退出由全世界178个缔约方共同签署、对2020年以后全球应对气候变化的行动做出统一安排的《巴黎协定》。

三是科学的不确定性及人们对不确定性的偏好导致科学共识大打折扣。在大多数环境问题上，人们建立了相当多的科学共识。这些科学共识也成为解决环境问题必要的基础和前提。然而，由于环境问题的复杂性和广泛性，重大的科学不确定性依然存在。例如，面对气候变化这一重大环境问题，尽管地球正在变暖的说法不再有任何争议，但仍有持怀疑态度的科学家认为，这些影响无法量化，在某些情况下它们甚至可能是有益的。在生物多样性问题上，几乎没有科学家质疑地球的生物多样性正在变得越来越少，但有些专家和民众却未能认识到那些濒临灭绝或已经消失的物种价值。这种对科学认识的缺乏，再加上人们偏好关注不确定性而不是确定性的倾向，使决策者很难在这些问题上采取强有力或有效的行动。[③]其结果就是，本应成为行动必要基础的科学共识却成为那些根本不想采取行动者的挡箭牌和借口。

四是当政者缺乏相关科学专业知识，且更多情况下从政治利益视角出发思考问题。全球环境问题涉及大气环境（如全球气候变化问题）、海洋环境（如过度捕捞和海洋污染问题）、生物多样性丧失（生态系统和物种保护问题）、跨境空气和水污染、水和土地使用问

---

① 1989年，由美国总统倡议设立、国会批准成立了美国全球变化研究计划（The U.S. Global Change Research Program）。该计划由大批顶尖科学家参与研究和调查，旨在提高对全球环境变化和人类社会及全球环境是如何相互影响的认知程度，进而协调美国联邦政府各部门的工作，最终为美国的环境政策和对外态度提供科学支撑。

② Donald J. Wuebbles，David W. Fahey，and Kathy A. Hibbard，*Climate Science Special Report：Fourth National Climate Assessment*，（NCA4，Volume Ⅰ），Washington，D.C.：U.S. Global Change Research Program，2017，p. 36.

③ Eileen Claussen，"Global Environmental Governance：Issues for the New Administration"，*Environment：Science and Policy for Sustainable Development*，Vol. 43，No. 1，2001，pp. 28-34.

题、森林和国际贸易中的化学品等问题，可谓涉及面广、规模大、内容复杂。以美国总统为代表的行政官员、参议院和众议院的议员等很多当政者没有工程科技背景，要对这些问题作出专业判断其实非常困难。环境监管的目标是利用科学界的集体专业知识促进公众利益。① 然而，正如有学者认为，美国制定环境政策及其表现出来的政策倾向涉及的根本问题是科学与政治的交叉。也就是说，一方面，科学告诉我们人类社会应该采取行动；另一方面，公职人员的判断受到党派、选举考虑和国内有组织利益关切等各种因素的影响。②

五是科学共识的阶段性影响力不同。环境问题是个巨系统，包含的内容广泛而复杂，很多环境问题源于科学认知。但随着事态的发展，各种行为体不断涌现和积极参与，其对环境问题的治理既有正面影响，也有负面影响，从而导致科学共识在不同的阶段所呈现出来的影响力不同。以气候变化为例，在全球二氧化碳浓度逐渐升高、气候变暖等大量科学证据面前，各类行为体也逐渐参与其中。总体来说，这些行为体也分为两派：一派支持全球气候变化治理，另一派反对全球气候变化治理。对于美国来说，在气候变化问题刚提出时，行为体主要是科学界，科学共识的分量占绝对优势；而随着事态的发展和各种行为体的涌现与参与，科学共识的分量也相对降低。因此，科学共识的阶段性影响力值得高度重视。

基于上述原因，科学共识论并不能解释美国环境政策的动态特征，尤其是对于部分环境议题前期积极而后期消极的特征。

2.2.4 利益最大化论

利益最大化论面向的研究对象也是全球环境议题。这类文献的主要思路是，一个国家对待国际环境议题的行为取决于本国在多大程度上受到这些环境问题的影响及解决这些环境问题的成本。也就是说，国家会衡量解决环境问题的成本和收益。如果解决环境问题的收益大于成本，国家就会选择支持；反之就不予支持。

这类文献中的一个典型特征就是分析衡量生态脆弱性和减少污染成本所带来的收益。有学者以保护平流层的臭氧层和管制欧洲跨界酸化为例提出了基于利益的解释，即侧重在国际环境谈判中的国内因素。③ 文献利用国家面对污染的生态脆弱性和减少污染的经济成本两个因素给出了国家对待国际环境协定基于利益的解释。该文献认为，国家是自私自利的行为体，通过比较替代行动方案的成本和收益理性地寻求财富和权力，最终决定对待国际环境协议的政策倾向，即每个国家都试图避免受空气污染物的影响，奉行尽量减少对本

---

① Sheila Jasonoff, *The Fifth Branch: Science Advisors as Policymakers*, Cambridge, MA: Harvard University Press, 1990, p. 250.

② Glen Sussman, "The USA and Global Environmental Policy: Domestic Constraints on Effective Leadership", p. 351.

③ Detlef Sprinz and Tapani Vaahtoranta, "The Interest-Based Explanation of International Environmental Policy", *International Organization*, Vol 48, No. 1, 1994, pp. 77-105.

国公民和生态系统不利的环境影响（生态脆弱性）政策；同时，当合规成本相对较低时，国家更倾向于参与环境保护。

该文献将国家的生态脆弱性（低和高）与减排成本（低和高）两个指标结合起来，将对待国际环境协议的国家分为四类：生态脆弱性指标低、减排成本低的国家为“旁观者”；生态脆弱性指标低、减排成本高的国家为“拖累者”；生态脆弱性指标高、减排成本低的国家为“推动者”；生态脆弱性指标高、减排成本高的国家为“中间者”。属于“中间者”的国家对待国际环境协定的政策倾向特别不稳定，一方面他们有参与国际环境监管的生态动机；另一方面他们不愿意承担所涉及的巨额成本。例如，美国在臭氧层保护国际环境协议中，属于“中间者”。但文献也承认，在解释某些国家表现出的行为时却有所偏差，建议在未来的研究中增加一些额外的诸如价值偏好的变化、代表大众政治态度的国内利益及行业游说努力等国内因素，以增加理论的解释力。

这类文献中的另一个典型就是分析衡量美国批准国际环境条约的机会成本。有学者认为，美国经常在国际合作中带头制定条约，但有时它却从未加入过这些条约，或者在相当长的时间里才加入，答案就在于美国的决策者会衡量机会成本（opportunity costs）。[①] 借鉴经济学理论，文献提出了条约批准的机会成本理论（opportunity cost theory），认为鉴于国际政策事务必须利用与国内政策完全相同的剩余自由支配下限时间，美国有时仅因为政治资本和参议员下台时间是固定的并带来机会成本就会推迟或破坏条约的批准。因此，要使一项条约取得进展，机会成本逻辑意味着条约的净收益必须超过建议和同意过程的机会成本。因此，如果总统或一些参议员只赋予某一特定条约较低的政治价值，或者如果他们认为该条约的通过将花费大量的参议院发言时间，他们可能会决定宁愿将他们的政治资本花费在其他事情上。一项条约能否或以多快的速度通过这一进程，取决于它是否有足够的支持来通过宪法程序，以及它对政客的价值是否超过了他们的政治资源的机会成本，即立法最低限度的时间和政治资本。也就是说，固定的政治资本和议程空间迫使总统和参议院选择将时间花费在条约上还是其他立法上。如果将时间花费在条约上，那么其他立法就要被放弃，从而产生了成本。在机会成本较高的特定条件下，它们或多或少地阻碍了条约进程；总统和参议院可能会发现这些因素如此之大以至于条约要么被推迟，要么无限期地陷入僵局。如果机会成本推迟或破坏了美国的条约批准，这可能会阻碍美国参与其他全球机制的多边合作。这可能解释了为什么美国虽然经常走在条约制定的前列，但在条约批准方面却落后于其他国家。

综上所述，这种基于利益最大化的理论对我们的研究确实具有很重大的借鉴意义。在某种程度上，美国对外环境政策的倾向也是基于利益考虑的。但是，美国的决策者考虑的利益可能不完全是基于这类文献中所谓的“成本”。

---

① Judith G. Kelley and Jon C.W. Pevehouse，“An Opportunity Cost Theory of US Treaty Behavior”，pp. 531-543.

例如，对于第一类文献，利用类型学可以清楚地将不同类型的国家分成不同类型的对外政策行为体，但是这种理论也解释不了同一个国家（美国）面对同一类型的国际环境问题时在不同阶段表现出不同的对外环境政策行为。因为根据这种理论，在一定的时期内美国的生态脆弱性和环境治理成本变化不大，那么美国对外环境政策的行为也不会有太大的变化。然而，实际上美国的对外环境政策的行为变化很大。例如，克林顿下台前美国政府一直非常支持全球应对气候变化政策，克林顿政府还签署了《京都议定书》（尽管没有报国会批准），然而小布什一上台就公开宣布拒绝《京都议定书》。在这么短的时间内，美国因为二氧化碳排放所带来的生态脆弱性变化不会很大，由此付出的二氧化碳减排成本变化也不明显，但是对外环境政策却由明显的积极支持转变为公开拒绝，甚至反对。条约批准的机会成本理论存在的缺陷也是同样的道理。

对于第二类文献，利用批准条约的机会成本可能会推导出与事实不相符的结果。按照该理论，由于政治资本和议程空间相对固定，如果将时间花费在某些条约上，就会放弃其他立法。所以，政客会选择他们认为最重要的条约或者立法。那么，就应对气候变化这个环境议题而言，小布什在竞选总统及上台后一直都认为应对气候变化这个环境议题很重要，无论是来自国际的压力还是国内的压力都很大，可以说《京都议定书》是一项非常重要的国际协定，并且克林顿总统已经签署，但是他上台后却选择退出《京都议定书》，这在国际层面和国内层面都不讨好，还浪费了所谓的批准条约的“机会成本”。该理论解释不了这种现象。

2.3 小结

对于美国环境政策倾向的研究一直以来都是学界的热点，学者从不同的视角对其进行研究并取得了丰硕的研究成果。然而，当前的研究也存在一些不足，主要归纳为以下几点。

一是研究对象需要再辨析。现有文献中经常将环境问题分为国内环境问题、区域环境问题和全球环境问题，并且分别对不同类别的环境问题展开研究。然而这种划分看似很清晰，实则难以真正找出美国环境议题倾向的原因，因为有些问题看似是全球环境问题，但其实对美国来讲却应该以国内环境问题对待。例如，对于臭氧层保护这个环境议题，文献中基本上都是将其当作全球环境议题的，因为臭氧层损耗化学物质的排放来自世界各国，且臭氧层损耗带来的环境后果对世界各国都有影响。但是美国对这个环境议题的政策倾向基本上自始至终都持积极态度，而对其他全球环境议题却往往在实质阶段持消极态度，所以文献中经常将这个环境议题看作全球环境议题的例外。其实，这个环境议题看起来是全球环境议题，但实际上由于臭氧层损耗导致美国民众的皮肤癌与白内障等疾病发病率和病例数相较于其他国家更高，也就是说这个环境议题给美国带来的后果更严重，对美国民众的生存威胁更高，因此美国会把它当作国内环境议题对待。

再如，禁止危险废物越境转移这个环境议题，危险废物由美国国内生产，应该是美国国内的环境问题。然而，对于美国来说，危险废物被运送到国外处理后，其环境后果发生在美国以外的其他国家，因此应该当作国外环境问题或者全球环境问题进行对待。因此，要准确认清研究对象的本质，必须对国内环境问题和全球环境问题等概念进行重新定义。

二是研究现象需要再定位。现有文献经常不区分国内环境问题还是全球环境问题，就按照阶段或者总统任期进行划分，然后笼统地分析美国对待环境议题的政策倾向。这往往会得出某个阶段美国对待环境议题的政策倾向积极、某个阶段消极的结论，其中的原因常常是总统为民主党则积极，总统为共和党则消极；或者是某个阶段由于环保运动激烈则积极，不激烈则消极。这种研究过于宏观笼统，需要在对研究对象认真辨析的基础上将国内环境问题与全球环境问题分开研究。这时我们将看到，面对一项具体的国内环境议题，美国基本上自始至终表现为积极的政策倾向；面对一项具体的全球环境议题，美国在初始阶段表现积极，然而在实质阶段却相对消极。

有些文献重点研究了全球环境问题，也大致发现了美国在某个点或者阶段前常常表现积极之后却相对消极的现象。然而，这些文献对这个现象的认识经常是宏观、笼统的，存在一个重要缺陷。尽管总体来看，美国的对外环境政策倾向呈现出先“积极”后“消极”的现象，但是对于环境细分领域来说，这种积极到消极转变的时间点往往不同。这也暗示了在同一个阶段，有可能出现对于不同的环境议题美国表现出不同的政策倾向态度。如果是这样的话，从宏观整体层面分析美国的对外环境政策倾向就会带来偏差，影响解释的效果。

三是因果机制需要再修正。现有文献大约提出了四种因果机制来解释美国的环境政策倾向。第一种是“双层博弈”模型，认为国际因素和国内因素互相博弈，影响了美国环境政策的政策倾向。这种因果机制没有认清美国在国际体系中的地位，夸大了国际因素对美国的影响，掩盖了国内因素是主要因素的本质。第二种是国内政治主因论，最为典型的是“监管政治”模型，认为美国国内标准是中间变量。然而这种因果机制会推导出与事实完全相反的情况。第三种是科学共识论，认为认知共同体或者科学共识是美国环境政策积极的主要原因。这种因果机制夸大了认知共同体或者科学共识的作用。第四种是利益最大化论，认为决策者会衡量“成本-收益”，“收益最大化”原则会确定美国的环境政策倾向。然而大量的事实表明，即使成本和收益都没变，美国的环境政策倾向却发生了变化，因此这种因果机制也有缺陷。

现有文献提出的因果机制存在一些缺陷，其主要原因在于对美国国内环境问题和全球环境问题的概念缺乏清晰的界定，导致对美国对哪些环境问题会以积极态度对待而哪些以消极态度对待的现象认识不明，进而不能准确发现原因（自变量），最终导致提出的因果机制有缺陷。

第3章

研究设计

3.1 核心概念与理论框架

本书试图解释的核心问题是，为什么面对不同的环境议题，美国政策的动态特征有明显不同？也就是说，面对环境后果主要体现在美国国内的环境议题，为什么美国的环境政策倾向始终积极？而面对环境后果主要体现在全球的环境议题，为什么美国的环境政策在初始阶段积极但在实质阶段却趋向消极？为了回答这个问题，本章对关键核心概念进行概念化和操作化，在此基础上提出解释这一问题的理论框架与研究假设，最后全面分析并利用联合国多边环境协定数据库和国际环境协定数据库，选取了四个典型性案例对本书提出的理论框架与研究假设进行检验。

3.1.1 核心概念界定及其测量

1．环境问题与环境议题

人类活动或多或少地会改变自然环境，从而导致出现环境问题。近现代大工业生产效率提高之后，对环境的改变程度进一步加剧。可以说，特定的环境问题是伴随着特定的人类活动而出现的。例如，臭氧层的过度损耗这个环境问题是伴随着氯氟化碳等制冷剂的生产和使用而出现的。环境议题是人们对环境问题产生的危害、原因及应对的认识、讨论和采取的行动。特定的环境议题则会晚于相应的环境问题而出现。例如，废物越境转移自古就有，但这个环境问题成为一个环境议题则是20世纪80年代的事情。环境问题一般是趋向严重、被环境学者注意到之后才成为环境议题的。本书关注环境问题，但是主要研究的是环境议题。

2．环境议题进程

现代社会的环境问题往往是一个痼疾。因此，环境议题可以持续很长时间。本书将环境议题的进程分为初始阶段和实质阶段。初始阶段是推动环境议题被公众接受的阶段，包括提出环境议题、对环境议题的科学性进行论证、对环境议题的知识进行传播、对环境倡议的讨论与传播等，在国际层面还包括签订不具有约束性的框架性环境公约等。实质性阶段则是针对环境议题落实环境保护规则的阶段，在国内层面包括出台并履行限制性的相关法律法规；在国际层面包括有法律约束力的环境协定[①] [公约（convention）、协定（agreements）、议定书（protocols）和修正案[②]（amendments）等] 谈判、单方面环保责任的承诺、环境协定的审批和履约等。

3．环境议题支持方和反对方

影响美国环境政策倾向的社会行为体大致分为两大类。一类是环境议题支持方，定义为在价值观和行动上支持特定议题的环境保护行为体，主要包括环境科学家和在价值观上支持环境保护的环保进步主义者，他们积极支持环境保护事业，形成专业性的环境组织或草根性的环保团体；从环境保护事业中获利的商业公司及其协会等；在特定环境议题中认定自己为环境恶化的受害者或潜在受害者的群体，他们也可能加入一些草根环境组织，更多的时候是以选票的形式对决策者施压。另一类是环境议题反对方，即在价值观和行动上反对环境保护的行为体，主要包括在价值观上反对环境保护的环保保守主义者，受到环境保护政策压力导致经济受损的商业公司及其协会、投资者等。

根据具体情况，美国民众可能会成为特定环境议题的支持方或者反对方。当环境后果明显体现在美国国内的时候，有更多的美国民众认定自己是环境恶化后果的受害者或潜在受害者。这时就有更多的民众成为该环境议题的支持者。当环境后果主要体现在国外或者全球范围的时候，仅那些有道义感的民众会成为环境议题的积极支持者，进入支持方。这时，支持环境议题的民众数量就不如上一种情况多。也有一些民众在传统行业就业，或者对传统行业进行了投资，当这些传统行业被看作不利于环境议题的时候，这些民众会与反环保利益体团结合作，成为环境议题的反对方。民众的这种立场站位对环境议题的支持方与反对方的力量对比有重要影响，进而给美国对环境议题的长期立场带来影响。

4．美国环境政策倾向

倾向是一个较为长期的发展趋势，本书用“积极”和“消极”来衡量美国在特定时间综合的环境政策倾向。美国环境政策的积极面和消极面在国内及全球层面有不完全相同的体现。

对于国内环境政策倾向而言，在初始阶段用美国的重视程度和采取的措施来确定积极与消极。如果国内环境议题引起美国有关部门的重视，美国政府鼓励、支持对环境问题进

---

① 《维也纳条约法公约》规定：“称‘条约者’，谓国家间所缔结而以国际法为准之国际书面协定，不论其载于一项单独文书或两项以上相互有关之文书内，亦不论其特定名称如何。”

② 修正案是指对影响特定协定所有当事方的条约规定进行正式修改。此类更改必须按照条约最初形成时的相同手续进行。许多多边条约规定了为通过修正案必须满足的具体要求。在没有这样的规定的情况下，修改需要得到所有各方的同意。（资料来源：1969年《维也纳条约法公约》第40条）

行科学调查评估，对调查正面结果予以宣传或提供宣传平台，或者出台相关法律法规和政策标准予以正向解决，那么称美国的这种政策倾向为“积极”；如果美国政府部门对环境议题的呼吁不予理睬和响应或者予以否认，那么称这种政策倾向为“消极”。在实质阶段，如果政府部门继续积极进行宣传和科学调查，并且出台更加严格的法律法规，或者更加激进的政策和更高水平的标准，则称之为“积极”；反之，则称之为“消极”。

对于全球环境政策倾向而言，在初始阶段用美国的政策倾向与国际社会主流态度的比较来确定积极与消极。如果美国的立场与政策倾向比国际社会主流态度更加主动和积极，则称之为“积极”；反之，则称之为“消极”。在实质阶段，如果美国的立场在国际社会的积极性排序上是上升或者不变的，则称之为“积极”，如美国在国际协定的谈判过程中主动推动和引领，当国际协定在国际层面通过后抢先予以签署和批准；如果美国的排序下降，则称之为“消极”，如美国在国际协定的谈判过程中积极反对，在其他国家陆续批准条约的情况下仍然不予批准等。

本书所衡量的美国环境政策倾向是综合性的，是美国国内政治中各个行为体博弈的结果，并不是简单地等于某个行为体的态度。例如，某位总统可能对一项环境议题持积极的姿态，但是由于受到其他政治力量（如国会）的掣肘，最后美国政府作为一个整体对该项环境议题所表现出来的政策倾向可能并不积极；反之亦然。

3.1.2 理论框架

为了构建解释研究问题的理论框架，本节首先定义了自变量、因变量和干扰变量，并对其进行操作化；其次，认为影响美国政策倾向的主要政治过程包括选举政治、游说政治、党派政治、利益集团政治和公开辩论等；最后，提出了美国环境政策动态特征及其机理的理论框架。

1. 自变量：环境后果的范围

本书研究的自变量是环境议题中环境恶化所造成后果的地理分布范围。这个自变量的取值有两个：一是环境恶化的后果明确和直接地体现在美国国内；二是环境恶化的后果体现在国外或者全球范围。在本书中，这个后果不仅是环境的变化，还包括环境变化给人类生活质量带来的直接的可观察与检验的负面影响。例如，臭氧层损耗不是本书关注的最主要指标，而由臭氧层损耗引起的皮肤癌和白内障的发病率及病例数才是本书关注的最主要指标。如果仅看臭氧层的变化，这个后果是全球性的。但是，由于人种（白种人受光照更易患皮肤癌）、地理（日照较多）、生活方式（崇尚日照）等因素，美国民众是臭氧层损耗带来的主要受害者。从皮肤癌和白内障发病率及病例数来看，臭氧层损耗这个环境议题的后果明确和直接地体现在美国国内。在美国，皮肤癌和白内障患者是环境恶化（臭氧层损耗）的直接、明确的受害者；其他的美国民众则是潜在的受害者。这些受害者甚至潜在的受害者会成为环境议题坚定的支持者，持续推动美国采取更为激进的环保措施，使美国在环境议题的实质阶段采取积极的政策倾向。

在美国使用滴滴涕等高毒性农药，其环境后果也主要体现在美国国内，会导致鱼类和鸟类等野生动物死亡、胎儿畸形甚至癌症等。

有一些环境议题的后果明显不在美国国内。例如，危险废物的越境转移，即发达国家会将危险废物转移到经济落后的国家或地区，因此危险废物的总体走向是从美国（及其他发达国家）流向经济欠发达国家或地区。越境转移的这些危险废物中，有毒有害物质不会直接伤害美国居民。由于这些环境恶化的后果没有体现在美国国内，美国国内的民众就不会十分痛彻地感受到这些环境问题的危害。那么，他们中的大部分就不会参加环境议题（禁止固体废物越境转移）的支持方或者参加的意愿不强。相反，很多人由于利益相关（如垃圾行业的投资者、从业者、受垃圾场困扰的居民等会将固体废物的越境转移看作自身利益）而加入环境议题（禁止固体废物越境转移）的反对方。

有一些环境议题的后果随机地发生在全球范围，因此被看作全球范围内的问题。例如，由于人类二氧化碳排放导致的全球升温中仅部分后果有明确、具体的地理指向（如海水上涨导致海拔较低的国家的领土被部分淹没）。其他很多后果的预测是统计性的，其地理指向并不十分明确、具体和直接，在美国不容易找到明确、直接的受害方，环境后果更多的是笼统地体现在全球范围。

2．干扰变量：党派政治

本书研究的干扰变量是美国在环境议题实质阶段的党派政治。党派政治这个干扰变量只有在实质阶段环境议题支持方与反对方力量对比相差不大时起作用。因此，党派政治在美国国内环境议题中往往体现不明显，只在部分全球环境议题中有明显的表现。因为在美国国内环境议题中的实质阶段，基本上都是环境议题支持方的力量远大于反对方，而在全球环境议题中却是不同方力量对比比较复杂。

一般来说，美国的民主党比较支持环保事业，而共和党则对环保事业更有保留，且美国总统和国会共同影响着美国对待全球环境议题的政策倾向。因此，党派政治粗略地看有四种情况：总统是民主党、国会两院多数议员也是民主党；总统是民主党，国会两院中至少有一个院多数议员是共和党；总统是共和党，国会两院中至少有一个院多数议员是民主党；总统是共和党，国会两院多数议员也是共和党。

在一个环境议题中，如果支持方和反对方处于势均力敌的状况，这个时候党派政治的作用就会非常显著。当总统和国会两院多数议员都是民主党时，美国对待全球环境议题的政策倾向最为积极，有可能出现既签约又批约的情况。但是，这种情况的时间窗口往往不够宽，并不一定总能够实现既签约又批约。当总统是共和党时，不管国会两院议员党派分布如何，美国对待全球环境议题的政策倾向都较为消极，很有可能出现既不签约又不批约的情况，甚至出现退出国际环境协定的情况。当总统是民主党、国会两院中至少一个院多数议员是共和党的时候，政府的环境政策会受到国会掣肘，有可能出现只签约不批约的情况。

3．因变量：美国在环境议题实质阶段的政策倾向

本书研究的因变量是美国在环境议题实质性阶段的政策倾向。环境议题的初始阶段是要普及环境知识、唤起公众和决策者的注意、建立沟通和协商渠道等。在美国国内，主要是对环境议题进行科学性论证与传播、对环境倡议进行讨论与传播等。在环境议题的初始阶段，美国往往持积极立场，在环境议题中发挥领导作用。

环境议题的实质性阶段是针对环境议题建立和落实环境保护规则的阶段。在美国国内，这一阶段主要是出台并履行相关法律法规。在国际上，这一阶段主要是进行有约束力的环境协定谈判、单方面环保责任的承诺及环境协定的审批、履约和提出修正案等。在实质性阶段，美国对环境议题的政策倾向可能出现分化：可能保持积极的政策倾向，也可能趋向消极。

美国的政策倾向的判断可以用相对测量的方法。对于国内环境政策倾向而言，用当前阶段的政策倾向与前一个阶段的政策倾向的比较来确定积极与消极。如果当前阶段美国有关部门更加积极地进行宣传或科学调查，并且出台更加严格的法律法规或更加先进的政策、更高水平的标准等，则称为“积极”；反之，则称为“消极”。

对于全球环境政策倾向而言，可以用美国的政策倾向与国际社会主流态度的比较来确定积极与消极。如果美国的立场和政策倾向比国际社会的主流态度更加积极，则称为“积极”；如果美国的立场和政策倾向比国际社会消极，则称为“消极”。在实质阶段，如果美国的立场与国际社会比较更趋向积极或者不变，则称为“积极”；如果美国的立场与国际社会相比积极性下降，则称为“消极”。

需要指出的是，这里的因变量表示的是美国对环境议题的总体政策倾向，有别于单个行为体的姿态和意见，单个行为体的积极或消极的姿态和意见互相制衡，对美国的总体政策倾向施加影响。

4．影响决策者态度的作用机制

影响决策者（总统和国会）态度的因素主要有两个：一个是环境议题支持方与反对方的力量对比，另一个是决策者自身（主要是自身的党派）的传统和价值观偏向。其中，环境议题支持方与反对方中不同的行为者通过选举政治、游说政治、利益集团政治和公开辩论等政治过程向决策者施加影响和压力；而决策者党派的影响只有当环境议题支持方与反对方力量相当时才可能发挥作用。影响决策者态度的主要政治过程如下：

（1）选举政治

美国总统及国会两院议员都需要经过选举上台，为此他们不得不关注选民的意见倾向。当一个环境议题的支持方和反对方力量相差很大时，总统及其领导的各部门官员就会明显地接受强势一方的意见。在环境议题的初期，支持方高调宣传环境议题，反对方力量不够强大，美国总统往往会对环境议题给予支持，成本也不高；国会也不会明显阻碍环境议题。进入环境议题的实质性阶段，则分为两种情况：如果环境恶化的后果体现在国内，

国内受害者及潜在受害者都会加入议题的支持方，造成环境恶化的行业投资者和从业者加入议题反对方，但是力量远不及支持方，出于对选票的敏感，总统和国会议员都会尽可能顺从环境议题的支持方，从而保持对环境议题的积极支持并力图建立积极的环保政策；如果环境恶化的后果主要体现在国外或者以不确定的方式体现在全球范围，不能将国内环境恶化现象直接明确地归结为环境议题，那么加入环境议题支持方的美国国内居民就少一些，支持防御反对方的力量对比就不够悬殊，美国总统和国会议员对环境保护的压力就不够大，这时游说政治和党派政治发挥作用的空间就大一些。

（2）游说政治

游说政治是美国的政治活动家向决策者（总统、国会、政府部门）推荐政策的政治过程。环境议题的支持方和反对方都可能利用游说来推荐支持的政策主张。环境议题反对方的来源主要有两类：意识形态上的环境保守主义者和利益受到环保政策损害的行业投资方和从业者。他们会以个人、行业协会、公关公司智库及专业协会的身份对政府和议会进行反对环境议题的游说。支持环境议题的科学家、著名环境组织和具有环保倾向的名人及在环保中获益的行业等也会为支持环境议题开展游说。美国的“旋转门”使很多负责环境工作的政府官员、议员助手与游说者有千丝万缕的联系，从而为游说拓宽了渠道。相较而言，草根型的环保活动能够改变选票，但是对游说并不十分在行。在环境议题支持方和反对方的选票相当时，游说政治的作用就得以体现。环境议题反对方即使游说政府不奏效，也可能在国会中寻求支持，通过国会为环境议题设置障碍。

（3）利益集团政治

环境问题所涉及的利益集团政治非常复杂，原因在于环境保护对企业的利弊影响是动态的。一个企业可能因环保政策而利益受损，也可能因获得了替代品而有所收益。例如，二氧化碳减排政策在初始阶段会损害汽车工业，因为传统汽车所使用的汽油燃料是受控对象。但是，部分汽车企业改行生产电能车和氢能车等替代产品后，反而会因减排政策而获益。这部分企业作为利益集团会从气候变化议题的反对方转为支持方。臭氧层保护议题中的制冷剂生产企业也有类似情况：生产传统制冷剂（氟利昂）的企业反对臭氧层保护议题，生产新型制冷剂的企业支持这个议题，被竞争对手夺取了新型制冷剂生产份额的企业会失去支持这个议题的热情。

（4）公开辩论

环境议题支持方与反对方之间进行博弈时经常会采取公开辩论的方式。常见的方式主要有各类听证会、电视辩论、论坛和研讨会、报纸辩论、发表学术论文和研究报告等。听证会主要有国会听证会和美国政府部门听证会［如美国国家环境保护局（U.S. Environmental Protection Agency，EPA；以下简称美国环保局）的听证会］。在听证会上，环境议题支持方和反对方都可以充分阐述自己的意见，并对不同观点进行辩论。听证会的结果一般会直接送到决策者手中，对决策者的态度起到直接的影响作用。电视辩论一般是由电视广播公司组织的，而非官方组织举办。电视辩论一般也是支持方和反对方抛出自己的核心观点，然后对对方的观点进行辩驳。电视辩论一般不形成辩论结果报送官方，但它可以非常好地影响美国广大民众，因为在几十年前电视是广大民众获取信息的主要手段之一。论坛和研讨会的形式非常多，政府、环境组织、工业界等都可以组织，并且研讨的内容从技术到政策包罗万象。研讨会的结果也可以为不同的对象进行服务。几十年前，报纸是广大民众获取信息的另一个核心途径，所以环境议题支持方和反对方都充分利用报纸宣传自己的观点和主张。报纸辩论主要影响广大民众，在一定程度上也会影响决策者。环境组织和工业界常常发表一些研究报告，支撑自己的观点和主张，用来影响民众和决策者。政府机构和科研院所也经常会发布一些专业的研究报告，反过来影响或引导环境议题的支持方和反对方。科学家经常会发表学术论文，从科学的角度提出和论证环境议题，为环境议题支持方和反对方及决策者提供客观、科学的依据。

（5）党派政治

粗略地说，美国的民主党对环境议题更积极，共和党则相反。有学者直接称，民主党已经成为“环境党”（environmental party），而共和党则被认为是“反环境党”（anti-environmental party）[①] 当环境议题的支持方和反对方力量对比悬殊的时候，两党顾忌选票政治，都不敢表现出明显的偏袒。对于一项国内环境议题，环境议题的支持方一般来说都远大于反对方，所以党派政治的效果不突出。但是对于一项全球环境议题，当环境议题双方的力量对比并不十分悬殊时，两党对环境议题的倾向就会表现在政策层面。正如上述干扰变量中所分析的，党派政治粗略地看有四种情况，总统的党派与国会两院中多数议员党派的异同共同决定了美国的整体环境政策倾向。因此，本书将党派政治看作一个干扰变量，党派政治所形成的政策“摇摆”短期现象只有在环境议题支持方与反对方力量相当时存在，但并不影响美国政策倾向长期总体“消极”的结论。

5. 美国环境政策动态特征及其机理

环境后果的分布范围是影响美国长期政策倾向的主要原因。如果环境的后果突出地发生在美国国内，则属于国内环境议题；如果环境的后果发生在国外或全球，则统称为全球环境议题。

杰夫·科尔根（Jeff Colgan）等学者于 2021 年在研究资产重估与气候变化生存政治时提出了“生存威胁”（existential threat）的概念，即生存威胁意味着“一些重要的东西可能会被消除”；与之对应的生存政治（existential politics）常常意味着“存在一场关于谁的生活方式能够生存的博弈”。[②] 具体到美国环境政策动态特征研究中就是指美国环境政策的

---

① Riley E. Dunlap，Xiao Chenyang，and Aaron M. McCright，“Politics and environment in America：Partisan and Ideological Cleavages in Public Support for Environmentalism”，*Environmental Politics*，Vol. 10，No. 4，2001，p.30.

② Jeff D. Colgan，Jessica F. Green and Thomas N. Hale，“Asset Revaluation and the Existential Politics of Climate Change”，*International Organization*，Vol. 75，Issue 2（Spring 2021），pp. 586-610.

倾向往往是环境议题支持方与反对方博弈的结果，而双方博弈的基础在于哪方的利益受损更严重，或者说哪方的生存威胁更大。当环境议题支持方的生存威胁更大时，它们的支持力量就会越来越大，最终的博弈结果是支持方获胜；当环境议题反对方的生存威胁更大时，它们的反对力量就会越来越大，最终的博弈结果是反对方获胜。换句话说，如果某项环境议题的环境后果主要发生在美国国内，往往会对国内民众造成更大的生存威胁，那么就会激起环境议题支持方更强的力量；如果某项环境议题的环境后果发生在美国国外或全球，往往不会对美国国内民众造成生存威胁，或者说生存威胁很小，那么会使环境议题反对方的利益受损（生存威胁增加），从而使反对方的力量更强。

具体来说，面对一项环境后果主要发生在美国国内的环境议题。在初始阶段，随着环境的不断恶化，美国国内民众的生存威胁不断增强，国内的环保积极分子、直接受害者甚至潜在受害者会积极加入环境议题的支持方。此时，由于环境议题还没有实质性损害利益集团的利益（他们的生存威胁还不存在，或者还很小），他们还不会加入环境议题的反对方。因此，环境议题支持方的力量远远大于环境议题的反对方。那么，美国决策者就会表现出积极的态度（图3.1）。随着环境议题进入实质阶段，越来越多利益集团的利益开始受损，其生存威胁不断增加，导致利益受损或生存威胁不断增加的集团加入环境议题的反对方，反对方的力量不断增强。然而，由于国内环境议题涉及美国广大民众的切身利益，随着环境议题的不断推进，其面临的生存威胁越来越大，越来越多的民众会加入支持方，从而导致环境议题支持方的力量比反对方的力量更大。决策者会权衡正反双方的力量对比，最终倾向于力量大的一方，即继续保持积极态度（图3.2）。

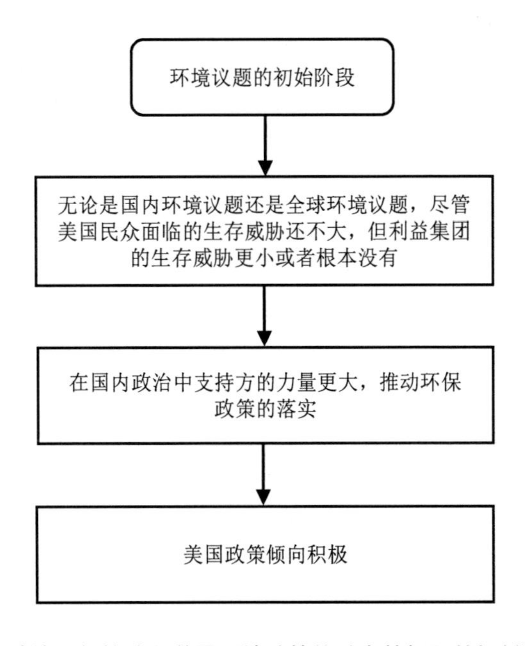

图3.1 环境议题初始阶段美国环境政策的动态特征及其机制的理论框架

（来源：作者自制）

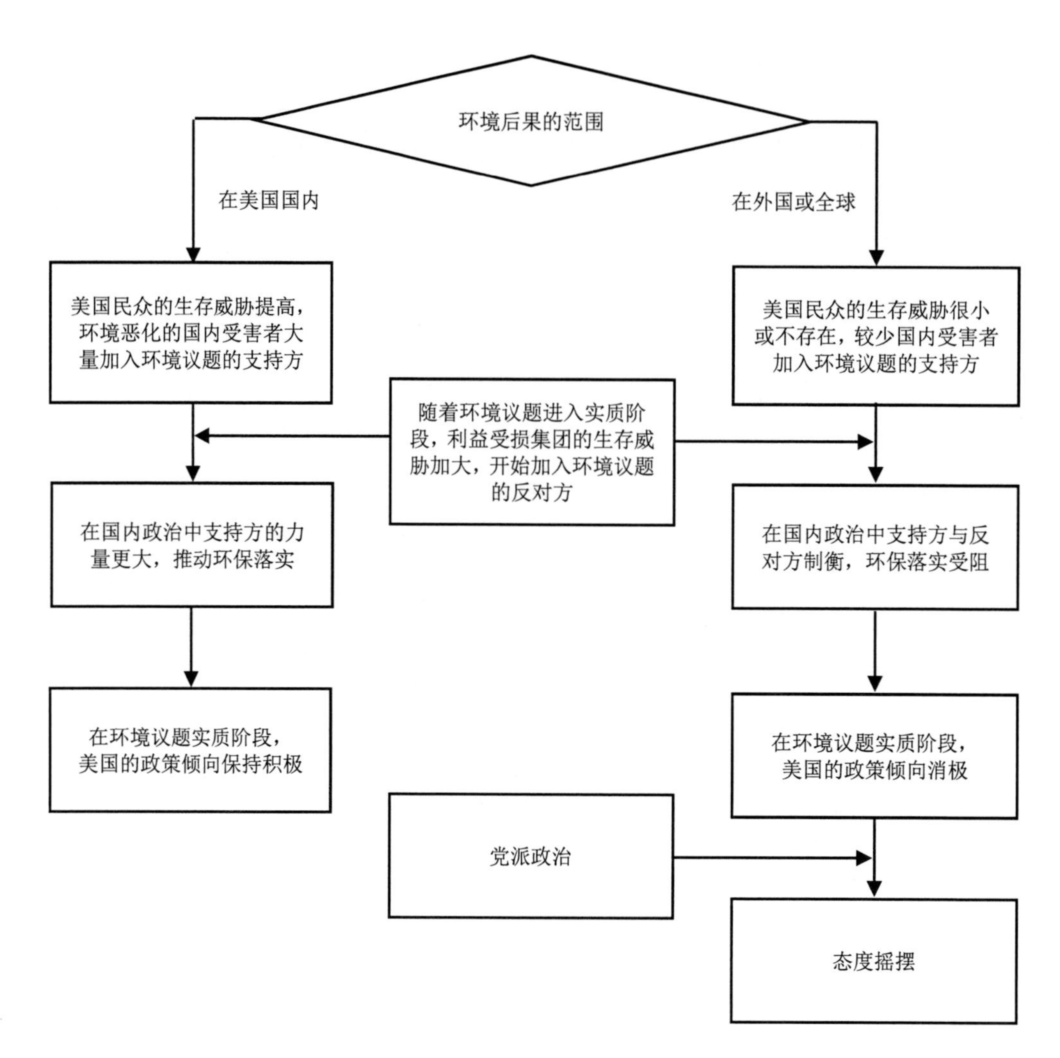

图 3.2　环境议题实质阶段美国环境政策的动态特征及其机制的理论框架

（来源：作者自制）

面对一项环境后果主要发生在美国国外或者全球的环境议题，在初始阶段尽管全球环境议题会引发一些全球性问题，但具体到美国国内，美国民众受到的影响并不十分直接和明确，或者说其面临的生存威胁不大或不明显，因此仅有环保积极分子等加入环境议题支持方，环境议题支持方的总体力量不够大。此时，环境议题并没有伤害到利益集团的利益，或者说其生存威胁不大或还没有显现，美国国内利益集团的反对力量更加弱小。在这种力量对比下，美国的政策倾向在初始阶段会比较积极。随着环境议题进入实质阶段，各种环保措施也进入讨论甚至实施阶段，越来越多利益集团的利益开始受损，其生存威胁不断加大，导致利益受损的集团加入环境议题的反对方，反对方的力量不断增强。反对方与支持方的力量对比不断缩小，反对方追上甚至超过支持方，导致环保落实受阻。决策者会权衡正反双方的力量对比，最终倾向于力量大的一方（反对方）的政策建议，或者因为顾忌反对方的阻力而放弃积极的政策，即政策倾向趋向消极。总体来说，在实质阶段，环境议题的支持方与反对方的力量对比决定了美国政策倾向的长期趋势，即总体趋向消极。但是，在这个因果机制中还存在一个干扰变量，即党派政治。党派政治在环境议题支持方与反对方力量对比相差不大时起作用，会使美国的政策倾向出现“摇摆”现象，即某个阶段积极，某个阶段消极，有时候会反复出现（图3.2）。

3.1.3 研究假设

基于以上研究基础，我们得出以下假设。

假设一：如果美国将一项环境议题的后果看作国内环境问题，美国的环境政策倾向始终保持积极。

假设二：如果美国将环境议题的后果看作全球或国外环境问题，在初始阶段，美国的全球环境政策倾向积极；在进入实质性落实阶段，美国的全球环境政策倾向比之前消极。

3.2 研究方法

本书的研究将通过比较案例分析和过程追踪法检验以上提出的研究假设和逻辑机制。在案例选择时，首先应该明确以下前提：

一是选择的案例主要是人为因素造成的较大负面影响的环境问题。按照来源划分，环境问题可以分为人为因素和自然因素造成的环境污染。自然因素造成的大型环境问题（如火山喷发造成的火山灰扩散）很难通过人为政策消除，因此这类环境问题不在本书的研究范围。本书研究的环境问题主要是由人为因素造成较大范围负面影响的环境污染，并能够通过人为政策消除的环境问题。

二是考察美国对环境议题的长期政策倾向。持续时间短的环境议题往往产生的环境问题不复杂，通过简单、单一的手段即可解决，不能充分考察美国对此的政策倾向变化。不涉及美国的其他国家内部环境议题或地区性环境议题也不在本书的考虑范围之内。因此，本书只考虑美国有充分涉入的重大且持续时间长的环境议题。

在上述两个前提下，为了保证全球重大多边环境协定的权威性和完整性，本书使用了两个数据库。

第一个数据库是联合国多边环境协定数据库（InforMEA）。[1] 该数据库是多边环境协定（Multilateral Environmental Agreements，MEAs）一站式门户网站，按照环境主题，将全球所有多边环境协定分为六大类：气候和大气（climate and atmosphere）、危险化学品和废物（chemicals and waste）、土地和农业（land and agriculture）、海水和淡水（marine and

① https://www.informea.org/en.

freshwater)、生物多样性（biological diversity）及环境治理（environmental governance）。这六大类环境主题共包括 37 项全球重大环境协定。

经过合并同类项，可以将这 37 项全球重大环境协定归纳为 19 个环境议题，分别为臭氧层保护、应对气候变化、危险废物越境转移、危险化学品污染、持久性有机污染物、汞污染、土地荒漠化防治、防止船舶造成海洋石油污染、生物多样性保护、作为水禽栖息地的湿地保护、国际捕鲸管制、南极资源保护、濒危野生动植物国际贸易、大西洋金枪鱼养护、粮食和农业植物遗传资源获取、国际植物保护、野生动物迁徙物种保护、海洋法、环境问题中的公众参与与公正。

在上述 19 个环境议题中，本书聚焦的环境议题主要是人为因素造成较大范围负面影响的环境污染议题，其他一些议题不属于本书考察的对象。首先，动物、植物及其他生物的保护等议题虽然是重要的环境议题，但一般来说，这类议题并不属于直接的环境污染议题，而且受损生物的地理范围也比较不明确，因此我们不研究如下这类问题：生物多样性保护、作为水禽栖息地的湿地保护、国际捕鲸管制、南极资源保护、濒危野生动植物国际贸易、大西洋金枪鱼养护、粮食和农业植物遗传资源获取、国际植物保护、野生动物迁徙物种保护等。其次，由于海洋法包括世界各国从事海上航行、资源开发和利用、海洋争端的解决、科学研究与海洋环境保护等内容，其中海洋环境保护仅占很小的一部分内容，因此海洋法议题也不作为本书研究对象。再次，严格来说，环境问题中的公众参与与公众仅涉及环境治理并不是一项具体的环境议题，因此也将其排除在本书的研究范围外。最后，考虑到由于船舶造成的海洋石油污染影响范围很小，也将防止船舶造成海洋石油污染这项环境议题排除。

经过以上考察，真正由于人为因素造成较大范围负面影响的环境污染议题只有臭氧层保护、应对气候变化、禁止危险废物越境转移、危险化学品污染、持久性有机污染物、汞污染和土地荒漠化防治 7 项。

第二个数据库是国际环境协定数据库（International Environmental Agreements Database，IEADB）。[①] 该数据库包括国际环境领域的所有多边和双边协定，以及 10 万多个国家的“缔约方行动”（membership actions），即对国际环境协定的签署、批准或生效的日期等。该数据库不断修订和更新，以确保能够准确、实时地囊括所有的国际环境协定等信息。本书就是利用此数据库来查找和确定所有环境议题涉及的公约、议定书、修正案等信息的。

在上述筛选出的 7 项环境议题中，对于禁止危险废物越境转移、危险化学品污染、持久性有机污染物和应对气候变化这 4 项环境议题，美国对待它们的政策倾向总体都是在初始阶段积极，而在实质阶段消极；而对于臭氧层保护、汞污染和土地荒漠化防治这 3 项环

---

① https://iea.uoregon.edu/.

境议题，无论在初始阶段还是实质阶段，美国对待它们的政策倾向总体都是积极的。现将这7项环境议题初步分析如下：

1. 禁止危险废物越境转移环境议题

危险废物越境转移常常发生于发达国家将其本国的危险废物越境转移至经济不发达的发展中国家进行处理处置，进而污染了废物接纳国的环境。对于美国来说，其经常将本国的危险废物转移至他国进行处理，即产生环境污染问题的主要原因在美国国内，而环境后果却在美国国外。由于危险废物越境转移在国外进行处理对美国本国民众没有影响，即对美国民众的生存威胁不存在，所以环境议题支持方的力量一直很小。对于美国工业界来说，将危险废物越境转移至国外进行处理，既降低了在美国国内进行处理的成本，也减轻了来自美国民众的压力，同时还能带来很好的经济效益，其生存威胁很小，所以美国工业界极力赞成国际层面形成不具约束力的《控制危险废物越境转移及其处置巴塞尔公约》（以下简称《巴塞尔公约》），也就是说在环境议题的初始阶段支持《巴塞尔公约》的力量占据绝对优势，所以美国积极签署公约，政策倾向明显积极。在环境议题的实质阶段，国际层面开始讨论具有实质性约束的修正案，禁止美国将危险废物越境转移至国外处理，美国工业界的生存威胁增大，其反对力量逐渐上升，使环境议题反对方的力量占据主导地位，所以美国马上放弃批准《巴塞尔公约》，并且对之后所有的修正案既没有签署，更没有批准，政策倾向从积极转变为消极（具体分析见后续章节）。关于美国对待禁止危险废物越境转移环境议题的政策倾向见表3.1。

表3.1 美国对待禁止危险废物越境转移环境议题的政策倾向

国际协定名称/内容	国际签订时间	美国的行为
《巴塞尔公约》	1989年	签署但不批准
《巴塞尔公约》禁止修正案	1995年	既不签署也不批准
《巴塞尔公约》附件一修正以及附件八、附件九通过	1998年	既不签署也不批准
《巴塞尔公约》附件十三和附件九修正	2002年	既不签署也不批准
《巴塞尔公约》附件十三和附件九修正	2004年	既不签署也不批准
《巴塞尔公约》附件九修正	2013年	既不签署也不批准
《巴塞尔公约》塑料废物修正案	2019年	既不签署也不批准
《巴塞尔公约》电子废物修正案	2022年	既不签署也不批准

来源：作者自制。

2. 危险化学品污染环境议题

为了保护人类健康和环境免受危险化学品可能造成的伤害，并推动以无害环境的方式加以使用这类危险化学品，联合国环境规划署（United Nations Environment Programme，UNEP）和联合国粮食及农业组织（Food adn Agriculture Organization of the United Nations，FAO）共同推进，在国际上达成《关于在国际贸易中对某些危险化学品和农药采用事先知情同意程序的鹿特丹公约》（以下简称《鹿特丹公约》），并在此后对该公约多次进行修正。对美国来说，将危险化学品通过贸易的方式转移至国外将会对接受国的环境造成污染，即环境问题产生的原因在美国国内，而环境造成的主要后果在国外（全球）。对于美国民众来说，危险化学品污染环境议题对其的生存威胁不存在，所以环境议题支持方的力量一直很小。而对于美国工业界来说，当国际层面通过不具约束力的《鹿特丹公约》时有利于其国际贸易，其生存威胁也不存在，所以他们强烈支持《鹿特丹公约》。也就是说，在危险化学品污染环境议题的初始阶段环境议题支持方的力量占据主导地位，所以美国以积极的态度参与谈判，并且当该公约在国际上通过后，美国很快进行了签署，政策倾向积极。然而，随着对该公约的不断修正，不断加入具有约束力限制的条款和限制化学品，美国工业界的利益不断受损，生存威胁不断增强，所以他们对此极力反对，即环境议题反对方的力量逐渐占据主导地位，所以美国马上停止了该公约的批准程序，并对后续所有的修正案既不签署也不批准，环境政策倾向也从积极转变为消极。关于美国对待危险化学品污染环境议题的政策倾向见表 3.2。

表 3.2 美国对待危险化学品污染环境议题的政策倾向

国际协定名称/内容	国际签订时间	美国的行为
《鹿特丹公约》	1998 年	签署但不批准
《鹿特丹公约》附件三修正	2004 年	既不签署也不批准
《鹿特丹公约》增加附件六	2004 年	既不签署也不批准
《鹿特丹公约》附件三修正	2008 年	既不签署也不批准
《鹿特丹公约》附件三修正	2011 年	既不签署也不批准
《鹿特丹公约》附件三修正	2013 年	既不签署也不批准
《鹿特丹公约》附件三修正	2015 年	既不签署也不批准
《鹿特丹公约》附件三修正	2017 年	既不签署也不批准
《鹿特丹公约》附件三修正	2019 年	既不签署也不批准
《鹿特丹公约》增加附件七	2019 年	既不签署也不批准

来源：作者自制。

3. 持久性有机污染物环境议题

为了减少和消除持久性有机污染物的排放，并确保某一国家在其管辖范围内或在其控制下的活动不对其他国家的环境或在其国家管辖范围以外地区的环境造成损害，国际社会达成了《斯德哥尔摩公约》，并随后对其进行多次修正。对于美国来说，其常常将持久性有机污染物贸易到其他国家或地区，对接受国或地区的环境造成污染或带来潜在影响。也就是说，对于持久性有机污染物环境议题，其产生环境问题的主要原因在美国国内，而产生的主要环境后果在美国国外（或全球）。对于美国民众来说，将持久性有机污染物转移至国外对其的生存威胁不存在，所以他们不太关心该环境议题。对于美国工业界来说，在国际上通过不具约束力的公约有利于其贸易，所以他们极力支持《斯德哥尔摩公约》。也就是说，在持久性有机污染物环境议题的初始阶段，环境议题支持方的力量占据主导地位，所以美国积极参与公约谈判，并且当该公约在国际层面通过后很快予以签署，对此环境议题的政策倾向积极。但是随着公约中不断加入具有约束力的限制条款和限制物质，美国工业界的利益不断受损，生存威胁不断增强，从而使他们对此极力反对。也就是说，持久性有机污染物环境议题的反对方占据绝对优势。所以美国很快停止了该公约的批准程序，并对其后的历次修正案既不签署也不批准，环境政策倾向明显从积极转变为消极。关于美国对待持久性有机污染物环境议题的政策倾向见表 3.3。

表 3.3 美国对待持久性有机污染物环境议题的政策倾向

国际协定名称/内容	国际签订时间	美国的行为
《斯德哥尔摩公约》	2001 年	签署但不批准
《斯德哥尔摩公约》增加附件 G 修正案	2005 年	既不签署也不批准
《斯德哥尔摩公约》附件 A、B、C 修正案	2009 年	既不签署也不批准
《斯德哥尔摩公约》附件 A 修正案	2011 年	既不签署也不批准
《斯德哥尔摩公约》附件 A 修正案	2013 年	既不签署也不批准
《斯德哥尔摩公约》附件 A、C 修正案	2015 年	既不签署也不批准
《斯德哥尔摩公约》附件 A、C 修正案	2017 年	既不签署也不批准
《斯德哥尔摩公约》附件 A、B 修正案	2019 年	既不签署也不批准

来源：作者自制。

4. 应对气候变化环境议题

气候变化主要是由人为排放二氧化碳等温室气体所造成的。温室气体的排放源自世界各国，因此气候变化环境问题产生的主要原因在全球。气候变化导致的极端天气等环境后果也分布在全球，尤其是对于一些小岛屿国家或者沿海低洼地带的国家影响较大，但对于美国来说，气候变化的环境影响并不具体和明确。在应对气候变化环境议题的初始阶段，美国民众受到极端天气的影响，生存威胁上升，环境议题支持方的力量大增；而工业界的利益还没有受损，即生存威胁不存在，环境议题反对方的力量弱小。环境议题支持方的力量远大于反对方，所以美国积极签署并批准了《联合国气候变化框架公约》，政策倾向明显积极。然而，在环境议题的实质阶段，工业界的利益开始受损，生存威胁不断上升，反对方的力量随之也不断上升，最终环境议题支持方与反对方的力量不相上下。此时，美国的党派政治开始起作用。随着美国总统和国会两院多数议员党派的不断轮换，美国的政策倾向时而积极、时而消极。具体表现为美国先是签署但并没有批准《京都议定书》，随后更是直接退出；对于《巴黎协定》也是时而签署并批准，时而直接退出，态度波动很大，但总体来说在环境议题的实质阶段政策倾向消极（具体内容分析见后续章节）。关于美国对待应对气候变化环境议题的政策倾向见表 3.4。

表 3.4 美国对待应对气候变化环境议题的政策倾向

国际协定名称/内容	国际签订时间	美国的行为
《联合国气候变化框架公约》	1992 年	签署和批准
《京都议定书》	1997 年	签署但不批准，后来直接退出
《巴黎协定》	2015 年	先签署和批准，然后退出，接着再次签署和批准

来源：作者自制。

5. 臭氧层保护环境议题

大气中的臭氧层可以过滤掉太阳光中绝大多数的紫外线，从而有利于人类健康和环境保护。臭氧层损耗物质各国都会排放，所以臭氧层损耗环境问题产生的原因来自全球；对于美国来说，由于美国民众的肤色和生活习惯等因素，臭氧层损耗导致美国人皮肤癌和白内障等的发病率远高于其他国家，所以美国常常将此环境问题看作本国的环境问题。由于臭氧层损耗对美国民众造成很大的生存威胁，所以美国民众一直强烈支持臭氧层保护环境议题，即环境议题支持方的力量非常强大。在环境议题的初始阶段，美国工业界的利益还没有受损，其生存威胁还不存在或者很小，所以他们的反对力量很小。环境议题支持方与反对方博弈的结果是前者远胜后者，所以美国的环境政策倾向积极，积极参与《保护臭氧层维也纳公约》（以下简称《维也纳公约》）的谈判，并当该公约在国际层面通过后很快予以签署和批准。当环境议题进入实质阶段，国际上开始谈判具有约束力的议定书时，美国工业界的利益开始受损，其生存威胁不断提高，他们开始强烈反对该环境议题，但是工业界的生存威胁相对于美国广大民众来说还不够大。为了降低其生存威胁，美国工业界加快替代品研发，逐渐在国际上获得竞争优势，所以他们从反对变为支持，从而使环境议题支持方占据绝对优势。因此，美国表现出积极的政策倾向，很快签署并批准了《蒙特利尔议定书》。在随后的历次修正案期间，环境议题支持方占据绝对优势的状态一直持续，所以美国的政策倾向始终积极，签署并批准了《蒙特利尔议定书》的所有修正案（具体内容分析见后续章节）。关于美国对待臭氧层保护环境议题的政策倾向见表 3.5。

表 3.5 美国对待臭氧层保护环境议题的政策倾向

国际协定名称/内容	国际签订时间	美国的行为
《维也纳公约》	1985 年	签署和批准
《蒙特利尔议定书》	1987 年	签署和批准
《蒙特利尔议定书》伦敦修正案	1990 年	签署和批准
《蒙特利尔议定书》哥本哈根修正案	1992 年	签署和批准
《蒙特利尔议定书》蒙特利尔修正案	1997 年	签署和批准
《蒙特利尔议定书》北京修正案	1999 年	签署和批准
《蒙特利尔议定书》基加利修正案	2016 年	签署和批准

来源：作者自制。

6. 汞污染环境议题

汞俗称“水银”，是一种有毒的重金属物质。如果汞被排放到自然界，将对人类健康和生态环境造成极大的危害。汞排放主要源自工业生产及部分生产和生活用品，其造成的环境污染主要发生在美国国内。因此，对于美国来说，汞污染产生环境问题的主要原因在美国国内，产生的环境后果也在美国国内。由于汞污染会对人体健康和生态环境造成极大危害，所以对于美国广大民众来说，其生存威胁非常大。也就是说，汞污染环境议题支持方的力量非常强。然而对于美国工业界来说，尽管限制汞排放会对涉汞工业的利益造成损害，使涉汞工业的生存威胁很大，但是涉汞工业的力量相对弱小，即汞污染环境议题支持方的力量远大于反对方，所以美国表现出积极的环境政策倾向，积极签署并批准了《关于汞的水俣公约》。关于美国对待汞污染环境议题的政策倾向见表3.6。

表3.6 美国对待汞污染环境议题的政策倾向

国际协定名称/内容	国际签订时间	美国的行为
《关于汞的水俣公约》	2013年	签署和批准

来源：作者自制。

7. 土地荒漠化防治环境议题

土地荒漠化是指包括气候变化及其他人类活动在内造成的干旱、半干旱和亚湿润干旱地区的土地退化，也就是说，土地荒漠化的原因来自全球。但是对于一个国家来说，人类活动导致的土地荒漠化的后果在本国国内。美国也不例外。换句话说，对于美国来说，土地荒漠化环境问题产生的主要后果在美国国内。美国土地荒漠化严重到威胁美国广大民众的生计，即对美国民众的生存威胁很大，所以对此环境议题的支持力量就很强大。尽管防治土地荒漠化可能给美国部分工业界带来利益损害，即对他们存在一定的生存威胁，他们会形成环境议题的反对力量。但相较而言，环境议题反对方的力量远小于支持方，所以美国始终表现出积极的环境政策倾向，积极签署并批准了《联合国关于在发生严重干旱和/或荒漠化的国家特别是在非洲防治荒漠化的公约》（以下简称《联合国防治荒漠化公约》）及其修正案。关于美国对待土地荒漠化防治环境议题的政策倾向见表3.7。

表3.7 美国对待土地荒漠化防治环境议题的政策倾向

国际协定名称/内容	国际签订时间	美国的行为
《联合国防治荒漠化公约》	1994年	签署和批准
《联合国防治荒漠化公约》增加附件五的修正案	2000年	签署和批准

来源：作者自制。

综上分析可以看出，对于禁止危险废物越境转移、危险化学品污染、持久性有机污染物和应对气候变化这四项环境议题，其产生的环境后果主要在国外或全球范围。美国对待这些环境议题的一个共性特点是，在环境议题的初始阶段政策倾向积极，但在实质阶段政策倾向由积极转变为消极。从结果来看，这四项环境议题都支持本书的研究（假设二）。臭氧层保护、汞污染和土地荒漠化防治这三项环境议题的环境后果都在美国国内有明确、直接和突出的体现。面对这些环境议题，无论在初始阶段还是实质阶段，美国对待它们的政策倾向都是积极的。从结果来看，前述的这三项环境议题都支持本书的研究（假设一）。

为了深入考察美国环境政策倾向形成的机制，本书将在这七项环境议题中挑选几个有代表性的环境议题进行深入研究，以考察各种因素的互动对美国政策倾向的影响。

考虑到禁止危险废物越境转移、危险化学品污染和持久性有机污染物这三项环境议题都关注的是全球危险化学品和固体废物污染领域，并且都是产生环境问题的原因在美国国内而环境后果主要在美国国外（全球），美国环境政策的动态特征和机理相似，所以本书选取禁止危险废物越境转移环境议题作为一个典型案例进行下一步的深入考察。考虑到应对气候变化是典型的产生环境问题的原因在全球、环境后果也在全球的全球环境议题，并且其中既有环境议题支持方与反对方的力量博弈，也是党派政治影响的典型，所以本书也把应对气候变化环境议题作为一个后果在全球范围的环境议题的典型案例进行深入研究。臭氧层损耗问题产生的原因在全球，这毋庸置疑，但考虑到臭氧层损耗对美国国内的影响是具体、明确和突出的，本书选取臭氧层保护这个环境议题作为一个环境后果在美国国内的典型案例加以深入分析。

以上三项用于进一步研究的案例是从联合国多边环境协定数据库中的各项多边环境议题中筛选而来的，它们的特点分别是原因在美国国内、后果在美国国外，原因在全球、后果在全球，原因在全球、后果在美国国内。为了进行对比分析，本书需要选取一个原因在美国国内、后果也在美国国内的环境议题作为进一步分析的案例。这类比较纯粹的美国国内环境议题较多。其中，滴滴涕污染环境问题在美国环境治理的历史上非常著名，并且滴滴涕污染产生环境问题的原因在美国国内，产生的主要环境后果也在美国国内，符合案例要求，所以本书选取滴滴涕污染环境议题作为深入考察的一个典型案例。本书案例选择的分类总结见图 3.3。

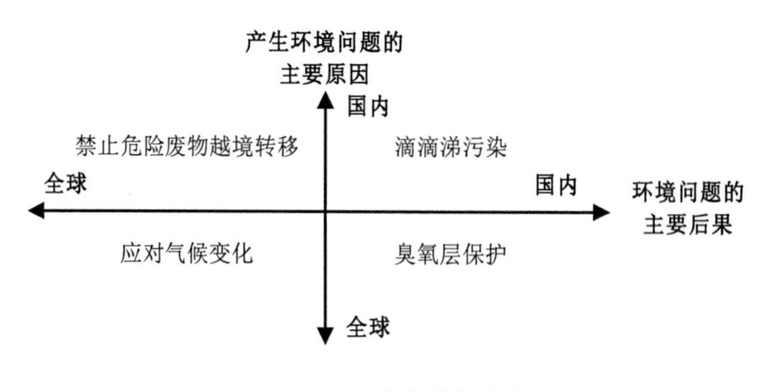

图 3.3 案例选择分类

（来源：作者自制）

第4章

滴滴涕污染环境议题

4.1 引言

滴滴涕是一种名为“双对氯苯基三氯乙烷”的化学物质，是非常有效的杀虫剂，还被广泛用于控制斑疹伤寒和疟疾等疾病的传播。“二战”后，美国国内大规模生产和使用滴滴涕杀虫剂，创造了非常可观的经济效益。相对于全球，美国大量使用滴滴涕，为本国的生态环境带来的影响更为严重。人们发现，在经常使用滴滴涕的地区常常有鸟类和鱼类等动物成批死亡。据《纽约时报》报道，1945 年 8 月，美国新泽西州采用滴滴涕进行灭蚊实验，结果发现附近河流中的鱼类和蚊子一起成片死亡。一位发言人说，滴滴涕进行灭蚊取得了令人惊叹的结果，但滴滴涕这种神奇的杀虫剂必须小心使用，以免损害其他的自然生命。[①] 所以说，就美国而言，滴滴涕污染环境问题产生的原因来自美国，导致的环境后果也明确地体现在美国，是一个典型的美国国内环境议题。

“二战”后，美国仍然沉浸在滴滴涕杀虫剂带来的丰厚利益中，根本没有顾及它会带来严重的生态环境问题。直到 1962 年夏天，一篇广为传播的出版物指出，滴滴涕的大量使用已经对美国生态造成严重破坏，这才打破了美国社会由滴滴涕带来的喜悦，滴滴涕污染问题引起广大民众的强烈关注。由此，滴滴涕污染环境议题进入了初始阶段。在此阶段，美国政府高度重视此环境议题，经过深入研究和评估，最终发布了相关研究报告，承认了滴滴涕对环境的严重危害，对限制滴滴涕使用表现出积极的政策倾向。随着该环境议题的不断深化，1964 年美国联邦政府部门出台了相关规章制度，标志着滴滴涕污染环境议题进入实质阶段。在此阶段，美国先在州级层面出台了相关法律，认定滴滴涕是污染物并将

① “Fish Killed by DDT in Mosquito Tests”, *New York Times*, August 9, 1945.

其纳入环境保护范围，表现出积极的政策倾向；随着该环境议题的进一步深化，美国从联邦层面颁布相关法律，加大了对滴滴涕的管控力度，也表现出积极的姿态；1976 年，美国联邦政府颁布法律，完全禁止滴滴涕在国内使用，彻底解决了滴滴涕污染环境的问题，也为其他国家解决滴滴涕污染问题树立了榜样。可以看出，无论在滴滴涕污染环境议题的初始阶段还是实质阶段，美国对待该环境议题始终表现出积极的政策倾向。

限制滴滴涕使用是比较典型的美国国内环境议题，不属于国际环境治理范畴。但是，围绕该议题美国国内各派力量之间的博弈却能够深刻地反映美国环境决策的过程和机制。对该案例的考察有助于理解在国际环境治理中美国的决策机制和政策倾向。

本书根据滴滴涕污染环境议题演进的时间顺序，将该环境议题的进程分为两个阶段：1963 年之前为初始阶段，1963—1972 年为实质阶段。进入实质阶段后，按照时间顺序，分别从州级层面、滴滴涕污染环境议题的主题转变及美国全面禁止滴滴涕的使用三个小节进行讨论，分析各时期环境议题支持方与反对方的博弈，以及对美国政策倾向的影响机制。

4.2 初始阶段：1963 年之前

从“二战”中期开始，美国逐渐推广使用滴滴涕。大量且持续的使用滴滴涕给美国国内带来了严重的污染，当时的美国民众并不完全知道也不了解他们面临的因滴滴涕使用所造成的严重环境后果。1962 年，蕾切尔·卡森（Rachel Carson）的《寂静的春天》（*Silent Spring*）问世，让美国广大民众了解了真相，也使滴滴涕污染环境议题进入初始阶段。然而，化学工业界对卡森进行了反击。但是滴滴涕污染事关美国广大民众的利益，美国民众的生存威胁空前上升，尽管化学工业界猛烈攻击，但终究不是卡森和美国民众的对手，即滴滴涕污染环境议题支持方的力量远大于反对方。此事引起美国总统肯尼迪的重视，他指示总统科学咨询委员会（President's Science Advisory Committee，PSAC）对滴滴涕等农药污染进行研究和全面评估。研究报告充分肯定了卡森的结论，并建议美国逐步停止使用滴滴涕等农药。这也充分表明美国以积极的政策倾向对待滴滴涕污染环境议题。

本节将重点介绍美国在滴滴涕污染环境议题的初始阶段所采取的措施及其产生的原因。

4.2.1 滴滴涕造成的环境污染引发广泛关注

1962 年，在进行广泛调查和研究的基础上，蕾切尔·卡森在《纽约客》杂志上连载了《寂静的春天》。《寂静的春天》以一个美丽村庄发生突变的故事开头，详细描述了滴滴涕如何进入食物链，并在包括人类在内的动物脂肪组织中积累，并最终导致癌症和基因损害等问题。[①] 书中指出，美国杀虫剂的产量从 1940 年的 1.24259 亿磅猛增至 1960 年的 6.37666 亿磅，比原来增加了 5 倍之多，这些产品的总价值超过 2.5 亿美元。此外，根据当时的工业计划和远景发展，如此巨大的生产量仅仅只是个开始。那么，滴滴涕与生态环境破坏和民众疾病的分布到底有没有相关性呢？很显然，滴滴涕已经污染了土壤、水和食物，进而使河中无鱼、林中无鸟。人类作为大自然的一部分，也不可能逃脱由此带来的影响。然而，美国联邦有关部门不是对这些农药化学品进行起码的调查和评估，而是盲目地执行农药计划，或者即使进行了调查和评估，也对所发现的情况无动于衷。

《寂静的春天》揭示了美国在“二战”后繁荣景象的外表之下隐藏着滴滴涕等杀虫剂带来的严重危机，这些危机会严重影响生态环境和人类健康，进而危及美国的未来。[②] 显然，卡森的研究成果严重影响了化学工业界的利益，使其生存威胁不断上升。当然，卡森并没有完全否定滴滴涕的使用，也没有完全忽视化学技术。在书中卡森强调，滴滴涕等杀虫剂不是不能使用，而是应该在充分调查理解其潜在危险的情况下使用。[③] 非常重要的是要让美国民众、化学工业界及美国国会和政府充分认识到滴滴涕等杀虫剂泛滥使用的严重性，并采取措施予以治理。《寂静的春天》的发表也意味着滴滴涕污染环境议题进入初始阶段。

其实，《寂静的春天》不是一本晦涩难懂的学术图书，而是以讲故事的方式将复杂的科学概念以通俗易懂的方式加以呈现，使普通民众能够很快理解并接受事情真相。[④] 因此，该书一经出版，很快就得到了美国社会上下的广泛响应和支持。各地民众纷纷向图书出版社和政府部门写信表达震惊和愤怒，支持卡森提出的“民众应当拥有知情权”的观点。《纽约客》杂志收到了大量来信，其中绝大多数都支持卡森的立场。很多报纸发表了关于卡森工作的故事或社论。《寂静的春天》很快登上了《纽约时报》畅销书排行榜的榜首，并在很长时间里一直保持榜首位置。卡森触动了美国公众的神经，其中很大一部分人意识到战后繁荣对环境的影响，也意识到他们的生存威胁。接下来，各种环境组织纷纷成立并开展了许多环保运动，轰轰烈烈的滴滴涕治理运动拉开了序幕。

就在《寂静的春天》的发表引起美国国内大规模的滴滴涕治理运动之时，化学工业界对其进行了全面反击。

化学工业界对卡森本人进行了人身攻击。有人污蔑她是女权主义者，称她为“发了疯的女人”；还有人因为她没有完成博士论文而质疑她的专业资历和科学专长；甚至有人认为，在美苏冷战对抗的两极格局下，技术是固有的男性气质，而生态学仅仅是一种女性的

---

① [美]蕾切尔 • 卡森：《寂静的春天》，马绍博译，天津：天津人民出版社，2017 年。

② David Kinkela, *DDT and the American Century: Global Health, Environmental Politics, and the Pesticide That Changed the World*, North Carolina：University of North Carolina Press，2011，p. 110.

③ [美]蕾切尔 • 卡森：《寂静的春天》，2017 年。

④ David Kinkela, *DDT and the American Century: Global Health, Environmental Politics, and the Pesticide That Changed the World*, p. 108.

追求。卡森作为生态学家与美国国家利益严重脱节。

化学工业界还模仿卡森的写作风格抗议限制使用滴滴涕。孟山都公司（Monsanto Company）在《荒凉的一年》（*The Desolate Year*）中模仿卡森的写作风格描绘了一个没有杀虫剂的世界。在那个世界里，大自然面临着一种无法控制的威胁，到处爬满了虫子，而人们却无法求助于杀虫剂。① 美国氰胺公司（American Cyanamid）的研究主管托马斯·朱克斯（Thomas Jukes）以同样的文风发表了一篇社论，描述了人类与自然和谐相处的危险。朱克斯说，在田园诗般的小镇上，所有生命的和谐都遵循着自然界的生物平衡，如果人类不能改变自然的平衡，那么资源的匮乏和各种疾病瘟疫会削弱人体，最终摧毁小镇。② 很显然，他的意思是说，大自然对人类的威胁远大于滴滴涕等杀虫剂带来的威胁，化学工业界的成就才是战胜自然威胁的重要武器。因此，化学工业界嘲讽卡森的《寂静的春天》"论点很感性，但不准确"。③

化学工业界还援引滴滴涕在国际上的成功经验对抗杀虫剂危险的说法，④ 甚至认为杀虫剂使用问题比共产主义的威胁更大。全国农业化学协会（National Agricultural Chemical Association，NACA）强调，农药生产商应该通过业内的成就为自己辩护，充分利用国际公共卫生和农业发展项目来展示化学农药带来的益处。⑤ 美国昆虫学学会（Entomological Society of America，ESA）太平洋分会竟然在其年会上争辩说，卡森忽略了一件非常重要的事，如果我们不能消灭害虫，那么害虫就会消灭我们。如果任由害虫泛滥，对我们生活方式的威胁比共产主义更大。⑥

化学工业界攻击卡森及其追随者不懂科学。化学工业界没有努力解决卡森提出的生态环境学问题，而是发起了自己的公关活动，向城市消费者和那些支持美国消除疾病与饥荒政策的人宣传工业科学的逻辑。⑦ 全国农业化学协会的一位代表说，一直以来，化学工业界都专注于农业研究、农村教育和推广，而忽视了向城市人宣传和教育什么是科学的农业，为什么滴滴涕等杀虫剂意味着他们的健康、福利和生活水平。⑧ 他们的逻辑是，滴滴涕等杀虫剂保障和提高了美国人的生活水平，人们总是可以获得新鲜和诱人的食物。

总之，以化学工业为代表的工业界通过各种方式诋毁和反对卡森本人及其观点，企图延续滴滴涕等杀虫剂化学品产业的繁荣，成为滴滴涕污染这个环境议题坚强的反对力量。

以卡森为代表的环境议题支持方和以化学工业界为代表的反对方互不相让，进行着激

---

① "The Desolate Year"，*Monsanto Magazine*，October 5，1962.

② Thomas H. Jukes，"A Town in Harmony"，*Chemical Week*，August 18，1962.

③ T. Swarbrick，"Carson Versus Chemicals"，*The Grower*，February 9，1963.

④ David Kinkela，*DDT and the American Century：Global Health，Environmental Politics，and the Pesticide That Changed the World*，p. 118.

⑤ "Accentuating the Positive"，*Chemical Week*，September 22，1962.

⑥ Bruce Benedict，"Rachel Carson Bugs the Entomologists"，*San Francisco Chronicle*，June 29，1962.

⑦ David Kinkela，*DDT and the American Century：Global Health，Environmental Politics，and the Pesticide That Changed the World*，p. 127.

⑧ "Accentuating the Positive"，*Chemical Week*，1962.

烈的对抗。最典型的事件就是 1963 年 4 月哥伦比亚广播公司（Columbia Broadcasting System，CBS）录播的《蕾切尔·卡森的寂静之春》（*The Silent Spring of Rachel Carson*）。这一备受期待的电视节目。该节目试图阐明滴滴涕辩论的多个方面，对卡森、美国农业部（United States Department of Agriculture，USDA）部长奥维尔·弗里曼（Orville Freeman）、食品和药物管理局（Food and Drug Administration，FDA）局长乔治·拉里克（George Larrick）、美国氰胺公司化学家和行业发言人罗伯特·怀特·史蒂文斯（Robert White-Stevens）博士，以及美国鱼类及野生动植物管理局（United States Fish and Wildlife Service，USFWS）、美国公共卫生署（U.S. Public Health Service）和总统科学咨询委员会相关代表进行了采访。[①] 其中，尤以环境议题支持方代表卡森和反对方史蒂文斯的辩论最为精彩。

节目刚开始，卡森旗帜鲜明地提出了自己的观点。她说，在改变世界的本质方面（生命方面），杀虫剂是危险的，因为它们会杀死一切，尽管预期的目标只是几种微生物。从这个角度来说，它们不应该被称为杀虫剂，而应该被称为杀生剂。而作为反对这种观点的代表史蒂文斯直截了当地予以反击。他说，《寂静的春天》是对事实的严重歪曲，完全没有科学研究及实践经验的支持。人类生存的真正威胁不是化学品本身，而是大量侵蚀我们的生物（昆虫）。如果人类像卡森指出的那样从事农业活动，我们将回到黑暗时代，昆虫、疾病和害虫将再次称霸地球。节目就是在这种完全对立的论战中开始的。[②]

经过激烈的论战，史蒂文斯与卡森都进行了总结性发言。史蒂文斯说，卡森认为自然的平衡是人类生存不可或缺的力量，这与现代生物学家的观点完全不同。现代生物学家认为，人类正日益控制自然。而卡森说，大自然的平衡建立在生物之间一系列相互联系的关系上。人类不能莽撞介入，企图改变一个方面而不影响其他方面。我们仍然在企图征服，并没有意识到人类仅是浩瀚宇宙中的一小部分。

这场电视辩论在美国社会引起了巨大轰动，它动员了美国社会对杀虫剂使用采取更负责任的政策倾向。美国市民要求对农药法规进行更严格的控制，呼吁进一步研究农药使用的短期和长期影响。[③] 例如，家庭主妇联合会（Federation of Homemakers）主席露丝·戴斯蒙德（Ruth Desmond）在观看电视节目后联系了白宫。她敦促总统科学咨询委员会尽快公布关于杀虫剂的研究和评估报告。用她的话说，“我们强烈认为，如果公众能够承担使用杀虫剂带来的风险，那么也可以承担这些风险可能的程度。”[④] 戴斯蒙德的愿望其实代表了美国广大民众的愿望，这种愿望明显偏向于以卡森为代表的环境议题支持方。

---

① David Kinkela，*DDT and the American Century：Global Health，Environmental Politics，and the Pesticide That Changed the World*，p. 113.

② Caitlin Johnson，“The Legacy of ‘Silent Spring’”，*CBS News*，April 22，2007.

③ Gary Kroll，“The ‘Silent Springs’ of Rachel Carson：Mass media and the origins of modern environmentalism”，*Public Understanding of Science*，Vol. 10，No. 4，2001，pp. 403-420.

④ Ruth Desmond to Jerome Wiesner of the White House，（April 12，1963），RCC，Box #43，Folder 788.

4.2.2 美国政府积极评估滴滴涕使用带来的环境影响

在卡森发表《寂静的春天》时，美国政府就已经关注到这个环境议题了。当哥伦比亚广播公司播出《蕾切尔·卡森的寂静之春》节目后，美国政府更是提高了对此的关注度。在 1962 年 8 月的一次新闻发布会上，有记者询问肯尼迪总统对滴滴涕辩论的反应时他表示，自从卡森出版《寂静的春天》以来，美国政府就已经开始在努力了。

的确，1962 年，当环境议题的支持方和反对方激烈辩论时，肯尼迪总统已经指示总统科学咨询委员会研究和评估化学农药。总统科学咨询委员会高度重视此事，专门成立了一个联邦科学技术委员会（Federal Council for Science and Technology，FCST）特设小组，负责审查联邦政府在农药使用和监管方面的活动，并收集美国的农药使用数据。同年 7 月，联邦科学技术委员会特设小组召开第一次会议，总统科技顾问杰罗姆·威斯纳（Jerome Wiesner）在开幕式致辞中就明确表示，联邦政府将采取实际行动，了解和控制农药使用的影响，包括对动植物的直接影响和对环境的长期影响。① 这与美国农业部奉行的“遏制损害”（contain the damage）策略明显不同。这也表明，美国政府的政策倾向将会发生大转变，并且明确转向以卡森为代表的环境议题支持方。

经过激烈的讨论修改和妥协后，1963 年 5 月 15 日，总统科学咨询委员会向肯尼迪总统提交了《杀虫剂的使用》（*The Uses of Pesticides*）报告。② 报告开篇指出，我们现在必须采取措施，确保在我们的环境中只接触少量的这些化学品，并且不会在很长一段时间内有害。该报告充分肯定了杀虫剂带来的好处，认为“农药已被用作害虫防治的工具，近 20 年来新化合物的研制取得了巨大进展，使农药在许多情况下成为主要且常常是唯一的防治措施。农药促进了食品和饲料的生产和保护，在控制各种有害昆虫和不需要的植物方面产生了巨大的影响”。

然而，该报告也强调了杀虫剂大量使用引发的严重后果。它指出，“有证据表明，农药化学品对环境的污染日益严重，这引起了人们的关注。”专家委员会认为，必须要更全面地了解这些化学品的性质，并明确它们对包括人类在内的生物系统的长期影响；针对这些需要，以及更明智地使用杀虫剂或其他防治虫害的方法，努力将风险降至最低，并使收益最大化。该报告建议：美国政府应该评估人类自身及环境中的杀虫剂水平；采取措施提高杀虫剂使用的安全性；进行深入研究，采取更安全和更具体的防治虫害的方法；修订或制定管制杀虫剂使用的法律；加大对公众的宣传教育。

值得注意的是，该报告建议逐步停止使用具有持久性和有毒的杀虫剂。在这一点上，联邦政府改变了当时评估农药的方式（当时对化学品农药的唯一要求是它们必须是真实有

---

① Zuoyue Wang，“Scientists，Popular Science Communication，and Environmental Policy in the Kennedy Years”，*Science Communication*，Vol. 19，No. 2，1997，pp.141-163.

② President's Science Advisory Committee，“*Use of Pesticides*”，U.S. Government Printing Office，1963.

效的）。报告最后高度评价了卡森的《寂静的春天》，指出“在蕾切尔·卡森的《寂静的春天》出版之前，人们普遍不知道杀虫剂的毒性。政府应向公众提供这些信息，使他们在认识到杀虫剂价值的同时，也能认识到其危险”。

综上分析可以看出，该报告指出了杀虫剂使用带来的好处，但也证实了卡森论点的核心，并赞扬了卡森在向公众宣传杀虫剂危害方面的努力。这充分说明以卡森为代表的环境议题支持方完胜反对方，美国政府明显采纳了支持方的观点和建议，明显采取了积极的应对措施。在一定程度上，这份报告的发布也标志着滴滴涕污染环境议题第一阶段博弈的结束。

4.3　美国州级层面限制滴滴涕时期：1963—1968 年

《杀虫剂的使用》报告的发布后，美国全国呼吁限制滴滴涕使用的呼声越来越高，逐渐影响到化学工业界的利益，化学工业界的生存威胁逐步显现，促使其奋起反抗，滴滴涕污染环境议题进入实质阶段。在此阶段，除了根深蒂固的杀虫剂倡导者，一部分原来反对限制滴滴涕杀虫剂的行为体也改变了态度，转而支持滴滴涕污染环境议题。同时，美国广大民众的广泛关注和持续呼吁也促进了各类环境组织的兴起，进而使滴滴涕污染环境议题支持方的力量得到进一步加强。在支持方与反对方的激烈博弈中，前者占据绝对优势，从而导致美国政府以积极的政策倾向对待该环境议题。最典型的事件是在支持方的绝对优势下，州政府在州级层面上将滴滴涕认定为污染物，并出台了限制滴滴涕使用的相关政策，为美国在联邦层面限制滴滴涕奠定了坚实基础。

本节重点介绍美国政府发布《杀虫剂的使用》报告后，滴滴涕污染环境议题支持方与反对方力量对比的变化，以及对美国政策的影响。随后，以美国威斯康星州滴滴涕污染水资源事件为典型案例，深入剖析支持方与反对方在州级滴滴涕限制中的激励博弈，以及对州级政策的影响。

4.3.1　环境组织纷纷成立

《科学》和《化学和工程新闻》等科学出版物之前都发表过对卡森的负面评论，但是在《杀虫剂的使用》报告发布后，它们却转变姿态充分肯定了这份报告，从滴滴涕污染环境议题的反对方转变为支持方，在削弱反对方力量的同时又进一步加强了支持方的力量。

然而，以化学工业界为代表的环境议题反对方卷土重来，气势汹汹。其典型代表美国氰胺公司于 1963 年年末在《氰胺杂志》上以“通缉令：谋杀和盗窃”为题刊登了一系列昆虫的放大照片，并且强调人类和昆虫之间的战争一直在持续。由于食物供应有限，这场战争愈演愈烈并将会成为全面战争。面对这种情况，蕾切尔·卡森却建议我们解除武装。[①] 1966 年，众议院众议员杰米·惠顿（Jamie Whitten）出版了一本名为 *That We May Live*（我们可以活下去）的图书，对《寂静的春天》提出了有力的批评，并在此质疑卡森的学术能力和理解农业面临困境的能力。[②] 由于书中严厉驳斥了卡森的观点，该书被化学工业界奉为经典。化学工业界的典型代表全国农业化学协会更是积极将其转载，为行业宣传立下汗马功劳。可以说，在《杀虫剂的使用》发布后的整个 20 世纪 60 年代，化学工业界一直不留余力地宣传滴滴涕等化学品带来的好处，以对抗《寂静的春天》带来的负面宣传，并与这项环境议题的支持方进行激烈博弈。

随着美国国内关于滴滴涕使用和监管的争论愈演愈烈，以化学工业界为代表的反对方不断挑衅，但在卡森限制滴滴涕使用等生态理念的鼓舞下，一大批环境组织先后成立，并且逐渐将农药问题政治化，极大地增强了环境议题支持方的力量。例如，在这些环境组织中有一个非常重要的组织是美国环保协会（Environmental Defense Fund，EDF）。该组织由科学家和律师于 1967 年成立，旨在依靠生态科学和法律来改变美国的公共政策，其重要的目标之一迫使联邦政府暂停滴滴涕的注册，并禁止在美国使用。

公众的关注通过各种环境组织的活动进一步表现出来。从 1967 年开始，美国环保协会、国家奥杜邦协会（National Audubon Society，NAS）、国家野生动物联合会（National Wildlife Federation，NWF）、伊扎克·沃尔顿联盟（Izaak Walton League）和其他环境组织越来越积极地发起法庭诉讼，使越来越多的州开始限制滴滴涕的使用。[③]

很明显，尽管以化学工业界为代表的反对方坚决抵制限制滴滴涕的使用，但是随着部分反对方力量转向支持方及环境组织的不断兴起，滴滴涕污染环境议题支持方的力量不断增强并远超反对方。在滴滴涕论战中，非常有名的一个事件是美国威斯康星州的滴滴涕污染水资源事件。

1968 年，美国环保协会代表威斯康星州最有影响力的环境组织之一——公民自然资源协会（Citizens Natural Resources Association，CNRA）和伊扎克·沃尔顿联盟向美国自然资源部（Department of Natural Resources，DNR）请愿，以确定滴滴涕是否为威斯康星州法律规定的污染物。1968 年 12 月，威斯康星州举行了与滴滴涕有关的立法听证会，并允许环境组织陈述理由。这个听证会不仅在威斯康星州，而且在整个美国也开创了一个前所未有的环境保护先例。听证会整整持续了 5 个月，传唤了 32 名证人，提供了 2800 多页证词。虽然司法程序的调查结果相当简单，但证词的讨论范围包括一系列更广泛的问题，不只是区域和国家层面，甚至包括全球层面。[④]

---

① “Wanted：For Murder and Theft”，*Cyanamid Magazine*，Winter 1963.

② Jamie L.Whitten，*That We May Live*，Princeton，N.J.：D. Van Nostrand，1966.

③ “DDT，A Review of Scientific and Economic Aspects of the Decision To Ban Its Use as a Pesticide”，EPA，July 1975.（EPA-540/1-75-022）.

④ David Kinkela，*DDT and the American Century：Global Health，Environmental Politics，and the Pesticide That Changed the World*，p. 140.

在听证会上，滴滴涕污染环境议题的支持方与反对方展开了激烈辩论。以维西考化学有限责任公司（Velsicol Chemical LLC）的律师路易斯·麦克林（Louis McLean）为代表的反对方的主要观点是，以滴滴涕为代表的杀虫剂为公众健康做出巨大贡献；在第三世界国家，滴滴涕仍然是防治疟疾等传染病最好的工具；世界卫生组织（World Health Organization，WHO）对滴滴涕在室内的喷洒没有相关规定；滴滴涕的成本很低，具有很高的成本优势。而以美国环保协会的创始人查尔斯·弗雷德里克·沃斯特（Charles Frederick Wurster）及其同盟为代表的支持方的主要观点是，滴滴涕已经在世界范围内造成了巨大的生态环境破坏；滴滴涕有替代品；世界卫生组织忽略了滴滴涕的使用对环境造成的危害；滴滴涕造成的环境破坏代价太高。因此，除了可以在国内外应对公共卫生威胁时使用，滴滴涕在任何情况下都不应作为农业杀虫剂使用。

可以看出，滴滴涕污染环境议题的支持方与反对方都试图影响司法结果和公众舆论。支持方对滴滴涕使用的长期后果提出警告，而反对方则强调滴滴涕对国际农业发展和公共卫生项目的重要性。很明显，反对方没有足够的证据证明滴滴涕对环境是安全的，支持方的力量远大于反对方。最终的司法调查结果支持了支持方的立场，滴滴涕被裁定为水污染物。支持方取得完全胜利。

4.3.2 美国在州级层面迅速采取行动

美国威斯康星州滴滴涕杀虫剂被裁定为水污染物后，州政府立即采取行动，限制滴滴涕在该州的使用。尽管威斯康星州滴滴涕环境污染事件是一个地区性环境污染事件，但是该事件的影响非常广泛，美国其他州积极效仿，也迅速采取行动限制滴滴涕的使用。该事件标志着一场巨大的胜利，是美国环境运动史上的一个里程碑，更重要的是，这为美国滴滴涕环境污染治理从区域走向全国奠定了坚实基础。正如参加听证会的美国参议员盖洛德·纳尔逊（Gaylord Nelson）所言，大量而不受管制地使用剧毒农药，使全球范围内的环境都受到污染。他已经向参议院提出禁止在美国州际间销售或使用滴滴涕的立法提案，该提案并不是寻求禁止所有杀虫剂，而是禁止最持久和最危险的滴滴涕。

4.4 主题转变时期：1969—1970 年

在美国多个州开始限制滴滴涕使用时，有研究表明，滴滴涕的大量使用不仅会造成生态环境破坏，还可能致癌，严重影响人们的生命健康。也就是说，滴滴涕污染从只关注其对生态环境的破坏逐步转向对广大民众生命健康的威胁，美国民众的生存威胁进一步提升，从而更加激起广大民众的强烈反响，滴滴涕污染环境议题的支持力量进一步增强。在与反对方的激烈博弈中，支持方仍然以绝对优势占据上风，从而使美国政府出台相关法律法规进一步限制滴滴涕在美国国内的使用，表现出积极的政策倾向。

本节重点介绍滴滴涕污染从对生态环境的影响转变为对广大民众生命健康的威胁，从而引发滴滴涕污染环境议题支持方与反对方力量对比的变化，以及对美国政策的影响。

4.4.1 滴滴涕的大量使用可能会致癌

就在美国威斯康星州滴滴涕杀虫剂环境污染事件取得胜利之际，1969 年 1 月，美国国家癌症研究所（National Cancer Institute，NCI）调查了包括滴滴涕在内的一些杀虫剂化学品对小鼠肿瘤形成的长期作用。研究表明，一些杀虫剂化学品的大量使用与肿瘤的发病率显著相关。[①] 美国国家癌症研究所的科学家表示，尽管他们的研究没有为滴滴涕杀虫剂致癌提供确凿证据，但它为规范滴滴涕的使用铺平了道路。这份研究报告很快送到卫生、教育和福利部（Department of Health，Education，and Welfare，HEW）部长罗伯特・芬奇（Robert Finch）手中。

观察人士表示，这项研究可能会引发联邦政府援引《德莱尼修正案》（*Delaney Amendment*），以有效限制或禁止滴滴涕的使用。[②]《德莱尼修正案》是 1958 年众议员詹姆斯・德莱尼（James Delaney）发起并获得国会通过的，它规定“任何食物添加剂如被人或动物摄入时会致癌，则不能被视为安全”。那么，美国卫生、教育和福利部是否会采用美国国家癌症研究所的研究结果，是否会援引《德莱尼修正案》来有效限制或禁止滴滴涕的使用呢？1969 年 4 月，卫生、教育和福利部部长芬奇任命了一个特别委员会，用来收集关于杀虫剂使用的益处和风险的证据。

美国环保协会也根据美国国家癌症研究所的研究成果向卫生、教育和福利部呼吁，要求其对农产品制定“零容忍”政策。美国环保协会表示，将人类食品中滴滴涕残留的耐受极限降低到零是基于《德莱尼修正案》的相关规定，即人类食品中不能容忍致癌物质。滴滴涕的持久性起到了化学添加剂的作用，其对小鼠具有致癌效应的事实要求立即停止在农产品上使用该化学品。[③] 同时，美国环保协会也向美国农业部呼吁，要求其暂停滴滴涕的注册。[④] 这两项行动是美国环保协会联合塞拉俱乐部（Sierra Club）、国家奥杜邦协会等环境组织一起针对联邦官方机构的请愿。他们强调，滴滴涕不仅对环境有巨大影响，更对美国民众的生命健康构成威胁。因此，他们强烈要求相关官方机构暂停滴滴涕的注册（这将立即停止滴滴涕的使用），启动取消程序（这将导致永久禁止），并立即将人类食品中滴滴涕的耐受水平降至零。[⑤]

---

① Marti Mueller，“HEW Examines Cancer Institute Report”，*Science*，Vol. 164，Issue 3887，1969，p. 1503.

② Ibid.

③ US Environmental Protection Agency，“Studies Show DDT To Be Carcinogenic：Petition to FDA Requests Zero Tolerance in Foods”，EDF Archives，October 1，1969.

④ “取消”（cancellation）和“暂停”（suspension）两个词是在管理杀虫剂的联邦法律中定义的。这两个术语都承认正在进行审查。“取消”意味着在审查过程中仍可以使用相关农药；“暂停”使用要求在审查过程中停止使用有关农药。

⑤ Thomas R. Dunlap，*DDT：Scientists，Citizens，and Public Policy*，Princeton：Princeton University Press，1981，p. 206.

环境组织的两份请愿书标志着争论双方的焦点发生了变化，即从滴滴涕对生态环境的影响转变为滴滴涕对人类健康的影响。也就是说，人们越来越担心滴滴涕可能致癌，美国民众的生存威胁越来越大，但美国国内对化学农药的监管却极为宽松。

1969 年 5 月，国家科学研究委员会（National Research Council，NRC）在广泛听取政府机构、化学工业界、环境组织等代表意见的基础上，向美国农业部提交了一个研究报告。该报告指出，“必须根据人类健康、粮食生产、生物群福利和环境状况不断评估化学品向环境中的释放。一些杀虫剂在使用后很长一段时间仍然存在，而且它们仍然具有毒性，因此继续使用的合理性受到了挑战。”该报告认为，尽管现在还没有确切证据表明目前人类食物和环境中农药残留的水平对其健康会产生不利影响，但是为谨慎起见，不应随意将这些具有持久性的化学物质释放到生物圈。因此，该报告建议，减少不必要或无意中向环境中释放持久性农药；为了公众利益，应在国际、国家和地方各层面采取更多行动，尽量减少持久性农药的使用对环境的污染；加强对低浓度持久性农药对人类和其他哺乳动物可能产生的长期影响的研究；扩大和加强评估持久性农药的行为及其对环境生态的影响；等等。[①]

1969 年 11 月，美国卫生、教育和福利部部长任命的特别委员会发布报告指出，在可以预见的未来，使用杀虫剂和其他害虫控制化学品的需求将继续增加，所以特别需要关注农药对环境中各种生命形式和人类健康的影响。经过认真仔细的审查后，该报告认为，有充足的证据表明生态环境和人类健康的潜在危害需要采取纠正措施，美国不能再拖延时间了。“应该在两年内逐步在美国停止滴滴涕等化学物品的所有用途，但对维护人类健康或福利至关重要的用途除外。”同时，要为行业提供激励措施，以鼓励开发更好的替代品。特别重要的是，要寻求修改《德莱尼修正案》的有关条款，即当有证据表明滴滴涕等化学品污染食品致癌时，卫生、教育和福利部部长有权限制该类化学品的使用。该报告最后建议政府协调与农药影响有关的信息传播和研究；控制或消除美国特定持久性农药的使用，并制定人类接触食物、水和空气中杀虫剂的标准；关于农药开发、测试和使用的法规和立法等。[②]

4.4.2 美国政府积极立法

在上述两个报告的基础上，美国卫生、教育和福利部部长芬奇宣布，在两年内将逐步淘汰滴滴涕“基本用途”以外的所有用途。农业部部长哈丁（Hardin）宣布，将于 30 天后开始禁止在遮阴树、烟草植物、居民区和水域中使用滴滴涕。内政部（Department of the Interior，DOI）部长沃尔特·希克尔（Walter Hickel）也宣布，在超过 5 亿 acre（1 acre≈

---

① National Research Council，*Report of Committee on Persistent Pesticides*，*Division of Biology and Agriculture*，Washington，DC：The National Academies Press，1969.

② Department of Health，Education，and Welfare，*Report on the Secretary's Commission on Pesticides and Their Relationship to Environmental Health*，*Parts 1 and 2*，Washington，D.C. Office of the Secretary，Dec 1969.

4047 m^2）的联邦土地上禁止使用滴滴涕和其他碳氢化合物。[①] 可以看出，在滴滴涕污染环境议题的实质阶段，美国联邦政府机构出台了一系列限制滴滴涕使用的规定。

然而，环境组织和化学工业界对此都不满意。美国环保协会、塞拉俱乐部、西密歇根州环境行动委员会（West Michigan Environmental Action Council，WMEAC）和国家奥杜邦协会向农业部部长请愿，要求他行使《联邦杀虫剂、杀菌剂和灭鼠法》（*Federal Insecticide，Fungicide，and Rodenticide Act*，FIFRA）赋予的权力，不要对滴滴涕进行部分禁止，而是要发布暂停登记。环境组织请求美国哥伦比亚特区巡回上诉法院根据他们的要求暂停执行禁令。因为虽然暂停登记是暂时的，但可以立即生效；相比之下，如果要禁止，那么将要举行听证会，而听证会持续的时间太长。此外，环境组织希望，暂停登记要涵盖滴滴涕的所有用途，而不仅仅是一部分。[②]

化学工业界对此也不满意，最具代表性的是一个被称为科学赞助商（Sponsors of Science）的组织。该组织的宗旨是面对滴滴涕的辩论已经“一边倒”地倾向于环境议题支持方的现状，致力于纠正公众对滴滴涕的反对，希望证明使用滴滴涕对人类有益，而不是相信对滴滴涕危害未经证实的推测。因此，在哥伦比亚广播公司播出关于美国卫生、教育和福利部部长任命的特别委员会发布研究报告的报道后，科学赞助商组织向该公司和国会议员发出了抗议，认为哥伦比亚广播公司利用该委员会的报告支持了一个错误的结论，即“全面禁止使用滴滴涕”，从而导致滴滴涕的支持者“被忽视了”。[③]

美国政府选择了支持环境议题的支持方。1970 年 1 月 1 日，尼克松总统签署了美国有史以来最全面的环境立法之一《国家环境政策法案》（*National Environmental Policy Act*，NEPA）。该法案设立了一系列环境问题的监管规定，特别重要的是要求所有联邦机构编制详细报告、环境影响报告，评估拟议行动的环境影响。该法案还设立了环境质量委员会（Council onEnvironmental Quality，CEQ），作为总统的顾问。在签署这项法律后，尼克松声称“环境十年”即将到来。在 1970 年 4 月 22 日的地球日取得巨大成功后，尼克松迅速认识到这一政治活跃选区的潜力，于同年 7 月成立了美国环保局，将所有环境执法活动合并到统一的机构之下。根据尼克松对环境责任的行政重组，农药的登记和监管从美国农业部转移到了美国环保局。

美国环保局成立后，美国环保协会马上向环保局局长鲁克肖斯（Ruckelshaus）请愿，要求审查农业部部长没有暂停使用滴滴涕的情况，以及要求在取消过程中暂停使用滴滴涕。[④] 很明显，如果美国环保局批准了这些要求，也就意味着美国今后将禁止使用滴滴涕。

---

① Richard D. Lyons，“Hickels Extends Pesticide Curb”，*New York Times*，June 18，1970.

② John C. Whitaker，*Striking a Balance：Environment and Natural Resources Policy in the Nixon-Ford Years*，Washington，D.C：American Enterprise Institute，1976，p. 127.

③ Betty Chapman to Representative Harley Staggers，October 12，1971，box 111，file 3，Poage Papers，BCPM.

④ David Kinkela，*DDT and the American Century：Global Health，Environmental Politics，and the Pesticide That Changed the World*，p. 151.

1971 年 1 月，哥伦比亚特区巡回上诉法庭宣布，要求美国环保局启动行政程序，取消所有含有滴滴涕产品的登记，要求美国环保局考虑根据目前掌握的信息是否有理由立即暂停所有含有这种化学品的产品的登记。① 美国环保局很快于同年 1 月 15 日发布了关于取消含有滴滴涕产品的通知。

由此可以看出，法院的判决和美国环保局的举措基本上实现了环境议题支持方的要求，比上一阶段的政策有更为明显的进步，显示出美国积极的政策倾向。《纽约时报》发文称，美国哥伦比亚特区上诉法院的决定代表了美国环保协会、塞拉俱乐部、西密歇根州环境行动委员会和国家奥杜邦协会这 4 个环境组织在寻求取消和中止滴滴涕的所有使用方面取得相当大的胜利。② 尽管以科学赞助商组织为代表的反对方做出了最大努力，但是其成效微乎其微。原因在于环境议题支持方的力量远大于反对方。正如大卫·金克拉（David Kinkela）所言，化学工业界发现越来越难以引导公众舆论，因为生态学作为一种理念和科学方法在许多美国人心中产生了共鸣，他们对化学工业界的狭隘视野感到很沮丧。③

4.5 美国联邦层面全面禁止滴滴涕时期：1971 年之后

随着滴滴涕污染环境议题的不断深入，环保主义者强烈要求禁止滴滴涕的使用，而化学工业界则坚决予以抵制，滴滴涕污染环境议题支持方与反对方进行了激烈博弈。最为典型的事件就是支持方与反对方进行了公开辩论，而博弈的结果依然是支持方远胜反对方，美国表现出积极的政策倾向，出台了相关法律法规，最终全面禁止了滴滴涕在美国的使用。随后，发达国家纷纷效仿美国，在本国禁止使用滴滴涕，我国也于 10 年后禁止了滴滴涕的使用。可以看出，美国是世界上最早禁止滴滴涕的国家之一，相比较而言，美国对禁止滴滴涕的政策倾向是积极的，并且长期保持。

本节重点介绍滴滴涕污染环境议题支持方与反对方在公开听证会上激烈的辩论，以及对美国政策的影响。

4.5.1 环境议题双方激烈博弈

法院的判决和美国环保局的举措明显偏向于支持禁止滴滴涕的使用，但许多滴滴涕生产企业对该通知提出异议，其中大多数企业要求根据法律进行公开听证。④ 最终，美国有

---

① US Environmental Protection Agency，*Report of the DDT Advisory Committee to William D. Ruckelshaus，Administrator，Environmental Protection Agency*，September 9，1971.

② E. W. Kenworthy，"U.S. Court Orders New Unit to File Notice of DDT Ban"，*New York Times*，Jan. 8，1971.

③ David Kinkela，*DDT and the American Century：Global Health，Environmental Politics，and the Pesticide That Changed the World*，p. 148.

④ US Environmental Protection Agency，*Report of the DDT Advisory Committee to William D. Ruckelshaus，Administrator，Environmental Protection Agency*，1971.

史以来最重要的滴滴涕问题听证会于 1971 年由美国环保局组织召开。听证会任命埃德蒙·斯威尼（Edmund Sweeney）主持会议。会议一直持续到 1972 年 3 月结束，超过 125 名证人出席，形成了 9000 多页证词。这个听证会被称为滴滴涕综合听证会（consolidated DDT hearings）。①

总体来说，滴滴涕综合听证会主要围绕三个问题展开，即滴滴涕对生态环境影响、癌症（对人类健康的影响）和国际层面的使用。② 这些问题也代表了自卡森《寂静的春天》发表以来所有争论的核心问题，即滴滴涕的使用是否会对鸟类、鱼类和甲壳类等动物有害，是否会使人类致癌，是否会严重扰乱公共卫生和农业产量（尤其是第三世界国家）而迫使人们广泛使用剧毒替代品。环境议题的支持方与反对方进行了激烈的辩论。

听证会主要有四个方面的代表：罗伯特·阿克利（Robert Ackerly）和查尔斯·奥康纳（Charles O'Connor）等代表滴滴涕化学工业界；埃利奥特·梅特卡夫（Elliot Metcalfe）和雷蒙德·富勒顿（Raymond Fullerton）等代表美国农业部；威廉·巴特勒（William Butler）等代表美国环保协会、塞拉俱乐部、国家奥杜邦协会和西密歇根州环境行动委员会等环境组织；布莱恩·菲尔丁（Blaine Fielding）等代表美国环保局。环保局消息人士称，随着听证会的进行，四方面参与代表很快就沿着两条对立的轴线进行了调整。农业部和化学工业界合作为滴滴涕辩护，而美国环保局和环境组织则组成了“起诉方”。③

多位化学工业界人士与诺贝尔奖得主诺曼·鲍劳格（Norman Borlaug）一起成为环境议题反对方的典型代表。化学工业界的法律顾问罗伯特·阿克利（Robert Ackerly）一马当先，要求大家认真了解美国及全世界使用滴滴涕的历史，强调滴滴涕在防治害虫及疟疾等传染病方面的不朽功绩。鲍劳格则辩称：“禁止使用滴滴涕的这项立法是由歇斯底里的环保主义者组成的强大游说团体所推动的，他们通过预测化学中毒会给世界带来毁灭性后果，从而引发恐惧。如果农业因不明智的立法而被禁止使用杀虫剂，那么世界将走向灭亡。原因不是化学中毒，而是饥饿。”④ 鲍劳格还积极为滴滴涕在海外使用进行辩护，认为美国国内的滴滴涕杀虫剂禁令将对海外其他国家产生严重影响。

1971 年 10 月，鲍劳格给科学赞助商组织写信说：“谢天谢地，一些勇敢的志愿者开始反击反对杀虫剂和化肥的宣传运动，这场运动基于情感、微小的真理（也许是真理）和彻头彻尾的谎言，由不受饥饿的哲学家、环保主义者和伪生态学家发起……除非这场恶毒、短视的宣传运动停止，否则将给世界带来灾难。”他继续写道，如果禁止使用滴滴涕这样的立法在美国获得通过，这对发展中国家将是灾难性的，因为疟疾将很快卷土重来。这都

① David Kinkela, *DDT and the American Century: Global Health, Environmental Politics, and the Pesticide That Changed the World*, p. 152.

② Ibid., p. 153.

③ Robert Gillette, “DDT: On Field and Courtroom a Persistent Pesticide Lives On”, *Science*, Vol. 174, Issue 4014, 1971, pp. 1108-1110.

④ Norman E. Borlaug, “Where Ecologists Go Wrong”, *The Sun*, November 14, 1971.

是一小部分特权人群短视、自私和利己主义的结果。①

同年 11 月，他在罗马的一次联合国会议上发表了激进的演讲，为杀虫剂，特别是滴滴涕进行了最广泛的宣传。鲍劳格指责挑起恐惧、不负责任的环保主义者发起了一场恶毒的歇斯底里的反对农用化学品的宣传运动，而农用化学品对于保护公众健康和为世界上数百万饥饿的人生产粮食至关重要。他列举了滴滴涕在人体安全方面的显著记录，以及在过去几十年里在遏制疟疾方面的成功。鲍劳格警告说，如果美国禁止滴滴涕的使用，几乎可以肯定世界各地也会禁止滴滴涕。这也意味着，如果环保主义者成功，那么世界将不会因化学中毒灭亡，而会因饥饿而灭亡。②

为了支持这一立场，化学工业界呼吁外科医生杰西·斯坦菲尔德（Jesse Steinfeld）在会上作证。斯坦菲尔德说："作为一名倡导者，不仅在美国，而且在世界其他地方，公共卫生设备中必须继续使用滴滴涕。"他说："美国是用于消除疟疾滴滴涕的主要来源。美国生产的滴滴涕是世界上质量最高、最经济的配方。如果美国政府对使用滴滴涕采取严厉政策，就会导致他国拒绝购买美国的滴滴涕。这也意味着，美国停止生产滴滴涕的决定本质上可能是拒绝在世界上一些疟疾最严重的地区使用滴滴涕。"他还认为，由于滴滴涕"对公众构成迫在眉睫的危害"而被暂停使用，将对其他政府决策负责人产生莫名的恐惧，从而对疟疾根除工作产生有害影响。滴滴涕的持续生产和供应将使每个疟疾肆虐的国家对其使用的最终决定权掌握在每个国家的决策者手中。

不同于化学工业界的极端态度，农业部更提倡滴滴涕的"自愿"停用。农业部认为，几十年来滴滴涕在防治虫灾及疟疾等传染性疾病方面取得了非常大的成功，可谓功不可没。当前，美国国内的滴滴涕使用已经明显减少，在找到滴滴涕的替代品之前不应该禁止该化学品。从本质上说，滴滴涕的自愿退出不需要联邦监管。农业部部长哈丁就是"自愿"停用滴滴涕的主要倡导者之一，他认为环境组织反对滴滴涕的运动和自愿减少滴滴涕之间没有任何联系。③

可以看出，化学工业界与农业部的观点相似，都在积极为滴滴涕辩护，可以将它们统一归类为滴滴涕污染环境议题的反对方。他们的主要理由和观点建立在滴滴涕的安全性及其在根除疟疾等传染病方面的作用，所不同的是化学工业界坚决反对禁止滴滴涕的使用，而农业部则强调以"自愿"停用的方式"温柔"地限制滴滴涕的使用。

面对环境议题反对方的质问，环境议题支持方予以坚决对抗。沃斯特指出，鲍劳格根本就不是滴滴涕、野生动物和昆虫控制等领域的专家，却作为证人在听证会上作证。会议主持人其实不应该允许这样的人作证，因为只有专家的证词才是可以接受的，专家证词必

---

① Baylor Collections of Political Materials. "Norman E. Borlaug to Miss Betty Chapman", *Poage Papers*, *BCPM*, October 4, 1971.

② Robert Gillette, "DDT: On Field and Courtroom a Persistent Pesticide Lives On", pp. 1108-1110.

③ Jane E. Brody, "Use of DDT at a 20-Year Low, Chiefly Due to Voluntary Action", *New York Times*, July 20, 1970.

须通过相关性和能力测试。[①] 与鲍劳格相反，美国环保协会和其他几家地方、州和联邦层面的环境组织对滴滴涕的诉讼得到大量科学家支持，包括昆虫控制或持久性农药对非靶向生物和生态系统影响的研究人员。这些独立的志愿者科学家不仅致力于保护环境质量和公众健康，还致力于实施更有效的虫害控制。

沃斯特说，滴滴涕的大量使用提高了蚊子的耐药性，降低了滴滴涕在疟疾等传染病控制中的有效性。当然，在非常严重的情况下，并不否认滴滴涕对公共卫生工作可能有益。也就是说，在那些经济欠发达的国家，由于控制疟疾等传染病的需要使用滴滴涕，收益仍然大于风险。[②] 我们并没有阻止欠发达国家使用滴滴涕，因为在这些地区，疟疾造成的损失远大于滴滴涕污染治理成本。但是即便如此，由于耐药性的存在，滴滴涕使用的效能也越来越低。[③] 共同市场执行委员会（Common Market's Executive Commission）负责农业的副总裁西科·曼肖尔特（Sicco Mansholt）反驳说，欧洲农民非常关注滴滴涕的不利影响，这是有理由的。鲍劳格指责环保主义者散布歇斯底里的言论本身就是一种歇斯底里的行为。[④] 美国环保局的代表也表示，他们并不打算对其他国家的生活必需品进行管制。欠发达国家控制疟疾可能需要继续使用在美国不再被容忍的杀虫剂。

环境议题支持方的代表还强调，其他国家使用滴滴涕是由国情决定的，即使如此，他们也非常关注滴滴涕的不利影响。暂时先不提国外，即便聚焦到美国，滴滴涕使用也带来了新的问题和新的情况。巴特勒（Butler）提供了美国滴滴涕使用与猛禽数量迅速下降的证据，有人指证滴滴涕对鱼类和其他海洋生物的危害，有人证实滴滴涕可能致癌，还有人说目前市场上确实有很好的滴滴涕替代品，等等。[⑤]

特别要提出的一点是，美国环保局要求组建一个科学家小组，对此环境领域进行科学论证。1971 年 9 月，科学家小组在充分研究的基础上提出了一个研究报告。该报告指出，虽然滴滴涕及其分解产物是严重的环境污染物，但在美国彻底禁止使用这种杀虫剂效果甚微，因为与美国目前的滴滴涕年使用量相比，世界其他国家的负担更重。该报告认为，虽然滴滴涕不会对人类健康造成“迫在眉睫”的危害，但滴滴涕对非靶向生物的潜在破坏使其主要在人类环境中保持健康、令人满意的动植物方面，以及对人类福祉构成了“迫在眉睫”的威胁。因此，报告建议，美国还是应该迅速减少滴滴涕的使用，以实现实际消除的目标。[⑥]

可以看出，环境组织与美国环保局的观点非常相似，都在积极推动限制滴滴涕的使用，

---

① Charles F. Wurster，“DDT Proved Neither Essential nor Safe”，*BioScience*，Vol. 23，Issue 2，1973，pp. 105-106.

② Charles F. Wurster，“Its Persistency Threatens Disaster to Beast and Man”，*Smithsonian*，October 1970.

③ Charles F. Wurster，“DDT Makes Matters Worse”，*New York Times*，August 12，1971.

④ Robert Gillette，“DDT：On Field and Courtroom a Persistent Pesticide Lives On”，pp. 1108-1110.

⑤ David Kinkela，*DDT and the American Century：Global Health，Environmental Politics，and the Pesticide That Changed the World*，p. 157.

⑥ Robert Gillette，“DDT：On Field and Courtroom a Persistent Pesticide Lives On”，pp. 1108-1110.

可以将它们统一归类为滴滴涕污染环境议题的支持方。他们的主要理由和观点建立在滴滴涕的大量使用会破坏生态环境，又会对人类健康造成影响的情况上。但他们并不否认滴滴涕在农业和抗疟疾等传染病方面的巨大作用，也不会干扰国外尤其是第三世界国家大量使用滴滴涕。更重要的是，他们并不是要求在美国禁止滴滴涕的使用，而是加快限制滴滴涕的使用。值得一提的是，环境议题支持方特别注重科学家科学评估的作用。他们的很多观点都是基于科学评估，可以说是与科学评估的结果保持高度一致的。

综合来看，在这次听证会上，环境议题支持方与反对方进行了激烈的辩论和对抗，双方提交给听证会的证词跨越了生态学、生物化学、农学、毒理学等多个学科，也跨越了非洲、东南亚、印度和美国许多州在内的多个国家和区域。总体来看，环境议题的反对方希望保留滴滴涕在美国国内生产及国内和全球销售的权利，而环境议题的支持方则认为滴滴涕是一种世界性污染物，由于国情不一样，美国与世界其他国家应该区别对待；尽管滴滴涕目前对人类健康没有造成“迫在眉睫”的威胁，但是已经对人类福祉构成了“迫在眉睫”的威胁，因此应加大减少滴滴涕的使用力度，直到完全禁止。① 值得注意的是，关于滴滴涕可能致癌作用的研究仍没有定论。因此，虽然癌症问题使听证会变得复杂，但它并没有阻止与会者就化学物质的生态危害和人类健康益处展开冗长的辩论。

听证会最后，主持人斯威尼做了偏袒化学工业界的总结，引起了广泛的愤怒。为了平息众怒，美国环保局局长鲁克肖斯审查了美国环保局在滴滴涕综合听证会上收集的证据，以及农业部和卫生、教育和福利部发布的研究报告。这两项研究都建议，由于滴滴涕在生态系统中的持续存在，应逐步淘汰滴滴涕，并指出滴滴涕对人类构成致癌风险。② 显然，美国官方的研究结果与滴滴涕污染环境议题支持方的观点高度一致，支持方的力量又一次战胜了反对方。

4.5.2　美国政府彻底禁止使用滴滴涕

在农业部和卫生、教育和福利部发布的研究报告的基础上，鲁克肖斯认为继续大量使用滴滴涕将对环境构成不可接受的风险，并对人类健康造成潜在危害。③ 因此，1972 年 6 月 14 日，遵循几个州已经采取的路线，美国环保局决定从年底起禁止在美国使用滴滴涕，但不影响用于公共卫生和检疫用途的滴滴涕，也不影响向其他国家出口滴滴涕，延迟的目的也是有时间、有序地过渡到替代杀虫剂。显然，美国环保局局长的表态，以及出台的规章制度明显偏向于环境议题支持方。

美国环保局局长的表态及出台的滴滴涕禁令与化学工业界的观点相左，严重影响了化

① David Kinkela，*DDT and the American Century：Global Health，Environmental Politics，and the Pesticide That Changed the World*，p. 157.

② Dennis C. Williams，“The Guardian：EPA’s Formative Years，1970-1973”，*US Environmental Protection Agency*，[EPA 202-K-93-002]，September 1993.

③ “DDT Ban Takes Effect”，*US Environmental Protection Agency*，December 31，1972.

学工业界的利益。全国农民联盟（National Farmers Union，NFU）抱怨说，美国环保局举行的滴滴涕综合听证会的结论不能支持鲁克肖斯的决定。美国广播公司新闻（ABC News）报道说，这一决定可能会摧毁棉花行业。因此，化学工业界立即提起上诉，试图阻止美国环保局的命令。[①]

然而，尽管环境议题的反对方进行了顽强抵抗，但仍然不是支持方的对手。1972 年 10 月，美国国会批准了《1972 年联邦环境农药控制法》（*Federal Environmental Pesticide Control Act of 1972*），对《联邦杀虫剂、杀菌剂和灭鼠法》进行了修订，加强了对国内农药使用的监管。[②] 新的法律要求严格监管滴滴涕等化学品的使用，只有在可以确定这些化学品不会对环境造成不合理、不利影响时才允许注册。1973 年 12 月，法院做出有利于美国环保局的裁决，理由是滴滴涕综合听证会记录和科学报告中有大量证据可以支持美国环保局局长颁布滴滴涕使用禁令。更为彻底的是，1976 年，国会通过了《有毒物质控制法》（*Toxic Substances Control Act*，TSCA），要求美国环保局保护美国公众免受“对健康或环境造成不合理损害的风险”。美国环保局随后采取行动，彻底禁止或严格限制了包括滴滴涕在内的六种化学杀虫剂。至此，美国彻底解决了滴滴涕的问题，成为世界上最早全面禁止使用滴滴涕的国家。

4.6 小结

美国滴滴涕污染环境议题是典型的产生环境问题的主要原因和主要后果都在美国国内的环境问题。作为一项主要环境后果发生在美国国内的环境议题，其发展过程大体经历了两个阶段。

第一阶段为 1963 年以前，是滴滴涕污染环境议题的初始阶段。《寂静的春天》的出版引起了广大民众强烈的反响，美国民众认识到其生存威胁很大，使环境议题的支持力量大大加强。以化学工业界为代表的反对方采取各种手段进行激烈对抗，但是由于国内的环境问题触及广大民众的切身利益，使美国民众意识到存在的生存威胁，反对方的力量始终赶不上支持方。从而使肯尼迪总统要求总统科学咨询委员会对事件进行调查，最终发布了《杀虫剂的使用》报告，美国政府表现出积极的政策倾向。

第二阶段为 1963 年以后，是滴滴涕污染环境议题的实质阶段。该阶段又可以分为三个时期。第一个时期为 1963—1968 年。这个时期受卡森的影响，一部分反对力量加入支持方，环境组织的力量也不断增强，从而使环境议题支持方的力量大大增强。在美国威斯康星州的滴滴涕环境污染大论战中，尽管环境议题反对方不断对抗，但是以环境组织为代表的环境议题支持方以绝对优势取胜。最终，威斯康星州政府认定滴滴涕是法律规定内的

---

① Charles F. Wurster，“DDT Proved Neither Essential nor Safe”，pp. 105-106.

② “EPA to Ask for Comments on New Pesticides Law”，*US Environmental Protection Agency*，November 8，1972.

污染物，并将其纳入环保规定的范围内。从这个角度来看，地方政府也表现出积极的政策倾向。州级层面的环境运动为国家层面的环境运动奠定了坚实基础。第二个时期为 1969—1970 年。这个时期，环境议题支持方又根据最新科研成果将滴滴涕杀虫剂对生态环境的污染深化为对生态环境污染和人类健康损害的双重影响，美国民众意识到其生存威胁越来越大，这更加激起了美国民众抵制滴滴涕使用的决心和力量。相较之下，环境议题反对方的力量并没有多大变化。双方博弈的结果导致美国国会和政府以积极的政策倾向通过了《国家环境政策法案》，批准成立美国环保局，深化了对美国滴滴涕杀虫剂使用的管控力度。第三个时期为 1971 年以后。这个时期随着环境运动的不断深化，环境议题的支持方和反对方的力量都有所增强。但总体来说，美国环保局的姿态偏向于环境议题的支持方，而农业部的姿态偏向于反对方。然而，由于 1970 年美国环保局成立时联邦政府有关滴滴涕管理的大部分职能纳入美国环保局，使美国环保局的权力大大增加，而其他部门的权力严重下降。因此，环境议题支持方的力量更加大于反对方。毫无疑问，美国环保局出台的规章制度明显偏向于环境议题的支持方。在此基础上，美国国会和政府通过了《有毒物质控制法》，彻底禁止包括滴滴涕在内的六种杀虫剂在美国使用，使滴滴涕杀虫剂污染问题得到了彻底解决。

本书的研究假设提出，如果美国将环境议题的后果看作国内环境问题，那么无论是环境议题的初始阶段还是实质阶段，环境议题支持方的力量都远大于反对方，美国的环境政策倾向始终积极。本案例的环境问题后果主要在美国国内，符合研究假设中的条件。就滴滴涕污染环境议题来讲，总共经历了两个阶段，即初始阶段和实质阶段。但无论是哪个阶段，该环境议题支持方的力量都远大于反对方，从而导致美国不断出台限制滴滴涕使用的法律和政策，直到最终彻底禁止滴滴涕在美国的使用，与假设中提出的环境政策倾向始终积极完全一致。因此，可以说本案例充分验证了研究假设的正确性。

第 5 章

臭氧层保护环境议题

5.1 引言

大气中的臭氧层能够吸收太阳光中绝大部分的紫外线，保护地球上的生命免遭紫外线的伤害，被誉为地球上生物生存繁衍的保护伞。“二战”后，随着全球经济的快速发展，氯氟化碳（Chlorofluorocarbons，CFCs）等化学物质的大量排放并与大气层臭氧发生化学反应，从而使臭氧层被严重损耗和破坏，进而导致地面紫外线辐射的增加，最终为地球生态和人类健康带来一系列的危害。尽管臭氧层损耗和紫外线辐射增加的现象出现在世界上很多地区，但是基于人种肤色、生活习惯（如喜欢暴露在阳光下）、地理位置等原因，有些国家的民众更容易受到环境后果的影响，也就是说，臭氧层损耗导致的环境后果在全球分布并不均匀。美国是受臭氧层损耗影响最为严重的少数几个国家之一，其他还有澳大利亚等。由于美国人种的肤色，以及崇尚日光浴等生活方式，臭氧层损耗导致美国的皮肤癌和白内障发病率及病例数持续增高，美国民众的生存威胁不断提升，进而引发美国广大民众的强烈关注和呼吁，要求美国政府采取强有力的措施来限制氯氟化碳等臭氧损耗物质的排放、保护臭氧层。简言之，臭氧层损耗严重影响到美国民众的生命健康，或者说其生存威胁受到极大挑战，他们强烈要求美国政府将臭氧层保护环境议题当作本国的环境问题来治理。所以说，臭氧层损耗环境问题产生的原因来自全球范围，但对于美国来说，导致的环境后果主要在美国国内，这使美国民众极为关注臭氧层保护问题。

美国臭氧层保护环境议题的进程可以分为两个阶段：第一阶段为 1974 年以前，是该环境议题的初始阶段，臭氧层损耗问题主要停留在科学研究和知识推广层面；第二阶段为 1974 年之后，是该环境议题的实质阶段。实质阶段又可以分为三个时期：① 1975—1985 年，这是《维也纳公约》谈判时期，美国将臭氧层损耗问题表述为国内环境问题，从地方到联邦层面出台了相关法律法规对氯氟化碳进行限制，同时极力促成在国际上具有约束力的协定，但最终却通过了框架性的《维也纳公约》，即使这样，美国也很快签署和批准了该公约，表现出积极的政策倾向；② 1986—1989 年，这是《蒙特利尔议定书》谈判时期，最为典型的事件是在国际层面通过了具有约束力的《蒙特利尔议定书》，美国很快也予以签署和批准，表现出积极的政策倾向；③ 1989 年以后，国际层面对《蒙特利尔议定书》进行了修订，增加了臭氧层损耗物质的种类，并加快这些物质的淘汰速度，最为典型的事件是 20 世纪 90 年代对《蒙特利尔议定书》进行了四次修订，美国对这四次修正案也很快予以签署和批准，表现出积极的政策倾向。随着臭氧层损耗物质得到有效控制，全球的臭氧层保护取得成功。至于 2016 年国际上通过的《蒙特利尔议定书》基加利修正案（以下简称《基加利修正案》），其主要目的是限制温室气体的排放，并不是限制臭氧层损耗物质的排放，所以该环境议题没有将其纳入考虑范围。其实，该修正案美国也予以签署和批准。总之，在臭氧层保护环境议题的整个实质阶段，美国的政策倾向始终保持积极。

本章根据臭氧层保护环境议题演进的时间顺序，将该环境议题的进程分为两个阶段：1974 年之前为初始阶段，1975 年之后为实质阶段。进入实质阶段后，按照时间顺序分别从《维也纳公约》谈判、《蒙特利尔议定书》谈判，以及《蒙特利尔议定书》修正案谈判三个小节进行讨论，分析各时期环境议题支持方与反对方的博弈，及其对美国政策倾向的影响机制。

5.2　初始阶段：1974 年之前

20 世纪 70 年代初的研究表明，人为排放的氯氟化碳会导致大气臭氧层损耗，从而使射向地面的太阳光紫外线辐射增强，进而严重影响地球生态环境和人类健康（尤其会导致皮肤癌和白内障等疾病）。美国当时是世界上生产和消费氟氯化碳最多的国家，臭氧层损耗给美国国内带来严重的问题。美国环保局的一份报告指出，美国每年排放的氟氯化碳 11（CFCs-11）和氟氯化碳 12（CFCs-12）占全球排放的 45%，这两种化学品排放的 70%来自气雾剂产品。美国使用氟氯化碳造成的臭氧层损耗占全球臭氧层损耗的近一半。[①] 美国人由于肤色较浅和崇尚日光浴等生活习惯，成为皮肤癌和白内障发生的重灾区，美国人的生存威胁空前严峻，所以自然地对臭氧层保护这个环境议题很敏感。科学家的研究发现引起美国民众和环境组织的广泛关注，他们强烈呼吁美国政府限制氯氟化碳等臭氧层损耗物质的使用，从而拉开了美国臭氧层保护的序幕，美国率先进入臭氧层保护环境议题的初始阶段。此时，臭氧层损耗问题还处于知识传播和讨论阶段，美国化学工业界的利益还没有受

① “Big U.S. Role Seen in Peril to Ozone”，*The New York Times*，December 10，1975.

损，所以以化学工业界为代表的环境议题反对方尽管否认科学发现，但总体对此环境议题漫不经心。结果，环境议题支持方的力量远胜反对方，这就促使美国积极提出了一系列法案要求限制氯氟化碳的使用。

本节重点介绍美国在臭氧层保护环境议题初始阶段的政策倾向和采取的措施，以及其背后的原因。

5.2.1 臭氧层损耗在美国引起极大关注

1971 年，美国科学家研究发现，即使在臭氧层损耗很小的情况下，也可能会导致紫外线大量辐射到地球表面，进而引发皮肤癌的高发病率。[①] 大气臭氧层原本会过滤掉绝大部分紫外线，对人类健康起到很好的保护作用。如果臭氧层被人为损耗，势必会对人们造成生存威胁，因而也就会引起人们的关注和抗议，尤其是那些浅色皮肤人种（如白人）和崇尚日光浴等生活习惯的国家。

研究表明，皮肤癌的发病率因种族不同和地理生活行为模式不同而异。[②] 浅色皮肤是诱发所有类型皮肤癌的一个最主要因素，白种人的黑色素瘤（皮肤癌的一种）发病率是黑种人或亚洲等人种的 30 倍。[③] 由于浅色皮肤的人群（如白人）最容易受太阳光紫外线辐射而患皮肤癌，所以美国这类国家对臭氧层损耗最为关注。同时，娱乐性阳光照射更使皮肤癌发病率迅速增加。[④] 在美国，由于人种和生活习惯等因素，皮肤癌发病率非常高，每年有超过 40 万例，[⑤] 而潜在的皮肤癌发病率更高。美国环保局曾发文指出，《蒙特利尔议定书》的全面实施仅在美国就有望预防 4.43 亿例皮肤癌和 6300 万例白内障。[⑥] 因此，如果人为因素使臭氧层损耗导致太阳光紫外线辐射加大，进而提高了美国人皮肤病和白内障的发病率，即严重影响到美国民众的生存威胁，势必会引起广大民众的强烈反应。也就是说，美国人对于臭氧层损耗环境问题非常敏感，臭氧层保护这个环境议题从一开始就明确地与美国国内的环境后果（皮肤癌和白内障等）挂钩。

臭氧层损耗导致皮肤癌的后果不仅出现在普通民众身上，甚至也出现在美国总统身上。20 世纪 80 年代初，时任美国总统的里根也被确诊患上皮肤癌，外科医生多次从里根总统的鼻尖上切除癌症皮肤。专家表示，里根总统鼻子上的皮肤癌主要是由于鼻子更容易

---

① Stephen O Andersen，and K Madhava Sarma，*Protecting the Ozone Layer：The United Nations History*，London：Taylor & Francis Group，2002，p. 7.

② National Research Council，*Protection Against Depletion of Stratospheric Ozone by Chlorofluorocarbons*，Washington，D.C.：The National Academies Press，1979，pp. 80-81.

③ American Cancer Society，*Cancer Facts & Figures 2022*，Atlanta：American Cancer Society，2022.

④ National Research Council，*Protection Against Depletion of Stratospheric Ozone by Chlorofluorocarbons*，pp. 21-22，79.

⑤ Margaret L. Kripke，"Impact of Ozone Depletion on Skin Cancers"，*The Journal of Dermatologic Surgery and Oncology*，Vol. 14，No. 8，1988，pp. 853-857.

⑥ "Ozone Layer Protection Milestones of the Clean Air Act"，United States Environmental Protection Agency，February 15，2023.

暴露在太阳光紫外线下所造成的损伤。① 在做完最后一次手术后，里根总统说，他鼻子上的绷带是一个“广告牌”，上面写着“远离阳光”。② 里根总统因为紫外线照射患上皮肤癌，至少使他在一定程度上将臭氧层保护这个环境议题当作美国国内环境问题予以重视。而且里根不是美国总统中唯一一个得过皮肤癌的总统，据有关报道证实，现任美国总统拜登也得过一种属于非黑色素瘤的皮肤癌。臭氧层损耗这个环境问题虽然是全球性分布的，但是皮肤癌等疾病这个环境后果直接、明确地体现在美国国内广大居民身上（即使总统也不能幸免），这使美国人认定臭氧层问题是典型的美国国内环境问题。

1973 年，美国科学家理查德·斯托拉斯基（Richard Stolarski）和拉尔夫·西塞隆（Ralph Cicerone）在研究火箭排放的化学物质对大气的影响时发现，平流层中释放的氯可能会引发一个复杂的化学过程而持续破坏臭氧。③ 1974 年，美国科学家舍伍德·罗兰（Sherwood Rowland）和马里奥·莫利纳（Mario Molina）发表文章指出，人类活动排放的氯氟化碳由于化学结构稳定，不会在低层大气中被分解，而会缓慢漂移至平流层，进而损害臭氧层。④ 由于氯氟化碳的化学特性极其稳定，持续多年的排放将在平流层产生“集聚效应”，如果不对氯氟化碳进行控制，臭氧层的严重损害将不可避免。

自这两个研究成果发表后，氯氟化碳这种化学物质受到空前关注，它导致的臭氧层损耗问题进入美国广大民众的视野。尽管氯氟化碳对臭氧层能造成多大的损耗还并不清楚，但越来越多的证据表明，太阳光紫外线辐射的增强与美国皮肤癌发病率的上升明显相关。⑤ 因此，臭氧层的损耗不仅是一个科学问题，对广大美国民众来说更是一个公共卫生问题。所以，尽管科学上还存在不确定性，但美国广大民众深受臭氧层损耗问题带来的皮肤癌和白内障等疾病的困扰，他们的生存威胁不断加剧，使他们和环保主义者一起强烈要求美国采取行动对氯氟化碳进行限制。

然而，工业界尤其是化学工业界对这些研究发现不屑一顾，极力否认氯氟化碳与臭氧层损耗之间的关系。⑥ 在国会举行的一次听证会上，美国化学工业界最具代表性的杜邦公司（DuPont）的一位高管说，关于氯氟化碳排放与臭氧层损耗之间关系的假说目前完全是推测性的，没有具体证据支持。如果有可信的科学数据表明氯氟化碳影响人类健康，杜邦将停止生产这些物质。⑦ 这是环境议题反对方的一贯策略：否定破坏环境的行为与环境后

① James Gerstenzang，“President's Nose Cancer Surgery Goes 'Very Well'”，*Los Angeles Times*，August 1，1987.

② Philip M. Boffey，“Reagan to Have Surgery on Nose for Skin Cancer”，*New York Times*，July 31，1987.

③ Richard S. Stolarski and Ralph J. Cicerone，“Stratospheric Chlorine：a Possible Sink for Ozone”，*Canadian Journal of Chemistry*，Vol，52，1974，pp.1610-1615.

④ Mario J. Molina and F. Sherwood Rowland，“Stratospheric Sink for Chlorofluoromethanes：Chlorine Atomic Catalysed Destruction of Ozone”，*Nature*，Vol. 249，1974，pp. 810-812.

⑤ F. R. De Gruijl，“Skin cancer and solar UV radiation”，*European Journal of Cancer*，Vol. 35，No. 14，1999，pp. 2003-2009.

⑥ Lydia Dotto and Harold Schiff，*The Ozone War*（*1st edition*），Garden City，N.Y.：Doubleday，1978，pp. 149-165.

⑦ R. L. McCarthy，Testimony before the U.S. House of Representatives，Committee on Interstate and Foreign Commerce，*Hearings*，*in Fluorocarbons：Impact on Health and Environment*，Washington，D.C.：U.S. Government Printing Office，December，1974，p. 381.

果之间的直接和明确因果关系，尽量引入不确定性，从而消解民众对破坏环境行为的反对，减少环境议题支持方的力量。尽管化学工业界表现出不相信臭氧层损耗理论的姿态，但一些具有战略眼光的化工企业已经开始加快氯氟化碳替代品的研制。总之，在臭氧层保护环境议题的初始阶段，该环境议题的进程还没有对化学工业界的利益造成影响，所以尽管他们极力否认臭氧层损耗科学理论，但总体上对这个环境议题显得漫不经心。从另一个侧面也说明，如果将来科学上有进一步的支撑数据和证据，化学工业界很可能会放弃他们的反对立场。

综上分析，在臭氧层保护环境议题的初始阶段，该环境议题的支持方与反对方进行了博弈，但博弈的结果明显是支持方的力量远大于反对方。

5.2.2 美国政府积极介入

科学界、环境组织和美国广大民众对臭氧层保护环境议题的极大关注和呼吁，以及化学工业界不屑一顾的反对立场引起了美国决策者的注意。由于在环境议题的初始阶段，支持方的力量明显大于反对方，美国国会为此多次召开听证会并提出相关法案，建议限制氯氟化碳的部分使用，对该环境议题表现出积极的支持态度。

1974 年 3 月，众议院要求美国禁止生产或进口氟利昂（氯氟化碳的俗称）和类似物质，除非研究发现此类物质对人类健康、农业或环境无害。[①] 这表明，美国将臭氧层保护这个环境议题表述为国内环境问题，并且拟通过立法的形式限制氯氟化碳这种臭氧层损耗物质的生产和进口。同年 5 月 12 日，众议院提出要对《清洁空气法》进行修正，以确保向空气中排放氯氟化碳的产品不会损害臭氧层，以防止皮肤癌风险的增加，并保护美国公众健康和环境。众议院还要求美国环保局与国家科学院合作编写研究报告，研究氯氟化碳排放到空气中对公众健康和环境的潜在影响及发生此类潜在影响的风险。[②] 很明显，国会认为臭氧层损耗的影响主要在美国国内，会对美国广大民众的健康造成严重危害，并增加皮肤患癌的风险，故将其作为美国国内环境问题进行对待，同时积极要求修正相关法律来确保氯氟化碳的生产和排放。

5.3 《维也纳公约》谈判时期：1975—1985 年

随着臭氧层保护环境议题的不断深入，科学界、美国广大民众、环境组织等环境议题支持方强烈呼吁美国立法，并在国际层面出台具有约束力的协定，限制氯氟化碳等臭氧层

---

① Aspin，Leslie，*H.R.17545-A Bill to Prohibit the Manufacture or Importation of Freon and Similar Substances Unless a Study Finds Such Substances are not Harmful to Human Life，Agriculture，or the National Environment*，93rd Congress（1973-1974），December 3，1974.

② Rogers，Paul Grant，*H.R.17577-Clean Air Act Amendments*，93rd Congress（1973-1974），December 5，1974.

损耗物质的生产和使用，使支持方的力量不断增强。但是，这样严重威胁到了化学工业界的利益，使其生存威胁不断上升，进而遭到化学工业界的顽强抵抗，这标志着臭氧层保护环境议题进入实质阶段。化学工业界为了维护其公众形象和长期声誉，同时宣传他们研发的替代品比氯氟化碳更经济，所以尽管他们进行抵抗但是抵抗的意愿和力度都明显不足。此外，为了保持国际竞争力，当在国际上谈判不具约束力的协定时，化学工业界给予了充分的热情，转化成为强大的支持方。在这种情况下，臭氧层保护环境议题支持方的力量远远大于反对方，所以美国表现出积极的政策倾向：在国内层面，美联邦和地方政府先后出台了一系列法律法规，限制氯氟化碳的生产和使用；在国际层面，美国积极参与《维也纳公约》的谈判并很快予以签署和批准。

本节重点介绍了臭氧层保护环境议题进入实质阶段后该环境议题支持方与反对方力量的对比及其对美国政策的影响。

5.3.1　非约束性的《维也纳公约》

自美国科学家舍伍德·罗兰和马里奥·莫利纳提出“人类活动排放的氯氟化碳会缓慢漂移至平流层，进而损害臭氧层”的科学论断后，他们在美国科技界和政界占据了很高的地位，国会多次邀请他们参加听证会并听取意见。1975 年，美国科学家在美国《科学》杂志（*Science*）发文支持罗兰和莫利纳的观点。他们提出的结论是，氯氟化碳是平流层氯的潜在来源，可能间接导致臭氧浓度的严重下降。如果氯氟化碳的消费量以每年 10%的速度增长，到 1980 年臭氧浓度降幅可能高达 3%，到 2000 年降幅可能达到 16%；如果在 1990 年停止使用氯氟化碳，也可能有持续数百年的重大影响。[①] 这些科学数据进一步表达了臭氧层保护的必要性和紧迫性。

同年，美国国家航空航天局（National Aeronautics and Space Administration，NASA）发射的卫星专门增加了臭氧记录器，用来对大气层进行系列探测，帮助科学家衡量人类活动对臭氧层造成的影响。美国国家航空航天局于 1978 年又发射了一颗卫星，用来进一步评估大气污染物导致的臭氧丰度的区域性和周期性变化。[②] 这些卫星获取的数据为科学研究奠定了很好的基础，使科学数据和科学证据进一步丰富，不断增强环境议题支持方的力量。

1976 年，美国国家科学院（National Academy of Sciences，NAS）发布了名为《卤代烃：对平流层臭氧的影响（1976 年）》[*Halocarbons: Effects on Stratospheric Ozone*（1976）]的研究报告。这个报告在一定意义上代表了美国国家最高科技水平，也代表了美国官方科研机构的意见。该报告指出，以目前的速度长期释放氯氟化碳 11（CFCs-11）和氯氟化碳

① Steven C. Wofsy，Michael B. Mcelroy，and Nien Dak Sze，“Freon Consumption：Implications for Atmospheric Ozone”，*Science*，Vol. 187，Issue 4176，1975，pp. 535-537.

② Walter Sullivan，“A New Satellite Launching is Set for Further Studies on Ozone”，*The New York Times*，November 15，1975.

12（CFCs-12）将导致大气平流层臭氧浓度显著降低。这个研究结果与之前科学界的研究结论完全一致，进一步提高了科学数据和证据在臭氧层保护环境议题中的地位，也进一步提高了科学界在环境议题支持方的力量。该报告建议美国国内必须采取必要的氯氟化碳生产和使用监管措施，并积极推动国际合作，进而从全球层面寻求监管措施。① 后来，美国国家科学院和其他国家科研机构出台了一系列的研究报告，为美国甚至全球推动臭氧层保护做出很大贡献。

随着臭氧层保护环境议题的不断推进，美国很多科研机构和科学家进行了不懈努力，以期用科学数据和证据客观上支撑全球共同应对臭氧损耗。1984 年，为了有意识地“向世界各国政府提供目前关于人类活动是否对臭氧层构成重大威胁的最佳科学信息”，由美国国家航空航天局、美国联邦航空局（Federal Aviation Administration，FAA）及美国国家海洋和大气管理局（National Oceanic and Atmospheric Administration，NOAA）牵头，世界气象组织（World Meteorological Organization，WMO）和联合国环境规划署等国际机构共同开展了一项著名的国际科学合作项目，成为有史以来对平流层进行的最全面的研究。

就在这项研究深入开展之时，1985 年科学家发现南极上空的臭氧层正在急剧损耗，并出现了一个比美国面积还大的“空洞”，引起了国际社会强烈反响。不久后，上述 1984 年启动的项目也发布了研究报告。该报告指出，1975—1985 年，大气中的氯氟化碳 11 和氯氟化碳 12 的累积量几乎增加了一倍。如果以 1980 年的速度继续排放，到 21 世纪后半叶，全球臭氧层将平均减少约 9%，并且臭氧损耗随季节性和纬度下降幅度更大。② 从研究结果可以看出，氯氟化碳的排放导致臭氧层损耗，进而导致太阳光紫外线的有害辐射将随着纬度下降到达北半球人口稠密的地区，会严重影响到美国国内，美国民众的生存威胁受到空前挑战，这再次刺激了美国广大民众的神经，也使环境议题支持方的力量更加强大，积极支持从国际层面达成共识。

总之，科学成为臭氧层保护政策的推动力。科学数据和证据为推动臭氧层保护提供了客观、强大的动力，科学界成为臭氧层保护环境议题支持方强大的力量。一方面，科学界要求美国进行立法，限制氯氟化碳在美国国内的使用；另一方面，他们还强烈建议加强国际合作，从全球层面对氟氯化碳的使用进行监管。

其实，在美国等国家的积极推动下，1975 年联合国环境规划署管理委员会（UNEP Governing Council）决定设立保护臭氧层的项目，并积极策划国际组织和非政府组织举行会议评估臭氧层的损耗问题。③

1977 年，联合国环境规划署在美国召集专家学者讨论臭氧层损耗问题，提出臭氧层保

① National Research Council，*Halocarbons: Effects on Stratospheric Ozone*，Washington D.C.: National Academy of Sciences，1976.

② World Meteorological Organization，*Atmospheric Ozone 1985: Assessment of Our Understanding of the Processes Controlling its Present Distribution and Change*，1985. pp. 786-787.

③ Mostafa K. Tolba，*Global Environmental Diplomacy: Negotiating Environmental Agreements for the World，1973-1992*，Cambridge，MA: MIT Press，1998，p. 57.

护的全球行动计划，倡议研究人类活动对臭氧层造成的影响并评估其损耗带来的风险。同时，联合国环境规划署建立了臭氧层问题执行委员会，将氟氯化碳列为调查对象，协调对此类物质生产和消费采取国际控制措施。

1980年，联合国环境规划署执行委员会专门成立特设工作组，其主要职能是召集政界、学界、产业界和国际组织机构来评估臭氧损耗威胁，推动国际合作，制定臭氧层保护的全球性框架公约。但是，这个时期国际上对于控制臭氧损耗的形势和前景并不乐观，很多国家对臭氧层损耗所涉范围和成因及采取行动的可行性持有相当大的怀疑态度，他们希望在全球层面达成的公约只是合作研究而不是国际管制。

1984年，科学家发现了南极洲上空臭氧层损耗的证据。1985年，臭氧层空洞存在的证据进一步被证实。在大量的证据面前，联合国环境规划署再次在国际层面上努力推动控制臭氧层损耗问题，再次号召世界各国达成全球性保护臭氧层的框架公约。为此，1985年3月，联合国环境规划署在奥地利首都维也纳召开保护臭氧层外交大会，会议通过了全球第一个保护臭氧层的框架性公约——《维也纳公约》，标志着全球开始统一行动保护臭氧层。

《维也纳公约》的目的是，“采取适当的国际合作与行动措施，以保护人类健康和环境，免受足以改变或可能改变臭氧层的人类活动所造成的或可能造成的不利影响。”① 该公约认可“臭氧层的变化，可使达到地面的具有生物学作用的太阳光紫外线辐射量发生变化，并可能影响人类健康、生物和生态系统，以及对人类有用的物质；臭氧垂直分布的变化可使大气层的气温结构发生变化，并可能影响天气和气候”等这些科学事实，并对未来的研究和观测提出建议。同时，《维也纳公约》附件中提到的氟氯化碳是“被认为有可能改变臭氧层的化学和物理性质”的物质之一。然而，该公约主要强调缔约国在研究、监测和交流臭氧层状况，以及氟氯化碳和其他相关化学物质排放和浓度数据等方面的国际合作机制，并没有在减少臭氧层损耗物质方面提出具体的控制目标和措施，对发展中国家的特殊情况和需求也未做出具体说明②。但是，该公约在保护臭氧层这个全球环境问题上的合作迈出重要一步，为后续国际上采取有效措施控制臭氧层损耗物质奠定了良好基础。

除了科学界，美国国内的环境组织和环保进步主义者在臭氧层保护问题上也起到推波助澜的作用。正是由于他们的努力宣传和积极行动，美国的臭氧层保护行动才开展得如火如荼，成为美国臭氧层保护政策制定的坚强支持来源。③

美国科学家罗兰和莫利纳第一次将人为氯氟化碳的排放与臭氧层损耗联系起来，④ 在美国社会上引起巨大轰动。因为之前的研究表明，臭氧层损耗会导致太阳光紫外线向地面

① “The Vienna Convention for the Protection of the Ozone Layer”, United Nations Environment Programme Ozone Secretariat.

② 徐再荣：《臭氧层损耗问题与国际社会的回应》，《世界历史》2003年第3期，第21-28、127页。

③ 李铁城、钱文荣：《联合国框架下的中美关系》，北京：人民出版社，2006年，第358页。

④ Mario J. Molina and F. Sherwood Rowland, “Stratospheric Sink for Chlorofluoromethanes: Chlorine Atomic Catalysed Destruction of Ozone”, pp. 810-812.

的辐射增强，进而引发美国皮肤癌等疾病发病率的持续增高。那么，罗兰和莫利纳的研究结果也意味着氟氯化碳与美国的皮肤癌高发病率相关联。正如罗兰在之后接受《化学与工程新闻》（*Chemical & Eengineering New*，CEN）采访时所言，“当我们在研究中意识到存在非常有效的连锁反应时，这将氯氟化碳的调查从一个有趣的科学问题变成了一个对环境产生重大影响的问题。”①

罗兰和莫利纳的研究成果发布后，美国化学学会专门为他们的研究成果举行了技术研讨会和新闻发布会，美国很多重要媒体对此进行了广泛报道。一时间，以气雾剂和臭氧层保护等为主题的报道纷纷登上了美国媒体的头版头条，如《臭氧死亡》（*Death to Ozone*）、《气雾剂喷雾罐可能会带来末日威胁》（*Aerosol Spray Cans May Hold Doomsday Threat*）等。②媒体通俗易懂的报道引起了美国广大民众的热烈反响，许多消费者团体纷纷要求美国禁止在气雾剂中使用氯氟化碳。由此可见，媒体的广泛报道显著增强了臭氧层保护环境议题支持者的力量。

环境组织则借助罗兰和莫利纳的研究成果积极组织力量对氯氟化碳气溶胶产品进行法律干预，引导美国广大民众对氯氟化碳气溶胶产品进行抵制。例如，美国自然资源保护委员会（Natural Resources Defense Council，NRDC）向美国消费品安全委员会（Consumer Product Safety Commission，CPSC）请愿，要求禁止在气雾剂喷雾罐中使用氯氟化碳。③该请愿书称，从目前掌握的证据来看，预计在 25 年内此类化学品使用量的增长可能会导致美国每年新增 10 万～30 万例皮肤癌病例，全球每年则可能达到 150 万例以上。最终消费品安全委员会于 1976 年 11 月以 5∶0 的投票结果批准了请愿书，这被认为是朝着禁止氯氟化碳迈出试探性的一步。④

1978 年，美国国内立法禁止了气雾剂中氯氟化碳的使用，环境组织和环保进步主义者认为美国的管制措施基本上能够解决臭氧层损耗问题。尽管它们清醒地意识到，氯氟化碳的使用是全球普遍行为，即使美国大力限制，也不可能从根本上消除由此为美国民众带来的严重影响，必须在国际层面上制定严格的氯氟化碳使用限制和监管协定，才有可能最终成功保护臭氧层，才能使美国民众免受皮肤癌和白内障等疾病的困扰。但是，由于国际上存在各种不同声音，为了使全球能够达成保护臭氧层的共识，国际层面开始着手谈判没有具体实质性约束力的《维也纳公约》。在环境组织和环保进步主义者看来，公约的约束力明显低于美国国内的管制措施，并且如果框架性公约在国际上获得通过，很有可能会使美国国内的管制措施松懈。所以在这个阶段，环境组织和环保主义者对该公约兴趣不大，以

---

① “Chlorofluorocarbons and Ozone Depletion：A National Historic Chemical Landmark”，American Chemical Society，April 18，2017.

② Stephen O Andersen，and K Madhava Sarma，*Protecting the Ozone Layer：The United Nations History*，p. 44.

③ Waite Sullivan，“Federal Ban Urged on Spray-Can Propellants Suspected in Ozone Depletion and Possible Cancer Rise”，*The New York Times*，November 21，1974.

④ “Fluorocarbon Sprays Curb Backed”，*The New York Times*，November 23，1976.

至于在 1985 年召开的维也纳会议上，任何环境团体都没有参加，也表明环境保护界在那个时期对国际臭氧层保护问题还缺乏兴趣。

随着环境议题支持方的呼声越来越高，美国国会不断提出相关法案要求限制氯氟化碳的生产和使用，美国化学工业界的利益开始受损，此时他们逐渐开始抵制。化学工业界表示，氯氟化碳除了作为气雾剂还有很多重要用途（如制冷和空调），它将很难被取代，并且氯氟化碳的替代品多是有毒或腐蚀性很强或者易燃化学品。因此，禁止氯氟化碳使用将会造成巨大损失。① 美国气雾罐公司的一位销售经理表示，最近美国企业和整个行业的气雾剂业务下降了 25%，其中约 1/3 的降幅是由臭氧问题所造成的。② 因此，他们反对美国决策者禁止氯氟化碳的使用。

同时，化学工业界还否认科学界的研究成果，认为“氯氟化碳臭氧损耗理论”仅仅是推测出来的。杜邦公司在《纽约时报》上的一则广告写道：“如果有可靠的证据表明某些氯氟化碳会因臭氧层的损耗而对民众健康造成危害，我们就停止生产这些有害化合物。”为了否定科学界的研究成果，化学工业界很早就自己组织力量开展相关科学研究。1972 年，由氯氟化碳生产商联合成立的氟碳计划小组（Fluorocarbon Program Panel，FPP）就支持研究氯氟化碳等化学物质对臭氧层破坏等环境问题，高度关注太阳光紫外线辐射对包括人类在内的陆地和水生生物系统及气候的影响。1975 年，30 家氯氟化碳企业和 5 个行业协会成立了大气研究委员会（Council on Atmospheric Studies，CAS）。该委员会计划进行一项为期三年的研究，耗资高达 5500 万美元，研究包括氯氟化碳在内的含氯化合物如何影响大气和平流层。③ 但是化学工业界研究出来的结果明显带有利益色彩，与科学界的成果不相一致。例如，1976 年 5 月，由大气研究委员会赞助的科学家就认为，氯氟化碳对臭氧层的损耗影响几乎为零，没有必要提前禁止氯氟化碳气雾剂的使用。④ 这种论调明显具有利益色彩。

尽管化学工业界反对禁止使用氯氟化碳，但是他们的意愿并不足，因为很重要的一点是他们已经开始寻找或者已经找到了合适的替代品。⑤ 其实政府也给了化学工业界充足的时间来研发替代品。1976 年，美国食品和药物管理局、美国环保局和消费品安全委员会这三家联邦机构就表示，它们打算过段时间出台相关规章制度禁止氯氟化碳，目的就是给气雾剂行业提供足够的时间来寻找替代品。⑥ 所以，当 1977 年 5 月这三家联邦机构提出禁止喷雾罐氯氟化碳气体的提议时，化学工业界显得很平静。联合碳化物公司的一位

① “Delay on Gas Ban Held Ozone Peril”, *The New York Times*, December 13, 1974.

② Steven Greenhouse, “Aerosol Feels the Ozone Effect”, *The New York Times*, June 22, 1975.

③ Ibid.

④ Walter Sullivan, “Studies Are Cited to Show That Effects of Fluorocarbons on Ozone Layer May Be Cut ‘Nearly to Zero’”, *The New York Times*, May 13, 1976.

⑤ Douglas W. Cray, “Aerosol Industry Is Trying Hard To Find Fluorocarbons Substitute”, *The New York Times*, November 20, 1976.

⑥ “In Summary”, *The New York Times*, May 15, 1977.

发言人说，这项提案对行业的影响微乎其微，因为我们已经为这个问题工作了大约两年半。[①] 正因为化学工业界已经找到或者有充足的时间寻找替代品，所以他们反对的意愿和力量并不强。

还有一个很重要的原因是，美国化学工业界似乎很担心臭氧层损耗问题对其公众形象和长期声誉的影响。他们发布公开声明承认，臭氧层损耗问题至少具有潜在的严重性。[②] 臭氧层损耗为美国国内带来非常严重的后果，直接关系到广大民众的健康，尤其是关系到民众皮肤癌的高发病率，是一个环境后果主要在美国国内的环境问题。如果化学工业界不支持臭氧层保护这个环境议题，势必会对其公众形象和声誉产生影响。再者，美国化学工业界生产的氯氟化碳，其市场主要在美国国内。如果得不到美国广大民众的支持，它们就会失去国内市场，势必会影响其利益。所以，化学工业界并不会对臭氧层保护这个环境议题给予坚决抵制。

当美国国内禁止氯氟化碳气雾剂的使用势在必行，其本身也并非真心对抗环境议题支持方及美国决策者时，化学工业界将眼光望向了世界市场。他们认为，仅靠美国一国之力无法彻底有效解决臭氧层损耗这一环境问题，并且美国单方面对氯氟化碳采取管制行动只会对本国造成全球竞争劣势。他们向决策者提议，加快在国际层面签订框架性协定，充分发挥美国化学工业的全球竞争性优势。因此，当国际上谈判不具约束力的《维也纳公约》时，美国化学工业界给予了足够的热情和支持。

其实，在《维也纳公约》谈判过程中，美国政府的主张是通过框架性公约的同时要附上一项具有强制性约束指标的议定书。这一提议不仅遭到其他国家的强烈反对，也遭到了美国国内化学工业界的强烈反对。1984 年 8 月，美国国务院和美国环保局举行了一次联席会议，重点讨论了关于全球禁止使用氯氟化碳非必要气雾剂对环境影响的评估草案。在会议上，化学工业界再次表明了他们的立场，即强制性议定书将是“不成熟的”和“与当前的科学不符的”。杜邦公司的高管表示，“对臭氧层没有直接、迫在眉睫的威胁和危害，因此目前没有必要制定全球监管协定。虽然美国环保局认为推进对氯氟化碳的进一步监管是迫在眉睫的，但我们完全有能力冒这个风险，再研究这个问题五年，然后重新评估。”行业氟碳项目小组主席表示，影响声明草案“应该清楚地反映出，缺乏科学证据表明氯氟化碳对平流层臭氧构成迫在眉睫的威胁”。化学工业界反对在全球层面制定强制性约束性指标，但同时加快了氯氟化碳替代品的开发。

化学工业界要求与美国代表团见面，并为美国的立场提供意见。他们指出，美国代表团关于氯氟化碳限制使用姿态的转变没有充分征求各方意见，也没有提交环境影响的声

---

① Gene Smith，“Outwitting Aerosol Ban：New System Ready”，*The New York Times*，May 13，1977.

② Richard Elliot Benedick，*Ozone Diplomacy：New Directions in Safeguarding the Planet*（*Enlarged Edition*），Cambridge，Mass.：Harvard University Press，1998，p. 31.

明。[①] 工业界一再敦促联合国环境规划署保持公平竞争的国际环境，避免美国再次采取对其他主要氯氟化碳生产国不具有约束力的单边管制行动。[②] 美国环保局出面说，美国已经有了限制氯氟化碳使用的禁令，所以在全球范围内实施禁令不会让美国的工业界付出任何代价。但化学品制造商反驳说，他们在海外的工厂不受美国禁令的影响，但将受到全球禁令的监管。由此可见，化学工业界其实非常支持在全球层面达成一项不具有约束性限制指标的框架性公约，而《维也纳公约》正好符合。所以在这个阶段，化学工业界成为环境议题的支持方，而不是反对方。

总之，在《维也纳公约》谈判过程中，美国国内主要有三类行为体在影响美国的最终政策倾向。学术界依据科学数据和证据积极支持美国在国际层面上限制氯氟化碳，即为环境议题的支持方；环境组织认为美国国内已经制定的限制措施明显高于公约的要求，所以对国际上通过一个框架性公约兴趣不大，即对环境议题保持中立；化学工业界强烈支持美国在国际层面通过框架性公约，以便营造全球公平竞争的环境，但反对强制性限制的协定书，即化学工业界也是环境议题的支持方。综合来看，环境议题的支持方全胜。这也将最终决定美国对待《维也纳公约》的积极政策倾向。

综上分析，科学界始终坚持美国应在国内立法限制氯氟化碳的使用，并加强国际合作；环境组织和环保主义者强烈要求在美国国内立法，在国际上出台具有约束力的协定。当美国国内成功实现立法，而国际上谈判不具约束力的协定时，他们表现平淡；美国化学工业界对国内立法限制氯氟化碳予以反对，但意识到这是大势所趋，所以他们积极研发替代品，反对的意愿并不足。为在竞争中占据优势，他们强烈要求美国支持不具约束力的国际协定。在此阶段，环境议题支持方的力量远大于反对方。

5.3.2　美国政府积极推进国际协定

自从进入环境议题的实质阶段，臭氧层保护环境议题支持方与反对方进行了博弈，结果是支持方远胜反对方，因此美国在国内和国际层面都表现出积极的政策倾向。

在国内层面，美国政府要求美国国家科学院、国家海洋和大气管理局等机构开展科学研究，目的是关注平流层臭氧浓度的变化趋势，[③] 这表明美国决策者高度关注臭氧层保护这个环境议题。其实，美国国家科学院等科研机构一系列的研究成果为美国决策者决策提供了重要的客观依据。

随着臭氧层保护环境议题的不断发酵，美国已经着手开展相关立法评估工作。1975 年 4 月，联邦政府成立了一个跨部门特别工作组，就如何更准确地评估氯氟化碳威胁的严重

---

① Edward A. Parson，*Protecting the Ozone Layer：Science and Strategy*，Oxford：Oxford University Press，2003.

② M. S. Weil，“Chlorofluorocarbon Update：Stir Caused by EPA-Supported World Ban Proposal”，*Contracting Business*，October 1984，pp. 11-12.

③ F. Sherwood Rowland，“Chlorofluorocarbons and the Depletion of Stratospheric Ozone”，*American Scientist*，Vol. 77，No. 1，1989，pp. 36-45.

性提出建议，并探索对此类化学品采取什么样的监管措施，以及如何才能使给行业带来的影响最小。[①] 美国环保局副局长约翰•夸尔斯（John R. Quarles）表示，防止危险化学品在环境中扩散的立法是美国最迫切需要的环境法之一，美国环保局正在对有毒物质法进行必要性测试。[②] 他说，氯氟化碳曾经被认为是可以广泛使用的安全化学品，但现在可能对人们的健康和环境构成威胁。科学界越来越担心平流层中的氯氟化碳，据称他们会导致臭氧层耗尽，而臭氧层可以保护地球免受过量紫外线辐射的危险。但是，美国目前的联邦法律却未能均衡和全面地处理这些有毒物质。夸尔斯的姿态更加表明美国决策者已经开始认识到臭氧层破坏的严重性，迫切需要以立法的形式对氯氟化碳进行限制。

1975 年 6 月，俄勒冈州成为美国第一个颁布禁止氯氟化碳气雾剂法案的州，还有 13 个州和国会的立法者也已经提出或正在提出禁止或限制氯氟化碳气雾剂的相关法案。[③] 1976 年，美国正式通过了《有毒物质控制法》，要求美国化学工业界逐步停止使用氯氟碳化物，授权环保局采取必要行动管制臭氧层损耗化学品等有毒物质。[④] 时任美国环保局局长的罗素•特雷恩（Russell E. Train）表示，这项法律的基本目标是在化学品进入和传播到整个人类环境的商业制造及营销决策中时给予公共卫生更多权重，该项法律也成为最重要的“预防医学”立法之一。这项法律可以有效地预防破坏臭氧层的氯氟化碳，使地球表面免受有害紫外线的辐射。[⑤]

1977 年 5 月，美国环保局、美国食品和药物管理局、美国消费品安全委员会宣布禁止在气雾剂罐中用作推进剂的氯氟化碳的拟议时间表。第一步是停止生产用于非必要用途的氯氟化碳推进剂，于 1978 年 10 月 15 日生效；第二步是到 1978 年 12 月 15 日，所有企业务必停止使用现有的化学品供应来生产非必要的气雾剂产品；第三步是停止所有含气雾剂推进剂气体的非必要产品在州际运输，并于 1979 年 4 月 15 日生效。[⑥]

1978 年 3 月，美国政府正式宣布从当年 12 月 15 日起禁止生产几乎所有含有氯氟化碳的气雾剂产品。这项禁令将影响 97%～98%使用氯氟化碳作为推进剂的气雾剂，包括除臭剂、发胶、家用清洁剂和杀虫剂等。[⑦] 在联邦政府积极推动减少氯氟化碳的同时，加利福尼亚州、密歇根州、明尼苏达州、纽约州、俄勒冈州等州政府也积极制定相关立法，从国家到地方形成了限制氯氟化碳使用的局面。[⑧] 毫无疑问，无论是美国民众还是政府，都已经把臭氧层保护看作美国国内的环境问题，认为臭氧损耗的环境后果影响了美国民众的健

---

① “Vanishing Shield?” *The New York Times*，April 13，1975.

② “Quarles Testifies on the Need for Toxic Substances Act”，US Environmental Protection Agency，July 10，1975.

③ Steven Greenhouse，“Aerosol Feels the Ozone；Effect”，*The New York Times*，June 22，1975.

④ “Summary of the Toxic Substances Control Act”，United States Environmental Protection Agency，October 4，2022.

⑤ “Train Sees New Toxic Substances Law as ‘Preventive Medicine’”，United States Environmental Protection Agency，October 21，1976.

⑥ Harold M. Schmeck Jr.，“Ban Proposed by’79 on Spray-can Gases”，*The New York Times*，May 12，1977.

⑦ “Sharp Curb Ordered on Aerosol Products”，*The New York Times*，March 16，1978.

⑧ Anthony Lewis，“The Long and the Short”，*The New York Times*，May 11，1989.

康，必须予以积极解决，所以才从联邦到地方出台了一系列法律法规对氯氟化碳这种臭氧损耗物质进行限制。

在国际层面，美国积极支持出台具有约束力的国际协定。1977 年 4 月，美国主办了国际臭氧层会议，这是关于臭氧损耗问题的第一次政府间讨论，首次正式提出氯氟化碳的国际管制问题，讨论形成了《关于臭氧层的世界行动计划》（*World Plan of Action on the Ozone Layer*）。同年 5 月，在内罗毕举行的联合国环境规划署理事会年会再次审议了这个问题，美国等国家在此基础上要求将联合国环境规划署的任务范围扩大到研究以外，包括审议国际法规。但该提议遭到一些国家的反对，认为为时过早。

为谈判形成保护臭氧层的全球框架公约，联合国环境规划署理事会设立了一个法律和技术专家特设工作组，为框架公约的形成奠定了坚实基础。受时任美国环保局局长安妮·戈萨奇·伯福德（Anne Gorsuch Burford）保守主义的影响，美国从刚开始引领全球臭氧层保护进程转变为犹豫不决。1982 年 1 月，在瑞典斯德哥尔摩举行的特设工作组第一次会议上，瑞典和芬兰等国家提出了关于保护平流层臭氧国际公约的初稿。在讨论限制氯氟化碳时，受伯福德的影响，美国代表团认为氯氟化碳与臭氧层损耗之间的关系不是很明确，尽管美国在国内政策方面已经限制了氯氟化碳的使用，但是没有明确表态支持瑞典和芬兰等国家提出的建议。1982 年 12 月和 1983 年 4 月举办的第二次和第三次特设工作组会议上，美国仍然对此犹豫不决。[①]

随着民众的强烈呼声及科学证据的不断丰富，美国逐渐重视并再次引领了框架公约的制定。保守主义者伯福德辞去美国环保局局长职位，稍显进步主义的鲁克尔肖斯（Ruckelshaus）上台后开始振兴平流层臭氧保护计划，即推动制定美国环保局氯氟化碳国际监管办法条例，这是美国在国际舞台上第一次明确表示出支持限制氯氟化碳的政策倾向。[②] 之前受伯福德的影响，美国国务院认为臭氧层损耗问题不重要，新任美国环保局局长的做法改变了国务院的观念。美国政府改变了主意，并于 1983 年年底加入了多伦多集团（Toronto Group）。[③] 更重要的是，根据《清洁空气法》的要求，在美国国务院和美国环保局的领导下，美国国家航空航天局、国家海洋和大气管理局等部门加大科学攻关，20 多个政府机构形成协同机制，共同努力形成了美国的立场。

1983 年 10 月在瑞士日内瓦举行的特设工作组第四次会议上，美国明确表示支持在全球范围内禁止气溶胶中的氯氟化碳，重新回到了卡特政府时期倡导的想法，但提出在制定国际框架公约的同时，还要配套出台一个具体限制氯氟化碳等臭氧损耗物质的议定书，并

---

① Edward A. Parson，*Protecting the Ozone Layer：Science and Strategy*，2003.

② Ibid.

③ 1983 年，加拿大、芬兰、挪威、瑞典和瑞士组成了后来所称的多伦多集团（Toronto Group），以这些国家举行首次会议的城市命名，并在谈判中提出了减少氟氯化碳排放的想法。具体而言，多伦多集团主张在全球范围内禁止在喷雾罐中使用非必要的氟氯化碳。它指出，美国工业已经证明氟氯化碳推进剂的替代品在技术和经济上都是可行的，尽管尚未找到氟氯化碳其他用途的替代品。

要求批准框架公约的国家也要批准议定书。然而，出席会议的许多国家希望选择性地而不是强制性地批准议定书，会议因此又陷入了僵局。①

3 个月后的 1984 年 1 月，特设工作组第五次会议在奥地利的维也纳举行，会议重点仍然是继续讨论保护臭氧层损耗的框架公约。美国在会议上积极支持出台框架公约，但同时延续了上次特设工作组会议的做法，积极推动出台一项配套公约的强制性议定书，提出具体限制氯氟化碳的措施。然而，美国的这些提法不仅没有在会议上得到广泛支持，还招致工业界的反对。以化学制造商协会（Chemical Manufactures Association，CMA）为代表的工业界指出，氯氟化碳排放与臭氧层损耗之间的科学依据不足，美国禁止在气溶胶中禁止使用氯氟化碳的代价高昂。由于国际和国内对强制性议定书的强烈反对，美国的提议宣告流产。为协调各方的利益和观点，在同年 5 月召开的内罗毕会议上，联合国环境规划署理事会提出了一个折中方案，即为了推动限制氯氟化碳使用的进程，先致力于制定框架公约，然后择机再讨论制定议定书事宜。②

特设工作组第六次会议于 1984 年 10 月 22—26 日在瑞士日内瓦举行。在这次会议之前，美国与加拿大、芬兰、挪威和瑞典一起起草了一项新的议定书提案草案，其中有 4 种控制氯氟化碳使用的备选方案。新草案还提议开发技术以限制其他对氯氟化碳生产有贡献的行业排放，积极开展氯氟化碳替代品的研发，并为发展中国家限制氯氟化碳排放的努力提供援助。然而，欧洲经济共同体（以下简称欧共体）反对该提案，认为市场力量将会在没有国际监管的情况下可以充分减少氯氟化碳的使用，结果是与会国家再次两极分化。

特设工作组第七次会议于 1985 年 1 月 21—25 日在瑞士日内瓦举行，理查德 • 埃利奥特 • 本尼迪克（Richard Elliot Benedick）大使率领美国代表团出席了会议。联合国环境规划署还将全权代表会议之前的最后一次会议指定为政府间会议，因为所有与会者都是拥有完全谈判权的政府外交代表，而工作组会议的与会者无权以任何方式承诺本国政府。会议的形式主要包括重申多伦多集团的建议和欧共体代表的反驳，结果还是没有达成一致意见。

1985 年 3 月，《维也纳公约》全权代表会议在奥地利维也纳举行，多伦多集团再次试图寻求一项与公约相关的议定书。③ 美国代表多伦多集团在会议上提出，氯氟化碳的排放可能会极大地损耗和改变臭氧层，从而产生不利影响，需要进一步评估臭氧层的变化及其潜在的不利影响；全球已经在国家和区域层面采取了控制氯氟化碳的预防措施，但这些措施还不足以保护臭氧层；此外，还要充分考虑发达国家和发展中国家在保护臭氧层上的不同责任，即“共同但有区别的责任”。然而，欧共体再次抵制了这一提议。这两个团体都无法说服与会的国家代表团接受其观点。但是多伦多集团没有使会议陷入僵局，而是主动

① Edward A. Parson，*Protecting the Ozone Layer：Science and Strategy*，2003.

② Ibid.

③ Stephen O Andersen，and K Madhava Sarma，*Protecting the Ozone Layer：The United Nations History*，pp. 64-65.

撤回了关于禁止气雾剂中含有氯氟化碳的议定书的提案，会议继续讨论通过一项框架公约的问题。公约本身几乎没有什么有争议的内容，呼吁每个国家“在研究、观察和信息交流方面进行合作，并采取政策来控制可能改变臭氧层的人类活动”。正是在以美国为首的多伦多集团的让步下，最终达成了《维也纳公约》。

美国当即签署《维也纳公约》，总统里根于 1985 年 9 月将该公约报参议院批准同意。里根在给参议院的函件中指出，公约为保护环境和公共卫生免受平流层臭氧损耗潜在不利影响的全球多边承诺奠定了基础。公约主要通过提供研究和信息交流方面的国际合作来解决这一重要的环境问题。它还可以作为谈判可能的议定书框架，这些议定书包含未来可能被视为保护这一重要全球资源所必需的协调管理措施。美国在公约谈判中发挥了主导作用，美国的迅速批准将表明其继续致力于在这一重大环境问题上取得进展。① 美国国会也很快于次年予以批准。美国政府和国会在环保领域如此迅速高效地签署和批准国际公约，这在美国历史上也是很少见的，这也充分表明美国对此环境议题的政策倾向是积极的。

从以上美国的具体行动可以看出，美国是《维也纳公约》坚定的引领和推动者。从卡特政府开始，美国就开始重视氯氟化碳的排放与臭氧层损耗之间的关系，并从国内层面修订法案降低氯氟化碳的排放，同时积极倡导在国际层面降低氯氟化碳的排放。在里根上台的前几年，由于当时的美国环保局局长具有明显的保守主义，不重视臭氧层保护问题，在一定程度上影响了美国政府的政策倾向。随着进步主义环保局局长的上台及国内环境议题支持方的力量不断增强，美国政府重新坚定了臭氧层保护的决心，从全球层面积极推动并引领减少氯氟化碳的排放。美国还提出要配套出台具有明确约束目标和措施的议定书，但反响不强烈。这也反映了美国将臭氧保护问题看作国内的环境问题，想方设法在国际层面上获得更多更大的支持。正如美国科学家克莱德·普雷斯托维茨（Clyde Prestowitz）所言，“在过去一百年的时间里，美国一直是环境问题方面的先驱。开始它只是关注国内问题，但在臭氧层空洞这一重大的全球性问题上，美国后来也逐渐担当起了领头的角色。”②

5.4　《蒙特利尔议定书》谈判时期：1986—1989 年

《维也纳公约》在国际上获得通过后，科学界发现在地球上空的臭氧层形成了更大的“空洞”，美国民众的生存威胁进一步提升，这一发现引起了公众的广泛关注，科学家成为臭氧层保护环境议题强大的支持力量；美国国内环境组织意识到，只有国际和国内层面出台更加严格的具有约束性限制的法律法规才能真正实现臭氧层保护，从而减轻美国国内广大民众由臭氧层损耗带来的严重影响，降低其生存威胁，所以他们改变了中立态度，再次成为环境议题强大的支持力量；美国化学工业界在《维也纳公约》谈判期间非常反对在国

① *Congressional Record – Senate*，United States Congress，Vol. 131，Part 17，September 9，1985，p. 23088.

② [美]克莱德·普雷斯托维茨：《流氓国家——谁在与世界作对》，王振西译，北京：新华出版社，2004 年，第 137 页。

际和国内层面出台具有约束性限制的相关规定，但是随着科学数据和证据的不断出现，他们意识到出台严格的约束性限制是大势所趋，何况他们在 20 世纪 70 年代中期就开始研发替代品并且获得成功，所以他们转变了态度并成为环境议题的支持力量。正因为美国的科学界、环境组织和化学工业界都成为环境议题的支持方，使支持力量"一边倒"，美国决策者一方面以身作则在国内积极通过立法来实施氯氟化碳等臭氧损耗物质的淘汰；另一方面在国际上再次提议制定具有约束性限制的议定书，并积极通过外交手段进行斡旋，最终积极推动了《蒙特利尔议定书》成功获得通过。美国政府和国会很快予以签署和批准。

本节重点介绍了臭氧层保护环境议题在《蒙特利尔议定书》谈判期间，支持方与反对方力量的对比及其对美国政策的影响。

5.4.1 美国工业界变反对为支持

1985 年，《维也纳公约》在国际上通过 2 个月后，科学家发现南极春季平流层臭氧浓度急剧下降，并出现了大面积的臭氧空洞。从经验来看，臭氧空洞的大小表明罗兰与莫利纳的研究可能低估了臭氧层损耗的影响。这一新的科学证据马上引起了全球的广泛关注。在环境组织的大力支持及多国媒体的宣传报道下，更多的国家及民众意识到臭氧层破坏的严重后果，意识到其生存威胁受到空前挑战。

在接下来的时间里，以美国为首的科学家首当其冲，对臭氧层的破坏进行了重新评估。1986 年，南极麦克默多站（McMurdo Station）国家臭氧考察队队长苏珊·所罗门（Susan Solomon）发现，南极洲上空大气中观察到的大量氯来自氯氟化碳，从而推测氯氟化碳造成了南极洲上空的臭氧层损耗。

参议员在国会听证会上指出，一组可靠的科学证据再次为我们提出警告。他们反问道，我们是在等待更多证据的同时继续加大对氯氟化碳的依赖，进而危及我们星球的未来，还是现在就采取行动为我们和子孙后代保护臭氧层？由于氯氟化碳的使用将带来严重的健康和环境风险，从全球商业中消除臭氧层损耗化学品的计划是唯一可接受的解决方案。[①] 美国环保局局长李·托马斯（Lee M. Thomas）也强调，如果我们等到健康和环境出了问题再采取适当措施解决这些问题可能就为时已晚。我们必须认识到，与这些复杂问题有关的科学不确定性总是存在的。尽管存在不确定性，但我们必须做好行动准备。[②] 这些观点充分表明科学界给美国政府及国会带来了巨大影响。

1987 年，一个国际科学家小组进一步论证了南极臭氧层空洞与臭氧层损耗化学品之间的关系，并且强调全球臭氧层也出现了一定程度的损耗。[③] 美国国会听证会的证词中大量

---

① *Congressional Record – Senate*，United States Congress，Vol. 133，Part 3，February 19，1987，p. 3784.

② Ibid.

③ Kevin E. Trenberth，"Executive Summary of the Ozone Trends Panel Report"，Environment：*Science and Policy for Sustainable Development*，Vol. 30，Issue 6，1988，pp. 25-26.

引用最新科学发现和科学证据。例如，舍伍德·罗兰作证说，南极洲发生的臭氧层大面积空洞事件充分表明臭氧层相当脆弱，可能在很短时间内遭到严重破坏。

可以看出，从对臭氧层损耗的猜测到大量科学证据的不断发现，越来越多的行为体开始强烈要求限制臭氧层损耗物质的使用，支持臭氧层保护。美国国会议员在很多场合大量引用最新科学证据，强烈支持美国推动并引领世界各国达成具有约束力的臭氧层保护国际协定。

其实，1985 年联合国环境规划署召开的臭氧层保护专题研讨会就为制定具有实质性的全球控制臭氧层损耗措施的议定书做好了准备，并且专门成立臭氧层保护工作组从事议定书的起草工作。经过近两年的艰苦努力，1987 年 9 月，联合国环境规划署在加拿大蒙特利尔召开臭氧层保护公约关于含氯氟烃议定书全权代表大会，会议通过了《蒙特利尔议定书》。①

在召开蒙特利尔会议之前，为了向世界各国提供关于人类活动是否对臭氧层造成重大威胁的科学信息，1984 年美国国家航空航天局、美国国家海洋和大气管理局及联合国环境规划署和世界气象组织等单位共同发起国际科学合作项目。1986 年发布的报告表明，臭氧层不仅受到国际科学界最初关注的氯氟化碳的威胁，还受到哈龙等全卤化烷烃的威胁。②为此，《蒙特利尔议定书》中规定了 2 类共 8 种受控物质，一类是 5 种氯氟化碳，另一类是 3 种哈龙。该议定书规定受控物质生产量和消费量的起始控制限额的基准如下：发达国家生产量与消费量的起始控制限额以 1986 年的实际发生数为基准；发展中国家按 1995—1997 年实际发生的三年平均数或每年人均 0.3kg，取其低者为基准。同时，还规定了发达国家受控物质的受控时间表，要求氯氟化碳的生产冻结在 1986 年的规模，到 1988 年减少 50%；自 1994 年起禁止哈龙的生产；要求发展中国家的受控时间表比发达国家相应延迟 10 年。该规定从 1990 年开始，各缔约方至少每隔 4 年要对规定的控制措施进行评估。③

《蒙特利尔议定书》实现了三个主要目标：一是限制了氯氟化碳的生产，并呼吁分阶段减少排放，这将为行业发展替代品提供激励；二是除了要求发达国家参加，还要求发展中国家也加入；三是规定对非参与者使用贸易制裁。

《蒙特利尔议定书》是一项具有里程碑意义的全球协定，其目的是通过逐步消除损耗臭氧层的相关化学物质来保护地球的臭氧层。然而，尽管该议定书在受控物质的种类及数量、控制措施、数据汇报和发展中国家的技术援助等方面进行了规定，但是还存在受控物质不全、控制措施不完善、执行履约效率低等问题。正如本尼迪克所言，"《蒙特利尔议定书》本质上不是一个静态的解决方案，而是一个持续的进程。"④

---

① *The Montreal Protocol on Substances that Deplete the Ozone Layer*，United Nations Environment Programme Ozone Secretariat.

② World Meteorological Organization，*Atmospheric Ozone 1985：Assessment of Our Understanding of the Processes Controlling its Present Distribution and Change*，pp. 4-12.

③ *The Montreal Protocol on Substances that Deplete the Ozone Layer*，United Nations Environment Programme Ozone Secretariat.

④ Richard Elliot Benedick，*Ozone Diplomacy：New Directions in Safeguarding the Planet*（*Enlarged Edition*），p. 7.

就在科学界不断提出臭氧层损耗的各种科学论断的同时，环境组织也充分利用媒体宣传臭氧层保护的重要性，通过新闻和电视报道科学理论和对氯氟化碳使用的警告，将这一问题摆在美国公众面前。1986 年年末，臭氧层保护外交谈判开始后媒体的关注度进一步提升；《时代》和《体育画报》等广为发行的杂志对臭氧层损耗进行了专题报道。电视新闻密切关注谈判过程，一些特别节目侧重于臭氧层损耗的影响。①

在 1987 年召开蒙特利尔会议的前几个月里，媒体开始戏剧化地报道臭氧层空洞的理论，连续几个月进行了许多重大新闻报道。媒体报道使臭氧层损耗问题再次引起公众的广泛关注，环境组织开始在议程设置中发挥重要作用，推动美国走上禁止使用氯氟化碳之路。

1987 年 7—8 月，一些美国环境保护主义者对是否向联合国环境规划署施压进行了辩论，要求将最后一次议定书谈判会议推迟到南极考察之后，以期其结果可能影响各国政府同意更严格的氯氟化碳控制。但是，他们也担心新的数据可能证明臭氧层损耗是不确定的，或者像 1986 年那样再次显示臭氧层改善。这样的结果无疑会打破好不容易达成的共识，而条约谈判也可能会因此而陷入停滞。环保主义者最终决定，为了谨慎起见，不再等到南极考察后再谈判通过具有约束力的议定书。②

1988 年，自然资源保护委员会要求美国环保局根据《清洁空气法》的相关要求，进一步严格执行臭氧层损耗物质控制及提高受控化学物质的覆盖率。最终，美国环保局出台了相关办法，加快了限制氯氟化碳、哈龙、甲基氯仿和四氯化碳使用的步伐。③

种种迹象表明，《维也纳公约》通过后环境组织明显加快了支持臭氧层保护的步伐，从国内和国际两个层面出发积极推动美国支持《蒙特利尔议定书》，成为臭氧层保护环境议题强大的支持力量。

与科学界和环境组织的立场不同，《维也纳公约》在国际层面通过初期，美国工业界延续了之前的态度，否认氯氟化碳排放与臭氧层损耗之间的关系。但是随着科学证据的不断出现和丰富，美国工业界逐渐放弃了原来的立场，开始承认两者存在必然的联系。在《蒙特利尔议定书》在国际上通过前，美国工业界已经成为议定书坚定的支持者。

1986 年 3 月，在众议院科学、空间和技术环境小组委员会会议上，化学工业界对美国的立场提出了批评。化学制造商协会氟碳项目小组的代表指出，他们对最新科学成果进行判断，认为以今天或接近今天的速度继续排放氯氟化碳并不会立即造成危险。④ 也就是说，在这个时间段以前美国工业界极力否认氯氟化碳的使用与臭氧层损耗之间的关系，认为在没有充分的科学证据证明臭氧损耗理论前，根本不需要对氯氟化碳等化学品进行进一步的监管。

---

① Richard Elliot Benedick，*Ozone Diplomacy：New Directions in Safeguarding the Planet*（*Enlarged Edition*），p. 28.

② Ibid.，p. 20.

③ Stephen O Andersen，and K Madhava Sarma，*Protecting the Ozone Layer：The United Nations History*，p. 330.

④ Marilyn M. Gruebel，*International Environmental Agreements and State Cooperation：the Stratospheric Ozone Protection Treaty*，Degree of Doctor of Philosophy Political Science，University of New Mexico，2007，p. 110.

随着新的科学证据的不断出现，许多有影响力的美国商界领袖已经开始意识到臭氧层损耗的风险不会消失，而且氯氟化碳的生产已经恢复了上升趋势。[①] 此时，美国工业界的态度慢慢发生了变化，逐渐放弃了原来的反对立场。1986 年 9 月，由大约 500 家美国生产商和用户公司组成的负责任的氯氟化碳政策联盟（Alliance for Responsible CFC Policy）主席理查德·巴尼特（Richard Barnett）表示工业界仍然不相信科学证据表明当前使用氯氟化碳存在任何实际风险，但他承认未来氯氟化碳使用量的大幅增长可能会导致臭氧层损耗。巴尼特宣称，“未来全卤化氯氟化碳的大幅增加……将是后代所无法接受的”，并且“忽视这些后代的潜在风险将不符合该联盟的目标”。他表示，将支持“对全卤化氯氟化碳生产能力未来增长率的合理全球限制”。[②] 显然，美国工业界的态度发生了明显转变。

正如参议员约翰·查菲（John H. Chafee）于 1986 年 10 月 8 日国会举行的听证会上所言：“代表氯氟化碳生产者和使用者的贸易组织最近发表的声明表明，他们越来越意识到继续使用这些化学品的风险，并愿意接受某种形式和程度的限制。环境组织和公众也越来越多地意识到这些风险，呼吁采取行动的呼声也越来越高。”[③]

到 1986 年 12 月，工业界的态度彻底发生了改变，强烈要求限制氯氟化碳的生产和使用。同时，工业界还向美国政府和国会施压，强烈要求国际上也限制氯氟化碳，希望避免出现美国在国内监管氯氟化碳，而世界其他地区却没有监管的情况。负责氯氟化碳政策联盟的凯文·费伊（Kevin Fay）表示，在达成具有约束力的国际协定之前，美国生产商和用户计划通过自愿的方式制订减少氯氟化碳使用的计划。以化学制造商协会和负责任的氯氟化碳政策联盟为代表的利益集团要求达成一项国际协定，声称只有在各国均削减氯氟化碳产量的前提下，美国才能采取类似措施。[④] 这种来自国内企业的压力成为美国政府寻求达成一项国际协议的动力。因而，美国的工业界也成为支持国际协定的重要驱动力。

美国工业界积极支持《蒙特利尔议定书》的另一个重要原因是，杜邦公司作为世界上最大的氯氟化碳生产者，也是美国工业界臭氧层损耗科学的坚决否定者，但最终放弃了对限制使用氯氟化碳的反对，转而带头积极开发替代品，为美国工业界态度的转变树立了榜样。

在《维也纳公约》谈判期间，杜邦公司曾经表示，如果有科学证据证明氯氟化碳排放与臭氧层损耗之间有关系，它将限制氯氟化碳的生产和消费。同时，杜邦公司也组织本公司的科学家对两者之间的关系进行深入研究。1986 年，杜邦公司的科学家研究发现，继续现有水平的氯氟化碳生产会使臭氧层大量损耗，且在任何试验场景下这个结论都成立。[⑤] 这个研究结论与科学界的证据完全一致。杜邦公司兑现了当初的承诺，马上转变其生产经营

---

① Richard Elliot Benedick，*Ozone Diplomacy：New Directions in Safeguarding the Planet*（*Enlarged Edition*），p. 31.

② Ibid.，p. 32.

③ *Congressional Record – Senate*，United States Congress，Vol. 132，Part 20，October 8，1986，p. 29536.

④ Paul Wapner，*Environmental Activism and World Civic Politics*，New York：SUNY Press，1996，p.131.

⑤ 齐皓：《国际环境问题合作的成败——基于国际气候系统损害的研究》，《国际政治科学》2010 年第 4 期，第 96-97 页。

策略，开始研制氯氟化碳替代品。[1] 杜邦公司替代品的研发工作侧重于商业生产中最有吸引力的氯氟化碳 11、氯氟化碳 12 及氯氟化碳 113，而这些化学物质都是《蒙特利尔议定书》限制的重点。

正是在杜邦公司的带领下，1986 年 9 月 500 多家美国氯氟化碳生产商和使用商发表的一项声明指出："未来大量增加氯氟化碳的使用对我们的子孙后代来说是不可接受的……忽视氯氟化碳的使用对子孙后代的潜在威胁与企业发展的目标也是不相符的。"美国工业界一改反对立场，转而积极支持限制氯氟化碳的使用。[2]

在美国国会听证会上，环境、健康和自然资源部代理副助理部长理查德·史密斯高兴地说，我对私营部门正在发生的动态和替代品的开发感到非常鼓舞，我看到有关行业迫切希望解决这一问题，并与发展中国家和其他国家合作实现这一目标。在参议院外交关系委员会于 1988 年 2 月 17 日举行的听证会上，负责任的氯氟化碳政策联盟和聚异氰尿酸盐绝缘制造商协会（Polyisocyanurate Insulation Manufacturers Association，PIMA）为听证会提交的书面陈述表示，化学工业界接受美国国内的相关法律法规，以及对《蒙特利尔议定书》的支持。

综合来看，《蒙特利尔议定书》得到美国各行为体"一边倒"的支持。一直以来，科学家和环境组织是臭氧保护这项环境议题的坚定支持者，而化学工业界从最初的极力反对也逐渐转变为坚定的支持力量。臭氧保护这项环境议题的支持者和反对者的态度达到前所未有的一致，这种"一边倒"的力量极大地影响了美国的政策倾向。正是由于各行为体达成了高度一致的认同，美国国内修正更加严格的法律法规才能顺利进行。美国臭氧层谈判代表团团长信心满满地说，"我们正在前进，尽管这是一条艰难的道路。我现在比在利斯堡会议之前更乐观地认为可以达成一项国际协议。"[3]

5.4.2 美国政府积极引领议定书的谈判进程

在《维也纳公约》谈判期间，美国就提议在框架性公约的基础上附加一个具有约束性限制的协定，但当时遭到国内化学工业界和其他国家的反对。南极上空发现臭氧空洞的重大发现为美国的提议迎来转机，科学家成为强大的环境议题支持方。环境组织一改《维也纳公约》谈判期间漠不关心框架性公约的姿态，积极要求美国从国内和国际两个层面推进约束性限制，成为环境议题坚定的支持力量。美国国内化学工业界看到出台限制性约束是大势所趋，并且他们已经研发出合适的替代品，所以改抵制为支持，成为环境议题重要的支持力量。在环境议题支持力量"一边倒"的影响下，美国从国内和国际两个层面积极行

---

① Mostafa K. Tolba，*Global Environmental Diplomacy：Negotiating Environmental Agreements for the World，1973-1992*，p. 57.

② Richard Elliot Benedick，*Ozone Diplomacy：New Directions in Safeguarding the Planet（Enlarged Edition）*，p. 144.

③ Marilyn M. Gruebel，*International Environmental Agreements and State Cooperation：the Stratospheric Ozone Protection Treaty*，p. 103.

动。为此，我们从四个方面考察了美国的积极性表现。

1．在国内酝酿更严厉的限制规定，并确定美国的国际谈判立场

《维也纳公约》顺利达成后，美国从国内积极酝酿推动减少氯氟化碳的生产。美国于1978 年出台规定，禁止在气溶胶中使用氯氟化碳。但是面临严峻的臭氧层损耗问题，原来的规定已经不足以应对新出现的问题。为此，美国国内展开积极讨论，以期能制定更为严厉的限制规则。

1986 年 3 月，美国环保局举办了一次关于臭氧层保护的研讨会。参加研讨会的有环保局局长托马斯和其他环保局官员、经济学家、化学工业代表和大气科学家。在开幕式致辞时，托马斯表示，美国环保局正朝着参与臭氧层保护辩论的新方向前进。他说："环保局不接受将臭氧层损耗正在发生的经验作为决定的先决条件。目前的形势表明，我们可能需要在短期内采取行动，以避免让今天的风险变成明天的危机。"[①] 同年 6 月，在参议院的一次听证会上，托马斯继续强调，在未来一年多的时间里，美国环保局将利用《清洁空气法》赋予的权力决定是否寻求全面禁止氯氟化碳。这充分表明美国环保局更加认识到臭氧层保护的重要性。尽管观察显示南极出现臭氧层大面积空洞，而科学证据还不充分，但美国环保局已经开始酝酿更高标准的限制目标和措施，而不是坐等科学证据确凿后再开始行动。

同年夏天，美国白宫国内政策委员会（Domestic Policy Council，DPC）也开始参与臭氧层问题的讨论，认为限制氯氟化碳和哈龙等臭氧损耗化学物质生产和使用的国际条约谈判需要配套国内的实施条例。为了有效保护臭氧层，议定书必须将氯氟化碳 11 和氯氟化碳 12 的生产远远冻结在目前水平之下。[②] 尽管在《蒙特利尔议定书》谈判期间美国并没有出台具体的法律法规，但是这些讨论为《1990 年清洁空气法修正案》奠定了坚实基础。《1990 年清洁空气法修正案》是为具体执行《蒙特利尔议定书》的相关规定而对《清洁空气法》进行的修订，专门增加了臭氧层保护的相关章节，为《蒙特利尔议定书》的执行及后续几次议定书修正案的谈判和执行奠定了法律基础。

同时，为能够在国际层面顺利通过具有约束力限制的议定书，1986 年 11 月美国制定了参加国际臭氧层保护谈判的具体措施，确立了美国谈判立场的几个主要要素。[③] 措施中还包括一份以这些原则为基础的议定书草案，美国打算将其提交给谈判的其他各方。议定书提出要将氯氟化碳等臭氧层损耗物质冻结在 1986 年的水平，随后是三个"说明性"的减排阶段，分别为 20%、50%和 95%，但是这些阶段的具体时间有待谈判。中间削减阶段旨在通过鼓励工业界采取技术上可行的替代品解决办法，削减的时间取决于定期技术重新评估的结果。美国谈判代表将这一计划描述为一项谨慎和务实的保险政策，在科学研究继

---

① Brodeur，Paul，"Annals of Chemistry：In the Face of Doubt"，*The New Yorker*，June 9，1986，pp. 71-87.

② Richard Elliot Benedick，*Ozone Diplomacy：New Directions in Safeguarding the Planet*（*Enlarged Edition*），p. 52.

③ Ibid.，p. 53.

续进行的同时，为防止臭氧层损耗提供了一个理想的安全边际。其基本逻辑是，现在采取行动和合理有力的控制措施将避免未来给行业及整个社会带来更大的成本。尽管这是一个长期目标，但实际削减的规模和时间必须在国际谈判期间确定。

可以说，美国主动在国内层面积极探索臭氧层损耗物质的减排，同时动员政府各部门积极协商国际谈判的原则和内容，并且主动提出了国际谈判的具体目标和措施草案，为《蒙特利尔议定书》的国际谈判奠定了坚实基础。

2．展开积极的外交活动，努力使各国接受美国的立场

由于臭氧保护问题需要达成全球共识，美国在确定好谈判的基本原则和具体目标后采取了很多措施，积极向其他国家推广和宣传美国的立场。美国政府定期将解释美国提案的理由及最新的科学进展等发给多个美国驻外大使馆，要求这些大使馆与东道国政府进行持续对话，宣传美国的立场。美国政府与大使馆之间保持密切联系，及时了解他国政府态度的微妙变化，以有针对性地提供相关建议。作为对大使馆工作的补充，美国派出多个代表团前往西欧各国就政策和科学进行磋商。①

与美国立场形成最大分歧的是欧共体。为让欧共体接受美国的立场，美国政府不遗余力地积极推动与欧共体的会谈。例如，在 1987 年召开的 G7 峰会上，美国总统里根积极倡议世界各国努力保护全球臭氧层，尤其希望与欧共体联手共同应对。在美国的不断努力下，欧共体最终接受了美国的立场，从而使《蒙特利尔议定书》得以在国际层面顺利通过。

其实，美国在外交活动中非常重视科学，以科学研究结果为基础展开外交，并取得了良好效果。美国认为，要想让其他国家接受美国的立场，当务之急就是促使国际社会逐步就臭氧层损耗的科学和风险达成共识。因此，在美国国家航空航天局、美国环保局、美国国家海洋和大气管理局的支持下，美国国务院组织了一系列双边和多边科学会议，与正在进行的外交谈判并驾齐驱。例如，美国向苏联提出在臭氧研究方面进行双边合作的提议很快被苏联接受。1987 年年初，美国联合苏联进行了系统性的科学考察，加深了苏联对臭氧层破坏科学性的理解，改变了苏联此前对美国立场的坚决反对。与日本进行类似的交流合作也产生了类似的有利结果。同时，美国政府还不遗余力地影响外国公众舆论，特别是欧洲和日本的公众舆论，以影响公众的态度。美国高级官员和科学家还在国外广泛发表演讲、举行新闻发布会、接受广播和电视采访，以推广美国的立场。②

总之，美国政府在确定了国际谈判的基本原则和具体目标后，通过积极广泛的多边和双边谈判，努力影响他国政府的态度，并且在推进多边和双边谈判中特别注意利用科学研究成果。与此同时，美国政府和科学家等许多行为体还通过各种手段向他国的公众宣传美国的谈判立场。正是在美国的积极努力下，各国公众和政府逐渐接受了美国的立场，最终导致《蒙特利尔议定书》顺利通过。

---

① Richard Elliot Benedick，*Ozone Diplomacy：New Directions in Safeguarding the Planet*（*Enlarged Edition*），p. 55.

② Ibid.，p. 56.

3. 积极推动并引领《蒙特利尔议定书》的谈判

1986 年 12 月，联合国环境规划署在日内瓦召开了关于臭氧层保护议定书的首轮谈判会议，美国政府和国会代表及工业界代表都积极参加。在谈判会议上，美国表明了自己的立场，提出了近期冻结所有氯氟化碳，然后根据持续的科学评估制定中长期削减目标，最终削减高达 95%的氯氟化碳（剩余的 5%用于一些基本用途的排放，这些用途尚未确定可行的替代品）。[①] 除了美国的提案，会议上还有另外两个提案。一项是得到苏联支持的加拿大提案，即分配国家排放配额，使各国能够将各类氯氟化碳自由排放达到一定水平[②]；另一项是欧共体提案，即立即将各类氯氟化碳的生产冻结在当前水平，然后在后续缓慢排放。[③] 相较于另外两个提案，美国提交的提案是最具体和最全面的，不仅涵盖了控制措施，而且涵盖了定期评估和调整、贸易限制和报告等相关规定。

美国代表团团长理查德·本尼迪克说，加拿大和苏联的提案在理论上很优雅，但很难付诸实施；欧共体内部没有做好充分准备，无法在这个问题上表明立场，这个问题可能会延迟达成议定书。相较之下，美国的提案将提供一个安全边际，防止对臭氧层的进一步损害，允许继续对氯氟化碳和臭氧层损耗之间的关系进行科学评估，并有计划地降低因限制氯氟化碳而给美国工业界带来的成本。美国环保局局长托马斯也表示，美国的提案是经过认真的考虑和斟酌才提出的，尽管在该提案被接受前还要进行深入的谈判。[④]

然而，会议延续了《维也纳公约》谈判时的情景，即大多数国家不同意美国提出的高标准约束性方案。但是，美国的计划得到了多伦多集团的积极支持。

1987 年 2 月，联合国环境规划署在维也纳召开了关于臭氧层保护议定书的第二次谈判会议。为了充分讨论和辩论，美国代表团提议设立关于科学、贸易、发展中国家和控制措施四个独立议题工作组。然而，美国与很多国家在观点上存在矛盾，尤其与欧共体之间存在重大差距。相对于欧共体的氯氟化碳生产企业，美国企业由于国内法律的严格要求，不断研发氯氟化碳替代品，从而使氯氟化碳生产量快速下降；而欧共体的氯氟化碳生产量却不断攀升，成为全球最大的氯氟化碳生产地。所以，当美国提出将氯氟化碳等物质控制在 1986 年的水平，然后分阶段削减到 95%的目标时，欧共体却表示最多分阶段削减 20%。为了使欧共体等反对者接受美国方案，美国再次寻求科学支撑，要求科学家研究不同受控物质和不同受控比例对臭氧层破坏程度的影响。美国于同年 4 月组织相关国家的科学家在西德维茨堡召开了一项专题研讨会，对上述命题进行专门论证，论证结果对后续谈判

---

① UNEP，*Revised Draft Protocol on Chlorofluorocarbons Submitted by the US*，UNEP/WG.151/L.2，Geneva，November 25，1986.

② UNEP，*Draft Protocol on Chlorofluorocarbons or Other Ozone-modifying Substances：Proposal Submitted by Canada*，UNEP/WG.151/L.1，Geneva，October 29，1986.

③ UNEP，*Provisional Proposal by the European Community*，UNEP/WG.151/L.5，Geneva，February 16，1987.

④ Marilyn M. Gruebel，*International Environmental Agreements and State Cooperation：the Stratospheric Ozone Protection Treaty*，p. 105.

产生了决定性影响。[①] 可见，美国提出的减排标准远高于其他国家和地区，政策倾向明显积极。

同年4月底，联合国环境规划署在日内瓦召开了关于臭氧层保护议定书的第三次谈判会议，美国众议院和参议院派出了观察员。美国代表团再次提交了提案，敦促会议制定一项强有力的议定书，首先冻结并最终消除包括哈龙在内的所有完全卤化氯氟化碳的生产。由于科学家论证了氯氟化碳等物质对臭氧层的破坏程度，少量削减氯氟化碳根本不起作用，为"美国方案"提供了科学论证和支撑，间接地否定了以欧共体为代表的反对方的方案。然而，关于氯氟化碳减产的时间和严格程度及贸易问题等细节仍未得到彻底解决。但是，会议结束时提出的一份非正式议定书草案与美国最初的提案非常相似。《纽约时报》将此描述为美国的"外交胜利"。[②]

同年9月，《蒙特利尔议定书》全权代表会议在加拿大蒙特利尔如期举行，会议最终通过了《蒙特利尔议定书》。尽管最终通过的议定书与美国的提案稍有出入，但是与"美国方案"的立场非常相似。美国环保局局长托马斯在会议闭幕式致辞时赞扬了议定书谈判中所包含的合作精神。他说，在美国和其他国家，政府、工业界和环保界已经走到一起，以一种10年前几乎不可能的方式来保护臭氧层，显然这并不容易，因为这些化学品本身对人类是有益和有经济价值的，而我们现在却要限制其使用。

同年12月，里根总统将《蒙特利尔议定书》转交参议院批准时指出，在这项具有历史意义的协定中国际社会采取合作措施来保护这一重要的全球资源。美国在议定书的谈判中发挥了主导作用，美国的批准对议定书的生效和有效执行是必要的。美国的早日批准将鼓励其他国家采取类似行动，这些国家的参与也是至关重要的。美国国会很快对议定书予以批准。

综上所述，我们可以看出，历次的议定书谈判会上美国一直在积极引领谈判的基调，一直在推崇所谓的"美国方案"。经过不懈的努力，尽管最终通过的议定书与"美国方案"不是完全一致，但却非常相似。在这个意义上说，美国在《蒙特利尔议定书》谈判中取得了辉煌的胜利。

4. 美国国会以法案和听证会等方式积极支持《蒙特利尔议定书》

美国国会对限制臭氧层损耗物质高度重视，积极通过法案和听证会等形式予以支持。例如，在1986年10月召开的听证会上参议员约翰·查菲强调，美国必须继续发挥其强有力的领导作用，推动达成一项强有力的议定书，最终逐步淘汰完全卤化的氯氟化碳。他认为，即使1987年达成一项关于逐步淘汰完全含有卤素的氯氟化碳的议定书可能性不大，

① Richard Elliot Benedick，*Ozone Diplomacy：New Directions in Safeguarding the Planet*（*Enlarged Edition*），pp. 70-71.

② UNEP，*Report of the Ad Hoc Working Group on the work of its 3rd session：United Nations Environment Programme，Ad Hoc Working Group of Legal and Technical Experts for the Preparation of a Protocol on Chlorofluorocarbons to the Vienna Convention for the Protection of the Ozone Layer*（*Vienna Group*），*3rd session*，UNEPIWG.172/2，Geneva，May 8，1987；"Through Rose-Colored Sunglasses"，*The New York Times*，editorial，May 31，1987.

美国也要单方面行动，在国内首先逐步淘汰氯氟化碳。这样做一方面可以保护臭氧层损耗，另一方面使美国化学工业界提前布局研发更安全和更有竞争力的替代品，在以后的国际竞争中保持优势。为了保护环境和国内工业，建议在立法中加入贸易壁垒条款。①

同年 10 月，众议院提出了《平流层臭氧和气候保护法案》(H.R.5737)，要求美国环保局每年列出并更新导致平流层臭氧层损耗、气候变暖或任何其他大气或气候变化的化学物质，并对这些物质的生产和使用进行限制。②

1987 年 2 月，众议院通过了关于臭氧层保护的第 47 号决议（H.Con.Res.47)，支持总统寻求全球措施应对氯氟化碳等臭氧层损耗物质所产生的不利影响。③ 同月，参议院也通过了关于臭氧层保护的第 19 号决议（S.Con.Res.19)。④ 该决议指出，越来越多的科学共识表明全球范围内使用氯氟化碳和其他某些化学品可能会损耗臭氧层，从而对人类健康和环境造成不利影响；有必要采取适当措施保护人类健康和环境，使其免受臭氧损耗所造成的不利影响；有必要开展国际合作，减少这些化学品的排放；考虑到全球范围内氯氟化碳使用量的继续增长，可以在合理时间内开发出安全的替代品。美国已经采取了正式的预防措施以禁止在气溶胶中使用氯氟化碳，在此基础上参议院（众议院同意）提出决议：国会支持总统采取适当措施，保护人类健康和环境免受可能损耗臭氧层的氯氟化碳和其他相关化学品造成的不利影响；敦促总统通过国际谈判立即减少欧共体和其他国家的氯氟化碳使用量；要求总统尽快谈判通过全球计划，以消除可能损耗臭氧层的完全卤化氯氟化碳和其他人造化学品。

同月，参议院提出《1987 年平流层保护法案》，要求美国环保局列出已知或预期会引起包括平流层臭氧损耗等大气变化的化学物质，并为每种物质分配臭氧损耗潜力（优先清单)；要求清单上任何一种物质的生产者在生产之初及每年向美国环保局报告生产情况，直到停止为止；要求将氯氟化碳 11、氯氟化碳 12、氯氟化碳 13、哈龙 1201 和哈龙 1311 的产量冻结在 1986 年的水平上，所有氯氟化碳或其他臭氧层损耗化学品的产量在 1991 年之前减少 25%，到 1992 年减少 50%，到 1995 年减少 95%等。⑤ 参议员约翰·查菲也提出了类似的法案。⑥

同年 6 月，参议院以 80∶2 的投票结果通过了一项决议，要求总统遵守美国制定的关于臭氧层保护国际谈判中的最初立场，争取达成国际协定，立即将主要的臭氧层损耗化学

① *Congressional Record – Senate*，United States Congress，Vol. 132，Part 20，October 8，1986，pp. 29536-29537.

② Richardson，Bill，*H.R.5737-Stratospheric Ozone and Climate Protection Act of 1986*，99th Congress（1985-1986），October 18，1986.

③ Richardson，Bill，*H.Con.Res.47-A Concurrent Resolution Urging the President to Take Immediate Action to Reduce the Depletion of the Ozone Layer Attributable to Worldwide Emissions of Chlorofluorocarbons*，100th Congress（1987-1988），February 18，1987.

④ *Congressional Record – Senate*，United States Congress，Vol. 133，Part 3，February 19，1987，p. 3804.

⑤ Baucus，Max Sieben，*S.570-Stratosphere Protection Act of 1987*，100th Congress（1987-1988），February 19，1987.

⑥ Chafee，John Hubbard，*S.571-Stratospheric Ozone and Climate Protection Act of 1987*，100th Congress（1987-1988），February 19，1987.

品的生产冻结在 1986 年的水平，自动减少不低于 50%的此类化学品的生产，并从实质上消除此类化学品；还要求该国际协议应规定定期对科学、经济和技术因素进行评估。① 众议院提出了《臭氧层保护和减少氯氟化碳法案》，要求对有关物质进行征税或者免税。②

1987 年 9 月，《蒙特利尔议定书》在国际上通过后，同年 11 月，参议院形成批准该议定书的决议，认为南极上空形成的臭氧“空洞”对公众健康和世界环境构成威胁，美国应发挥领导作用，尽快批准议定书，为世界其他地区保护环境树立榜样。同时，要求总统立即将该议定书转交参议院以便得到国会批准，并呼吁足够数量的国家批准，以便议定书尽快生效。③ 14 日，参议院以 83∶0 的表决通过了《蒙特利尔议定书》。

即使该议定书获得通过，美国也紧盯其他国家签署和批准议定书。正如参议员乔治·米切尔（George J. Mitchell）所言：“敦促其他国家批准该议定书，使其尽早生效，这必须成为本届政府的最高优先事项。应鼓励欧共体和日本政府批准该协定。只有这些国家和地区积极进行批准，我们才能得到足够数量的国家使议定书生效。”④

同年 11 月，美国参议院环境与公共工程委员会给联合国环境规划署执行主任穆斯塔法·托尔巴（Mostafa Tolba）博士写信，敦促联合国环境规划署采取适当措施鼓励所有签署国尽快批准《维也纳公约》和《蒙特利尔议定书》。在信中，美国参议院环境与公共工程委员会介绍了美国积极批准议定书的进展，并且根据美国参议院近期就南极臭氧“空洞”举行的听证会及对该地区进行科学考察得出的新数据，建议联合国环境规划署紧急召开两个会议。一个会议应在 6 个月内召集相关科学家审查来自南极洲和其他地方的最新数据，另一个会议应召集所有感兴趣的国家审议可能需要采取哪些步骤来保护南极生态系统和整个南半球。⑤

总体来说，美国国会和政府从国内和国际两个层面积极支持严格限制氯氟化碳等臭氧层损耗物质的生产，并竭尽所能推动并引领《蒙特利尔议定书》的谈判和签批，但在其内部也有一些不同的声音。

里根政府中存在一些反监管的势力，与美国保护臭氧层的立场相左。就在美国谈判代表迫使欧共体做出让步，以及之前不承诺减排的国家有所动摇时，美国政府内部的一些官员于 1987 年年初开始重新讨论有关科学证据和实施额外的氯氟化碳控制可能对美国经济造成损害等问题。⑥ 内政部长唐纳德·霍德尔（Donald Hodel）更是坚称，美国的谈判立

---

① Baucus，Max Sieben，*S.Res.226-A Resolution Expressing the Sense of the Senate with Respect to Ongoing International Negotiations to Protect the Ozone Layer*，100th Congress（1987-1988），June 5，1987.

② Stark，Fortney Hillman，*H.R.2854-Ozone Protection and CFC Reduction Act of 1987*，100th Congress（1987-1988），June 30，1987.

③ Baucus，Max Sieben，*S.Res.312-A Resolution Expressing the Sense of the Senate with Respect to Ratification of the Montreal Protocol to the Vienna Convention for the Protection of the Ozone Layer*，100th Congress（1987-1988），November 3，1987.

④ *Congressional Record – Senate*，United States Congress，Vol. 134，Part 3，March 14，1988，p. 3719.

⑤ Ibid.，p. 3722.

⑥ Richard Elliot Benedick，*Ozone Diplomacy：New Directions in Safeguarding the Planet*（*Enlarged Edition*），pp. 58-59.

场不够充分，没有充分听取氯氟化碳生产商和用户的意见，原因是很多潜在的氯氟化碳生产商和用户没有参与国际谈判，因此《蒙特利尔议定书》将“毫无意义”。他还提出了关于氯氟化碳替代品的可用性、成本和安全性等问题，以及该议定书拟议的贸易限制（旨在阻止非参与国获利）违反了自由贸易原则。霍德尔认为，鉴于科学模型的不确定性，未来的监管目标“高度可疑”。霍德尔甚至提出一项针对紫外线辐射的“个人防护”计划，即使用帽子、太阳镜和防晒霜来防止紫外线。

尽管存在一些反对的观点，但美国国会和总统坚决予以否决，明确重申美国强有力的国际控制政策的具体内容，同时也允许美国谈判人员在谈判的最后阶段保持灵活性。[①] 可以看出，这些反对的观点并没有动摇美国总体积极的政策倾向。

从以上分析我们可以看出，《蒙特利尔议定书》是具有实质性限制的一项国际协定，表明臭氧层保护这个环境议题无论从美国国内层面还是国际层面都进入了实质性阶段。在《维也纳公约》刚刚从国际层面获得通过后，科学界马上发现南极臭氧层出现“空洞”，进而引起美国广大民众及国际社会的广泛关注，科学家们成为臭氧层保护环境议题支持方的坚定力量；在这个阶段，环境组织一改《维也纳公约》谈判期间漠不关心的姿态，设法通过各种方式来影响美国决策者，成为环境议题坚定的支持力量；而化学工业界的姿态更让人吃惊，他们一改之前坚决抵制在国内和国际层面出台具有约束性限制法律法规和国际协定的态度，成为环境议题重要的支持力量。科学界、环境组织和化学工业界“一边倒”的倾向使环境议题支持方占据了决定性力量，从而促使美国国会和政府以非常积极的政策倾向予以应对。他们在国内进行了积极讨论，商讨制定严格的限制臭氧层损耗物质的法律法规，明确《蒙特利尔议定书》谈判中的美国立场和原则；积极通过外交手段，向其他国家宣传美国的谈判立场，并使他们与美国保持一致；在议定书谈判过程中，积极推动和引领谈判进程，明确导向一个具有约束性限制的国际议定书；国会通过听证会和立法等手段，以法律的形式促进美国国内逐步减少氯氟化碳等臭氧层损耗物质的生产和使用，敦促总统和谈判代表团努力达成具有约束性指标的议定书。尽管美国国会和政府内部存在不同的声音，但是相对于《维也纳公约》谈判期间美国的政策倾向更为积极。

5.5　《蒙特利尔议定书》修正案谈判时期：1989 年之后

《蒙特利尔议定书》在国际上通过后不久，新的科学数据又显示，臭氧层的破坏程度远比预期的要严重，议定书中限制氯氟化碳和哈龙等臭氧层损耗物质的种类和程度已经远不足以阻止臭氧层的破坏。为阻止臭氧层的严重破坏，《蒙特利尔议定书》缔约方对新的科学数据和科学研究成果作出迅速反应，加快削减议定书已涵盖和未涵盖的臭氧层损耗化

① Richard Elliot Benedick，*Ozone Diplomacy：New Directions in Safeguarding the Planet*（*Enlarged Edition*），p. 67.

学品。20 世纪 90 年代，缔约方连续 4 次对议定书进行修正，分别是 1990 年的《蒙特利尔议定书》伦敦修正案（以下简称《伦敦修正案》）、1992 年的《蒙特利尔议定书》哥本哈根修正案（以下简称《哥本哈根修正案》）、1997 年的《蒙特利尔议定书》蒙特利尔修正案（以下简称《蒙特利尔修正案》）和 1999 年的《蒙特利尔议定书》北京修正案（以下简称《北京修正案》），这 4 次修正案为臭氧层的保护作出巨大贡献。议定书的 4 次修正案都是伴随新的臭氧层损耗科学证据而提出的，在这个意义上说，科学家一直都是强大的臭氧层保护环境议题的支持方。而议定书修正案的谈判也表明全球臭氧层损耗还没有得到彻底治理，意味着美国广大民众仍然会由于臭氧层损耗导致大量太阳光紫外线的照射而患上皮肤癌和白内障，美国民众的生存威胁仍然持续，所以环境组织首当其冲也一直是坚定的臭氧层保护环境议题的支持方。而化学工业界意识到臭氧层保护不仅是美国国内的环境问题，也是全球环境问题，逐步淘汰各类臭氧层损耗物质是大势所趋，所以他们承认科学界的科学数据和研究成果，要求美国推动议定书各修正案的谈判，同时加快替代品开发，抢占全球竞争优势，使其生存威胁不断降低，成为臭氧层保护环境议题重要的支持力量。由于科学家、环境组织和化学工业界都是环境议题的支持方，支持力量持续呈现“一边倒”，从而使美国表现出积极的政策倾向。美国决策者一方面在国内专门针对臭氧层保护修正律法，并在法律框架下出台相关的规章制度；另一方面在国际层面积极推动议定书各修正案的谈判、签署和批准。

值得注意的是，进入 21 世纪后削减臭氧层损耗物质的替代品氢氟碳化物（hydrofluorocarbon，HFC）被提上日程。《蒙特利尔议定书》缔约方会议于 2016 年通过了逐步淘汰氢氟碳化物的《基加利修正案》。但是我们认为，该修正案不属于臭氧层保护这个环境议题。理由有三：一是氢氟碳化物不含氯，不会对臭氧层造成损害，也就是说它不属于臭氧层损耗物质，它的全球变暖潜能值（global warming potential，GWP）[①] 很高，是一种温室气体；二是由于氢氟碳化物是一种温室气体，它的排放所造成的环境后果在全球，而并非主要在美国国内，也就是说，氢氟碳化物导致环境问题产生的主要原因和后果都在全球（类似二氧化碳），并不像氯氟化碳等臭氧层损耗物质产生环境问题的主要原因在全球，而主要后果在美国国内；三是由于氢氟碳化物带来的环境问题的主要后果不具体体现在美国国内，对美国广大民众的生存威胁影响很小，美国民众对它的兴趣不大，所以说它与臭氧层损耗物质不具有可比性。因此，尽管《基加利修正》是《蒙特利尔议定书》的修正案，美国也予以签署和批准，但我们仍将它排除在外。

本节重点介绍臭氧层保护环境议题在《蒙特利尔议定书》修正案谈判期间，支持方与反对方力量的对比及其对美国政策的影响。

① 全球变暖潜能值（GWP），指单位重量的温室气体排放在 100 年对大气温室效应的贡献。其表示这些气体在不同时间内在大气中保持综合影响及其吸收外逸热红外辐射的相对作用。

5.5.1 环境议题支持方占据绝对优势

自从《蒙特利尔议定书》在国际上达成后，在后续的历次修正案谈判和落实期间都是臭氧层保护环境议题实质阶段的延伸。

《蒙特利尔议定书》在国际上通过后，新的科学证据表明臭氧层损耗的速度加快，当前限制的臭氧层损耗物质种类及逐步淘汰的时间不足以降低臭氧层损耗的速度。所以，在20世纪90年代，缔约方会议连续讨论通过了四个议定书修正案，分别是《伦敦修正案》《哥本哈根修正案》《蒙特利尔修正案》《北京修正案》。

1990年6月，议定书第二次缔约方会议在伦敦举行，并且通过了《伦敦修正案》。[①]《伦敦修正案》的主要内容包括增添新的受控物质和建立财政机制，以协助发展中国家履行议定书的管制措施义务。《伦敦修正案》增加了新的受控物质，即四氯化碳（carbon tetrachloride，CTC）、甲基氯仿（trichloroethane，TCA）、全卤化氟氯化碳、氢氯氟碳化物（hydrochlorofluorocarbons，HCFC）。除氢氯氟碳化物外，该修正案还规定了其他几组新增添受控物质的淘汰时间表。该修正案还建立了一个财政机制，包括建立临时多变基金以帮助符合条件的发展中国家执行控制措施。[②]《伦敦修正案》在全球范围内采取全面消除臭氧层损耗物质方面迈出坚实的一步，并于1992年8月正式生效。

为更加有效地控制臭氧层损耗速度，加快受控物质淘汰速度和扩大受控物质范围，1992年11月议定书第四次缔约方会议上通过了《哥本哈根修正案》，[③] 成为《伦敦修正案》之后第二个重要的修正案。《哥本哈根修正案》的主要内容有三个方面：一是将发达国家淘汰相关受控物质的时间提前，而发展中国家的时间维持不变，即规定发达国家氯氟化碳、四氯化碳和甲基氯仿的最终淘汰时间提前到1996年，将哈龙的最终淘汰时间提前到1994年，发展中国家仍按照《伦敦修正案》的规定执行；二是新增了氢氯氟碳化物、氟溴烃（hydrobromofluorocarbon，HBFC）和甲基溴（methyl bromide，MB）等几种受控物质，并规定了这几种新增物质的淘汰时间表；三是将临时性的多边基金确定为常设基金。《哥本哈根修正案》于1994年6月14日正式生效。

1997年9月，议定书第九次缔约方会议上通过了《蒙特利尔修正案》，主要目的是规定了臭氧层损耗物质进出口方面的管控措施。[④]《蒙特利尔修正案》规定，各缔约国有义务针对新的、使用过的、再循环的和回收的受控物质建立和实施进出口许可制度，禁止缔

① *The London Amendment（1990）: The amendment to the Montreal Protocol agreed by the Second Meeting of the Parties*，United Nations Environment Programme Ozone Secretariat，1990.

② [挪]弗里德约夫·南森研究所编：《绿色全球年鉴 2001/2002》，第87页。

③ *The Copenhagen Amendment（1992）: The amendment to the Montreal Protocol agreed by the Fourth Meeting of the Parties*，United Nations Environment Programme Ozone Secretariat，1992.

④ *The Montreal Amendment（1997）: The amendment to the Montreal Protocol agreed by the Ninth Meeting of the Parties*，United Nations Environment Programme Ozone Secretariat，1997.

约方和非缔约方之间的甲基溴贸易。[①] 该修正案于 1999 年 11 月 10 日正式生效。

1999 年 11 月，议定书第十一次缔约方会议上通过了《北京修正案》。[②]《北京修正案》对特定受控化学品规定了“基本国内需要”豁免，并把溴氯甲烷（bromochloromethane）列入附件 C 第三组受控物质清单，要求自 2002 年起各缔约方除必要用途外，禁止生产和消费此种物质。同时，要求自 2004 年起禁止缔约方和非缔约方之间进行附件 C 第一类氢氯氟碳化物受控物质的贸易。该修正案于 2002 年 2 月 25 日正式生效。

《蒙特利尔议定书》的四次修正案都是伴随新的臭氧层损耗科学证据而提出的，从这个意义上说，科学家一直都是强大的臭氧层保护环境议题的支持方。

就在缔约方会议通过《蒙特利尔议定书》之际，1987 年 8 月美国国家航空航天局、国家海洋与大气管理局和国家科学基金会（National Science Foundation，NSF）等单位组织专家对南极进行了考察。考察结果发现，全球控制氯氟化碳等臭氧层损耗物质的努力是正确的，但是现有的减排力度不足以保护臭氧层。数据显示，季节性臭氧层损耗明显严重恶化。[③] 同年 10 月，在美国参议院组织的听证会上，科学家证明平流层臭氧的损耗幅度大大超过预期，氯氟化碳和臭氧损耗之间联系的理论不断增强。舍伍德·罗兰说，科学证据继续表明需要全球立即采取更加严厉的行动逐步淘汰氯氟化碳。如果大气中氯氟化碳的排放量达到议定书所允许的上限，那么在 20 世纪余下的时间里，大气中氯的含量将会快速增加。到 1994 年才开始大幅削减氯氟化碳排放就会为时已晚。[④]

1988 年 3 月，美国国家航空航天局和国家海洋与大气管理局再次发布研究报告称，人类活动正在全球范围内导致大气中氯浓度的增加，成为臭氧层损耗的主要原因。[⑤] 新的科学发现令人震惊，因为议定书控制条款所依据的模型预测，到 21 世纪中叶，全球臭氧损耗可能达到 2%左右。[⑥] 然而当时的科学研究发现，随着大气中氯的累积加速了臭氧损耗，议定书采用的模型远远低估了未来的臭氧损耗程度。[⑦] 也就是说，即使所有国家都充分执行《蒙特利尔议定书》，臭氧层也会严重损耗。由于这些新的科学发现，逐步淘汰氯氟化碳的压力陡增，迫切需要对议定书进行修正。

1989 年年初的科学结果更加剧了人们对臭氧层命运的担忧。研究发现，北极存在剧烈扰动的大气，氯化合物的浓度比预测高出 100 倍，北极地区可能会出现臭氧空洞。[⑧] 然而，

---

① [挪]弗里德约夫·南森研究所编：《绿色全球年鉴 2001/2002》，第 87-90 页。

② *The Beijing Amendment（1999）：The Amendment to the Montreal Protocol Agreed by the Eleventh Meeting of the Parties*，United Nations Environment Programme Ozone Secretariat，1999.

③ Richard Elliot Benedick，*Ozone Diplomacy：New Directions in Safeguarding the Planet（Enlarged Edition）*，p. 108.

④ Marilyn M. Gruebel，*International Environmental Agreements and State Cooperation：the Stratospheric Ozone Protection Treaty*，p. 126.

⑤ Richard Elliot Benedick，*Ozone Diplomacy：New Directions in Safeguarding the Planet（Enlarged Edition）*，p. 110.

⑥ Ibid.，p. 111.

⑦ F. Sherwood Rowland，“Chlorofluorocarbons and the Depletion of Stratospheric Ozone”，pp. 36-45.

⑧ World Meteorological Organization，*Scientific Assessment of Stratospheric Ozone：1989*，Global Ozone Research and Monitoring Project-Report，No. 20，Vol. 1，January 1，1990.

现有模型在准确预测未来臭氧水平方面明显不足。美国环保局重新审查议定书谈判期间尚未成为监管对象的含氯物质后发现，四氯化碳和甲基氯仿的臭氧层损耗潜力被远远低估，[①] 必须认真考虑将它们添加到议定书的控制清单中。此外，美国环保局开始更严格地审视与氯氟化碳有关的另一类化学品，即含氢卤代烃（主要是含氢氯氟烃和氢氟碳化物）。研究发现，由于氢氟碳化物不含氯，它不会对臭氧层构成威胁，但是其温室效应潜力巨大；如果将含氢氯氟烃作为替代品而大量使用，即使氯氟化碳和哈龙正在逐步淘汰，它们也可能延缓平流层氯浓度的下降。[②] 因此，这些物质只能作为临时替代品。

正是科学界，尤其是美国科学界的研究成果引起了全球的广泛关注。为切合实际地保护臭氧层，迫切需要修订《蒙特利尔议定书》。也正是基于这些科学研究成果，才能在《伦敦修正案》中缩短了议定书中规定的臭氧层损耗物质淘汰的时间，并且增加了其他受控物质。科学研究的成果在积极影响美国国会和政府对待议定书修正案政策倾向的同时，还提高了美国工业界的积极性，增加了环保界的底气，最终导致《伦敦修正案》的顺利出台。这也表明，科学界是臭氧层保护环境议题支持方持久不变的力量。

伦敦会议后，1991 年 4 月《纽约时报》发文称，根据最新改进的测量技术，美国国家航空航天局发现美国上空臭氧层损耗的速度是之前预测的两倍多。从 1990 年秋末到 1991 年春初，特别严重的损耗一直延伸到南至佛罗里达州。[③] 联合国环境规划署的科学评估表明：全球臭氧层继续减少；南极持续出现大量臭氧层空洞，在过去 5 年中，有 4 年的空洞较深且面积较大；北极也局部出现臭氧层损耗，活性氯水平明显上升；观测到的中高纬度臭氧层损失在很大程度上是由于氯和溴。[④] 科学评估小组表示，迫切需要在《伦敦修正案》的基础上进一步严格控制臭氧损耗物质的排放。研究还表明，氯的最大减少将来自氯氟化碳、四氯化碳和甲基氯仿的早期淘汰；加速淘汰哈龙和对甲基溴实行新的管制可以大大减少溴峰值；由于氢氯氟碳化物的臭氧损耗潜能值较低，严格控制它几乎不会影响氯的峰值。[⑤] 这些新的科学研究要求世界各国加快《伦敦修正案》中规定的关于氯氟化碳、哈龙、四氯化碳和甲基氯仿淘汰的时间表，对以前不受管制的物质（如氢氯氟碳化物和甲基溴等）实行新的管制，迫切需要在《伦敦修正案》的基础上对议定书再次进行修订。这些研究结果也构成了《哥本哈根修正案》相关规定的基础。

随着《哥本哈根修正案》为发达国家提出更严格的要求，最重要的问题是确保《蒙特利尔议定书》缔约方完全接受削减臭氧层损耗物质的责任。1994 年的科学评估证实了一个

---

① Richard Elliot Benedick，*Ozone Diplomacy：New Directions in Safeguarding the Planet*（*Enlarged Edition*），p. 121.

② World Meteorological Organization，*Scientific Assessment of Stratospheric Ozone：1989*，1990.

③ W. K. Stevens，“Ozone Loss Over U.S. Is Found to Be Twice as Bad as Predicted”，*The New York Times*，April 5，1991.

④ UNEP，Open-Ended Working Group of the Parties to the Montreal Protocol，*Synthesis of the reports of the Ozone Scientific Assessment Panels*，UNEP/OzL.Pro/WG.1/6/3，December 9，1991.

⑤ UNEP，Open-Ended Working Group of the Parties to the Montreal Protocol，*Note by the Executive Director*，UNEP/OzL.Pro/WG.1/6/4，January 27，1992.

好消息，即几种主要臭氧层损耗物质的大气浓度增长率已经放缓，这清楚地表明此前的控制措施效果明显。

自《蒙特利尔议定书》谈判以来，环境组织再次成为环境议题坚强的支持方。《蒙特利尔议定书》在国际层面通过后，环境组织认为议定书在限制臭氧层损耗物质方面做得还不够，需要针对更多的化学品进行监管，并且应该在美国国内出台更严格的法律法规。1987 年 12 月，美国环保局公布了美国实施《蒙特利尔议定书》的拟议规则（52 FR 47486），并于 1988 年 1 月初专门举行了听证会征求有关各方的意见。自然资源保护委员会的高级律师大卫·多尼格（David Doniger）认为，美国环保局的拟议规则不够深入，不足以保护臭氧层。他说，大气中的氯氟化碳和哈龙含量减少并最终消除之前臭氧层不会受到保护。这需要迅速、几乎完全淘汰这些化学品，而不只是一项 10 年的中期措施。他建议，美国环保局不能仅满足议定书的执行要求，而应在保护臭氧层所需的程度上管制国内损耗臭氧层物质的生产和使用。多尼格敦促美国出台更严格的氯氟化碳法规和更短的逐步淘汰时间表，并呼吁国务卿舒尔茨敦促欧共体和苏联尽快批准该议定书。同时，他还呼吁美国在议定书生效不久后向联合国环境规划署请愿重新评估该议定书，特别是加强其条款并缩短履约时间表。

同年 12 月，在老布什刚刚当选为美国总统之际，30 个环境组织的领导人向其递交了一份报告，包括 700 多项关于如何应对国家和国际环境威胁的建议，其中就包含臭氧层保护。该建议指出，平流层臭氧损耗对世界造成前所未有的威胁，要求美国政府认真对待。老布什总统表示他将认真考虑这些建议。①

1989 年，随着美国国内和国际上关于逐步淘汰氯氟化碳的辩论继续进行，环境组织联盟的范围迅速扩大，其要求也变得更加坚定。4 月，由国家有毒物质运动（National Toxics Campaign，NTC）、绿色和平组织（Green Peace，GP）、清洁水行动项目（Clean Water Action Project，GWAP）和美国公共利益研究小组（Public Interest Research Group，PIRG）4 个环境组织组成的团体加入了这场运动，影响美国关于臭氧层保护的国内和外交政策。这些团体宣布，他们将通过一场保护臭氧层的安全替代方案运动来团结数百万美国人的草根团体，努力赢得对迅速淘汰所有损耗臭氧层物质的支持。

1990 年 1 月，自然资源保护委员会再次发起运动，鼓励美国逐步淘汰甲基氯仿。自然资源保护委员会发布的一份报告指出，甲基氯仿占平流层中破坏臭氧的氯总量的 16%。卤化溶剂工业联盟（Halogenated Solvents Industry Alliance，HSIA）主席保罗·卡默（Paul Kamer）同意减少甲基氯仿的排放，但他也指出，这种化学品是氯氟化碳的主要临时替代品之一。如果甲基氯仿不再可用，那么溶剂业将需要依赖含氢氯氟烃，因为含氢氯氟烃也是氯氟化碳的临时替代品。自然资源保护委员会的报告还指出，甲基氯仿与另一种溶剂四

① Philip Shabecoff，"Bush Tells Environmentalists He'll Listen to Them"，*The New York Times*，December 1，1988.

氯化碳单独对目前的臭氧层损耗的贡献比议定书限制的5种氯氟化碳和3种哈龙加在一起更多。

1991年，当杜邦公司股东会决定延缓氯氟化碳淘汰步伐时，地球之友（Friends of the Earth，FOE）向法院进行了起诉。然而，美国的地区法院却站在了杜邦公司的一边。但是第二年，美国证券交易委员会（Security and Exchange Commission，SEC）裁定杜邦公司是错误的，理由是淘汰氯氟化碳的时机对于公司业务来说具有战略和长期影响，但是它会引发其他重要的政策问题。[①] 最终，杜邦公司不得不按照规定，加快氯氟化碳的淘汰进程。

1991年12月，几个环境组织向环保局请愿，要求采取“紧急行动”，加快逐步淘汰损耗臭氧层物质。这份请愿书由自然资源保护委员会、环境环保协会和地球之友的官员签署，敦促美国在1992年1月1日之前减少60%的氯氟化碳，并在1995年完全淘汰。请愿书还要求在1992年1月1日之前逐步停止生产哈龙和四氯化碳。这一日期将给环保局不到一个月的时间颁布新的紧急规则，而化学工业遵守新规则的时间就更短了。请愿书还要求到1992年将甲基溴的产量减少50%，到1993年完全淘汰甲基溴和甲基氯仿。美国环保局大气和室内空气项目主任艾琳·克劳森（Irene Clausen）表示，自然资源保护委员会和其他环境组织在12月的请愿书中呼吁的一些日期是激进的，有些我们只是必须尽最大努力。克劳森说，逐步淘汰氯氟化碳和甲基溴的请愿书目标日期将很难实现。但是，她确实同意将氯氟化碳和哈龙的淘汰时间表从2000年改为1995年或1997年是可行的。其实这里我们可以看到，环境组织的提议和要求往往比较激进，是环境议题支持方的坚定支持者。尽管有时他们所提出的提议和要求不能最终被美国国会或政府采纳，但是他们这种支持方的力量会引领美国积极的政策倾向。

1992—1993年，连续两年的时间里，自然资源保护委员会不断提出建议，要求美国环保局按照《1990年清洁空气法修正案》的要求，逐步淘汰甲基溴。[②] 1993年，由环境、农民、劳工和消费者等非政府组织组成了一个名为甲基溴替代品网络（Methyl Bromide Alternatives Network，MBAN）的环境组织，以促进美国和全球淘汰甲基溴。[③] 在对待甲基溴淘汰问题上，美国环保局于1993年11月制定的规则中将甲基溴的淘汰时间定为2001年1月1日。后来，根据《蒙特利尔修正案》的要求又调整为2005年。比较来看，尽管1993年提出淘汰甲基溴的要求更为积极，但是不能认为美国消极对待甲基溴的淘汰。因为美国一方面在议定书各修正案的谈判、签署和批准中都非常积极；另一方面即使受化学工业的强烈要求将甲基溴的淘汰时间往后调整了几年，也完全符合议定书修正案的要求，其实也是根据议定书修正案的要求予以调整。

1995年3月，环境组织臭氧行动（Ozone Action，OA）发布报告指出，甲基溴对平流

① Stephen O Andersen，and K Madhava Sarma，*Protecting the Ozone Layer：The United Nations History*，p. 330.

② Ibid.，p. 331.

③ Ibid.，p. 337.

层臭氧的破坏力是氯氟化碳的 50 倍，但目前 90%以上的甲基溴用途在商业上都有替代品或者具有技术储备，加快淘汰甲基溴是完全可行的。因此，该报告呼吁美国对甲基溴进行征税，并在 1997 年前淘汰甲基溴。[①] 臭氧行动的卡莉·克莱德（Kalee Kreider）指责说，平流层臭氧保护问题已经被化学品制造商接管，化学品制造商根据其生产损耗臭氧层物质替代品的能力而不是对环境损害的关注来决定甲基溴淘汰的最后期限。其实，从这里也可以看出，环境组织的提议和建议一般都比较激进。美国国会和政府最终采纳的建议往往是平衡了各方的利益和诉求后确定的。

从环境组织的这些行动看来，环境组织的理念往往很先进，提出的目标和建议也比较超前，因为他们往往代表了美国广大民众的意见。臭氧层损耗带给美国民众的影响，造成的生存威胁很大，使美国民众往往把臭氧保护这个环境议题作为美国国内的环境议题对待，以至于经常会提出更加超前和先进的目标。尽管有时候环境组织提出的提议和建议最终可能没有被完全采纳，但驱使美国对待臭氧层保护这个环境议题总是积极的。

从《蒙特利尔议定书》谈判后期开始，美国化学工业界认为氯氟化碳等臭氧损耗物质的严格限制并逐步淘汰已是大势所趋，承认科学理论并加快替代品研发才是正确的发展方向。为此，1988 年 3 月，随着科学证据表明《蒙特利尔议定书》规定的氯氟化碳减排力度难以制止臭氧层的严重损耗，世界领先的氯氟化碳生产商杜邦公司马上呼吁完全淘汰这些化学物质，以防止地球上具有保护作用的臭氧层遭到破坏。杜邦公司表示，最近关于全球臭氧损耗程度的科学发现让本公司相信，在未来 10 年将氯氟化碳产量削减 50%的国际议定书还不够严格，不足以防止对臭氧层的严重破坏。[②] 同时，杜邦公司宣布正在加快寻找合适的氯氟化碳替代品，并表示将能够在比以前更短的周期内开发和测试商业化的替代品。杜邦公司的声明向美国政府及国会发出一个信号，即以杜邦公司为代表美国化学工业界不会再抵制《蒙特利尔议定书》的相关规定。

在美国臭氧趋势小组报告发表后的几个月里，要求消除氯氟化碳的呼声越来越高，许多相关行业对这一新科学结果做出回应。1988 年 9 月，美国负责任氯氟化碳政策联盟宣布支持逐步淘汰氯氟化碳；美国的食品包装商宣布计划停止在制造一次性塑料泡沫容器时使用氯氟化碳。由柔性泡沫制造商组成的美国聚氨酯泡沫协会（Polyurethane Foam Association，PFA）表示，他们将在 20 世纪末引入回收和新工艺，以消除对氯氟化碳的依赖。美国汽车制造商自愿接受美国环保局的新标准，允许在汽车空调中增加使用回收的氯氟化碳。[③]

《伦敦修正案》谈判期间，氯氟化碳行业尤其以杜邦公司为代表，加强了氯氟化碳替代品的开发。杜邦公司大量投资于将氢氟碳化物作为氯氟化碳的主要替代品的研发，并淡

---

① Will Allen，*Out of the Frying Pan，Avoiding the Fire：Ending the Use of Methyl Bromide*，Ozone Action，January 1，1995.

② “Du Pont Will Stop Making Ozone Killers”，*The Washington Post*，March 25，1988.

③ Richard Elliot Benedick，*Ozone Diplomacy：New Directions in Safeguarding the Planet*（*Enlarged Edition*），p. 118.

化了含氢氯氟烃的生产，因为含氢氯氟烃是氯氟化碳的临时替代品，但也是损耗臭氧层的物质。到 1990 年中期，杜邦公司作出重大承诺，将开发商用氢氟碳化物作为氯氟烃的替代品。该公司宣布，将花费 10 亿美元研究、开发和生产氢氟碳化物。之后于 1991 年年初将氢氟碳化物作为氯氟化碳的替代品投入市场。

但是对于甲基溴的限制，美国工业界其实是有所抵触的。20 世纪 90 年代初期，美国环保局首先在国内出台了甲基溴的限制规定，要求美国工业界在 2001 年前淘汰甲基溴。然而，由于国际上还没有确定对甲基溴淘汰的日期，并且欧洲经济共同体等缔约方的意向是 2005 年淘汰甲基溴。所以，美国工业界强烈抵制美国环保局的规定，要求将甲基溴淘汰的时间推迟。《蒙特利尔修正案》出台后，国际上将发达国家淘汰甲基溴的时间确定为 2005 年，工业界要求美国政府尽快调整甲基溴淘汰的时间。迫于压力，美国国务院在《蒙特利尔修正案》获得通过两年后才将修正案提交给克林顿总统，并且根据工业界的要求将甲基溴的淘汰时间调整为 2005 年。《蒙特利尔修正案》得到国会批准后，直到 2001 年年初美国环保局才发布了甲基溴淘汰时间为 2005 年的最终规则。

从美国甲基溴淘汰日期调整延迟这件事情上不难发现，美国工业界的内心深处其实不是很想进行替代品开发，或以为替代品开发是一个长期过程。一些文献中所谓的美国工业界具有“替代品优势”的理论是站不住脚的。另外，也不难发现，化学工业界对美国的态度影响巨大。尽管在甲基溴限制时间从收紧到放宽是受到化学工业界的抵制影响，但那是因为美国国内之前制定的淘汰标准高于现阶段的国际协定要求，化学工业界鉴于在全球层面上竞争所提出的要求完全是正当的，并且淘汰时间严格按照国际规定进行调整。所以，不能认为美国工业界是环境议题的反对方，而应该是支持方。

总之，在 20 世纪 90 年代《蒙特利尔议定书》四次修正案这个环境议题的实质阶段，化学工业界一方面承认氯氟化碳等化学物质与平流层臭氧损耗之间存在因果关系；另一方面他们认为逐步淘汰臭氧层损耗物质是大势所趋，所以积极研发替代品。由于美国在臭氧层损耗物质替代品的研制方面走在全球前列，在国际层面上制定更严格的逐步淘汰协定有利于美国化学工业界的全球竞争，所以他们积极支持议定书的各修正案，成为环境议题支持方的重要力量。

总体而言，在 20 世纪 90 年代，随着科学的进步，臭氧层损耗理论不断完善，其研究数据和结论提供了客观依据，并且无论是对于环境组织还是工业界，无论是对于美国国会还是政府，该理论均在客观上为其提供了正向激励。这个阶段的环境组织延续了《蒙特利尔议定书》谈判时期的风格，积极参政议政，向国会和政府提供了更为积极的目标和建议。对美国工业界来说，尽管存在反对将甲基溴的最终淘汰时间确定为 2001 年这些现象，但是其目标和做法其实都限制在《蒙特利尔议定书》的框架规定内，并没有消极抵制议定书的规定，所以总体上也是积极要求美国支持议定书及其修正案的。综合以上分析，对于臭氧层保护这个环境议题，科学家、环境组织和化学工业界都是支持方，环境支持力量“一边倒”现象明显。

5.5.2 美国政府在国内和国际层面同时发力

在20世纪90年代的《蒙特利尔议定书》四次修正案期间，科学界、环境组织和化学工业界等延续了《蒙特利尔议定书》谈判期间的态度，一如既往"一边倒"地要求美国积极从国内和国际两个层面行动来保护全球臭氧层。正是因为臭氧层保护环境议题支持方"一边倒"的力量，促使美国国会及政府积极从国内和国际两个方面开展工作。在国内层面，美国积极修订《清洁空气法》，专门新增臭氧层保护的相关内容，为《蒙特利尔议定书》及其修正案的实施奠定了坚实的法律基础；美国环保局作为政府具体行政部门，积极配套出台了多项政策和规定，积极落实《蒙特利尔议定书》及其修正案的各项规定。在国际层面，美国政府积极展开外交攻势，推动并引领了20世纪90年代的四次议定书修正。当各修正案在国际上获得通过后，美国政府和国会先后进行了签署和批准。

1. 修正《清洁空气法》并配套出台相关规章制度

美国是世界上最早尝试保护空气质量立法的国家。1955年，美国在联邦层面出台《空气污染控制法》，1963年改为《清洁空气法》，之后几经修改完善确立了一系列行之有效的法律原则，成为大气保护最基本的一部法律。《蒙特利尔议定书》在国际上通过后，为落实其各项要求及为后续议定书修正案的谈判和执行确定一个法律框架，美国于1990年再次修订《清洁空气法》，即所谓的《1990年清洁空气法修正案》。本次修订的法案中，基本按照《伦敦修正案》所规定的各类臭氧层损耗物质及淘汰时间表的要求，并且增加了具体的研发条款，以及应对空气污染物意外排放的详细计划。最终，参议院和众议院以压倒性多数投票通过了该修正案，经总统于1990年11月15日签署后正式生效。

《1990年清洁空气法修正案》新增专门章节针对臭氧层保护提出相关监管要求。该修正案要求，根据《伦敦修正案》的相关规定完全淘汰各类氯氟化碳和哈龙；美国环保局必须在新法律颁布后60天内列出所有受管制物质及其臭氧损耗潜力和全球变暖潜力等；环保局必须确保按照《蒙特利尔议定书》及其修正案规定的时间表逐步淘汰各类臭氧层损耗物质，即到2000年淘汰氯氟化碳、哈龙和四氯化碳，到2002年淘汰甲基氯仿，到2030年淘汰含氢氯氟烃；美国环保局应颁布法规，确保所有使用部门的排放达到"最低可实现水平"，禁止非必要产品，只批准使用安全替代品，并强制使用警告标签。①

美国环保局作为美国环保事业的主管行政部门，无论是在国内的监管保障还是国际的谈判合作中都起到非常关键的作用，对于臭氧层保护这个环境议题也不例外。

《蒙特利尔议定书》在缔约方会议上通过后不久，美国环保局就于同年12月起草了美国实施《蒙特利尔议定书》的拟议规则（52 FR 47486），并很快于第二年1月初举行了听证会，征求有关各方的意见。1988年8月，美国环保局颁布了最终规则，在其国内几乎没

① "Clean Air Act Overview", *United States Environmental Protection Agency*, May 4, 2022.

有遇到什么阻力。自 1998 年首次颁布执行《蒙特利尔议定书》关于臭氧层保护规则以来，根据议定书的要求和国内的实际情况，美国环保局先后多次对其进行修订和完善。美国环保局如此频繁颁布各项规则既显示了美国政府落实《蒙特利尔议定书》各项规定的积极性，也显示了其落实的决心。

1992 年通过的《哥本哈根修正案》将甲基溴作为一种损耗臭氧层物质加入议定书。美国环保局于 1993 年 12 月公布了一项相关规则（58 FR 65018），将甲基溴列为第一类、第六类受控物质，将美国甲基溴的生产和消费冻结在 1991 年的水平，并要求到 2001 年将其完全淘汰。在 1995 年和 1997 年的《蒙特利尔议定书》缔约方会议上，缔约方决定调整发达国家的甲基溴淘汰时间表，要求发达国家于 2005 年淘汰。为此，美国环保局配套出台相关法规（65 FR 70795），修订甲基溴淘汰时间表，并将完全淘汰生产和消费的时间延长至 2005 年。

在后续历次议定书缔约方会议及通过相关修正案后，美国环保局在《1990 年清洁空气法修正案》的框架下出台了各种相关措施办法严格履行议定书的各项规定。

综合来看，《1990 年清洁空气法修正案》为美国履行《蒙特利尔议定书》及其修正案奠定了坚实的法律基础，成为美国国际层面推动和引领臭氧层损耗物质减排谈判的指南，以及国内减少损耗臭氧层物质的主要依据和工具。在美国之后的臭氧层保护国际谈判和国内行动中能够很清晰地看到该法律的威力。在该法律的框架内，美国环保局根据实际需要出台了一系列相关规定，积极落实议定书及其修正案的要求。从国家专门修正法律和及时出台相关规章制度来看，美国对于臭氧层保护这个环境议题表现出积极的政策倾向。

2. 多措并举积极引领《蒙特利尔议定书》修正案的谈判

《蒙特利尔议定书》在国际层面上通过后的 10 月，美国参议院举行的听证会上有参议员担心该议定书不足以解决臭氧层空洞问题，认为这只是保护地球臭氧层必须采取的第一步。[①] 在众议院举行的听证会上，有的议员也在发言中指出，科学家发现臭氧层损耗速度远快于此前的估计，这引起了全世界的广泛关注。自 1969 年以来，北美和欧洲的臭氧层减少了 3%。这些结论强烈表明，需要在全世界范围内大大加快禁止氯氟化碳的生产和使用的速度。美国过去在这个问题上一直处于领先地位，参议院已经批准了《蒙特利尔议定书》。但现在看来，议定书中关于臭氧层损耗物质淘汰计划可能不足以防止臭氧层的快速损耗。因此，美国国内需要树立榜样，大幅减少这些危险化学品的产量。在国际上，美国必须重新开始谈判，以获得比议定书所要求的更快、更大的削减。[②] 可以看出，即使《蒙特利尔议定书》刚刚获得缔约方会议的通过，美国仍然没有放弃议定书谈判时积极减排的立场，并已经开始酝酿后续更为积极的减排方案。

---

① *Congressional Record – Senate*，United States Congress，Vol. 134，Part 3，March 14，1988，p. 3719.

② Ibid.，p. 4081.

1988 年 9 月，美国环保局局长托马斯引用最新研究成果说服国际社会相信有必要加强议定书的条款，呼吁全球彻底消除氯氟化碳和哈龙，并冻结使用甲基氯仿。[1] 他说，美国环保局已致函联合国环境规划署和国际同行，敦促他们尽早举行缔约方会议加强对氯氟化碳的限制。他还说，美国即将进行总统大选，臭氧层保护将成为新一届总统优先考虑的事项。果不其然，老布什总统上台后高度重视臭氧层保护环境问题。老布什总统在讲话中指出，美国将全面停止生产和使用破坏平流层臭氧的化学品，因为平流层臭氧保护地球免受紫外线辐射及对人类和环境的有害影响。

为达成《蒙特利尔议定书》修正案，统一各缔约方的思想和行动，1989 年 5 月，联合国环境规划署在赫尔辛基召开专门研讨会。在会议开幕式上，联合国环境规划署执行主任莫斯塔法·托尔巴指出，有证据表明，平流层臭氧的损耗速度比蒙特利尔议定书谈判时预期的要快很多，呼吁在 20 世纪末消除所有损耗臭氧层物质。[2] 在会议上，美国环保局代表美国政府做了一个特别报告，在对氯氟化碳、哈龙、四氯化碳、甲基氯仿和含氢氯氟烃等各种臭氧层损耗物质排放量的多种假设下，对未来大气中氯浓度进行了评估。结果表明，这些物质对臭氧层的损耗影响极大，因此号召各国积极予以消除。在美国的号召下，许多国家加入呼吁尽早逐步淘汰各种化学品的行列，包括将四氯化碳、甲基氯仿和含氢氯氟烃等列入受控物质清单。最终，缔约方一致通过了《保护臭氧层赫尔辛基宣言》，要求尽快并不迟于 2000 年逐步淘汰氯氟化碳的生产和消费，尽快在可行时停用哈龙并控制和减少那些在臭氧层损耗方面起重大作用的其他损耗臭氧物质（这些其他物质主要是指四氯化碳、甲基氯仿和含氢氯氟烃等）。[3] 赫尔辛基会议为即将在伦敦召开的第二次缔约方会议奠定了良好的基础，美国做出了重要的贡献。

为更有效地推进臭氧层损耗物质的减排，在美国的大力支持下，1989 年 8 月莫斯塔法·托尔巴提出了具体的减排措施建议。虽然大多数国家总体同意加快议定书规定的时间表，但在具体物质的细节、削减的时间安排及用于计算新增受管制化学品削减量的基准年等方面并没有达成共识。面对不同的意见，美国一方面提出自己积极的主张；另一方面积极协调各国达成一致意见。例如，对于哈龙，苏联提议到 2000 年只削减 10%～50%，欧共体提议将淘汰日期定为 2005 年，而美国等国家极力主张到 20 世纪末彻底淘汰所有哈龙。正是在美国等国的斡旋和努力下，到 1990 年 3 月各国基本达成一致意见，即到 1995 年哈龙减少 50%，到 2000 年除必要用途外逐步淘汰。再如，对于含氢氯氟烃，美国提议在 2020—2040 年在新设备中消除含氢氯氟烃，并在 2035—2060 年禁止所有生产。而其他参与者，包括欧共体、日本和苏联仍然反对将这些化合物作为受控物质纳入议定书，即使出于强制性报告的目的。最后，在美国的坚持下，尽管最终没有规定含氢氯氟烃的淘汰时间

---

① Richard Elliot Benedick，*Ozone Diplomacy：New Directions in Safeguarding the Planet*（*Enlarged Edition*），p. 112.

② *Report of The Parties to the Montreal Protocol on the Work of Their First Meeting*，UNEP，Helsinki，May 6，1989.

③ *Helsinki Declaration on the Protection of the Ozone Layer*（*1989*），UNEP，Helsinki，May 2，1989.

表，但其被列为受控物质并被定义为过渡性物质。可以看出，美国始终以超前的理念和目标引领国际谈判。

1990 年 6 月，各国政府、国际机构和私营部门组织的代表团齐聚伦敦，审议并对《蒙特利尔议定书》进行重大修订。此次修订后，蒙特利尔议定书下有 5 组受控物质：最初的 5 种氯氟化碳、3 种哈龙，加上 10 种新的氯氟化碳、四氯化碳和甲基氯仿。所有这些物质都计划在 10～15 年内进行不同的临时削减和逐步淘汰。此外，约有 34 种含氢氯氟烃被作为“过渡物质”列入议定书，它们和“其他哈龙”只能酌情使用，并将接受持续的审查和未来的控制。尽管《伦敦修正案》没有完全实现美国的提议，但是在美国等国的大力协调下，基本实现了美国的意图。1991 年 5 月，布什总统将伦敦修正案转交参议院征求批准意见，1991 年 11 月参议院分组表决通过，1992 年 8 月《伦敦修正案》在美国生效。美国快速签署和批准《伦敦修正案》，表现出积极的政策倾向。

《伦敦修正案》生效后，又是在美国的积极推动下，缔约方于 1992 年 11 月召开的第四次缔约方会议上通过了《哥本哈根修正案》。克林顿总统在收到美国国务院呈送的关于签署《哥本哈根修正案》的请示后，不到一个月的时间就将其转呈参议院进行批准。克林顿在转呈函中深入阐述了在联合国环境规划署主持下该修正案谈判达成的调整和“一揽子”计划，指出现有规章制度将不足以让美国履行修正案规定的义务，需要环保局根据《1990 年清洁空气法修正案》赋予的法定权力制定相关行政规则。克林顿总统强调，美国国会应尽早批准该修正案，向世界其他国家表明美国对保护平流层臭氧的承诺和决心，并鼓励美国国内各行为体广泛参与。① 1993 年 10 月，参议院外交关系委员会举行公开听证会，一致投票赞成将《哥本哈根修正案》提交参议院批准。参议院全体议员于 11 月 20 日分组表决批准后送交克林顿总统签署。克林顿总统签署后于 1994 年 3 月向联合国环境规划署进行交存。一年多的时间里，美国政府和国会相继签署并批准了《哥本哈根修正案》，足以说明美国对此环境议题的政策倾向是积极的。

《哥本哈根修正案》在国际上通过后，美国国内重点对削减甲基溴的生产及使用进行了热烈讨论。1993 年 11 月，美国环保局出台了一项规则，要求美国国内于 2001 年禁止生产和进口甲基溴。然而，有迹象表明，缔约方可能会将甲基溴的逐步淘汰日期定为 2010 年。为此，1995 年 8 月初，美国众议院提出一项法案，旨在推翻美国环保局的此项规定。众议员米勒表示，在没有替代方案的情况下美国单方面禁止甲基溴将严重损害美国农业，并且美国单方面的逐步淘汰只会把生产转移到允许使用甲基溴的国家。反对方认为，甲基溴替代品在技术上可行，美国国内停止生产甲基溴并不会损害美国农民的竞争力。在之后的两年时间里，关于何时最终禁止甲基溴生产和进口问题的讨论一直在持续。

1997 年 12 月，议定书第九次缔约方会议通过了《蒙特利尔修正案》，主要内容是在与

① “Amendment to the Montreal Protocol on Substances that Deplete the Ozone Layer”, United States 103rd Congress, S. Treaty Doc. 103-9, 1993.

非缔约方进行贸易管制的物质中添加甲基溴，以及增加管制物质进出口许可证的要求。克林顿总统于 1999 年 9 月 16 日将修正案转交参议院征求批准意见。克林顿指出，《蒙特利尔修正案》将在保护公众健康和环境免受平流层臭氧损耗的潜在不利影响方面迈出重要一步。美国的批准对于向世界其他地区表明其对保护臭氧层的承诺至关重要。美国的批准还将鼓励全面实现该修正案目标所必需的广泛参与。批准该修正案符合美国的外交政策及环境和经济利益。[①] 2002 年 10 月，参议院同意批准该修正案；2003 年 12 月，该修正案对美国生效。

《蒙特利尔修正案》在国际层面通过后不久，美国环保局立即表示将开始制订计划，将美国的甲基溴淘汰日期从 2001 年推迟到 2005 年，以符合新的议定书修正案。克林顿政府打算推动对《清洁空气法》的修订，允许更晚的逐步淘汰日期。1998 年 10 月，美国最终将其国内逐步淘汰甲基溴的最后期限延长至 2005 年。1999 财年的综合拨款法要求美国环保局颁布规则，以遵守《蒙特利尔修正案》的相关规定。1999 年 6 月，美国环保局出台了甲基溴淘汰的新规则，要求在 2005 年的最后期限内逐步淘汰甲基溴。

综合来看，美国最早规定国内于 2001 年淘汰甲基溴，但是由于欧共体等缔约方坚持于 2005 年淘汰，美国最终妥协，遵守议定书修正案相关规则，将甲基溴最终淘汰时间从 2001 年调整到 2005 年。这件事看起来好像是美国臭氧层保护政策的倒退，其实不然。一方面，美国早先出台的积极淘汰政策激励其他国家积极行事，即使将甲基溴的最终淘汰时间调整为 2005 年，仍然符合议定书修正案的相关规定；另一方面，这说明美国的政策倾向受到其国内多种力量的影响。

1999 年 12 月，议定书第十一次缔约方会议通过了《北京修正案》，加强了对某些臭氧层损耗物质的管制。美国又是一马当先，积极启动国内签署和批准程序。克林顿总统于 2000 年 6 月将该修正案转交参议院征求批准意见；2002 年 10 月，参议院全体会议在没有进行发言辩论的情况下表决通过；2003 年 12 月，该修正案对美国生效。

综观 20 世纪 90 年代四次议定书修正案，美国一如既往地积极引领修正案的谈判。甚至为激励其他发达国家也树立积极减排目标，美国先在国内制定激进的减排目标，以此引导其他国家接受。在谈判中讨价还价确定了最终减排目标后，美国又将国内的减排指标调整为与议定书修正案目标相一致。种种行为表明，美国对待臭氧层保护这个环境议题始终是积极的，甚至更为超前。

5.6 小结

臭氧层损耗环境议题表面看起来是一个产生环境问题的主要原因及其主要后果都在

① “1997 Amendment to Montreal Protocol”，United States 106th Congress 1st Session，Treaty Doc. 106-10，1999.

全球的全球环境问题，但就美国来讲，该环境议题的环境后果在美国有直接和明确的体现，皮肤癌和白内障等疾病的高发病率在美国就是明显的国内问题。因此，就美国而言，臭氧层保护是一个全球环境议题，保护的收益在美国国内环境有明显的体现。

臭氧层保护环境议题大致经历了两个阶段：

第一阶段为 1974 年以前的初始阶段。科学研究表明，人为排放的氯氟化碳会损害臭氧层，进而引发严重的生态环境问题及皮肤癌和白内障等疾病，这在美国国内引起强烈反应。由于人种和生活习惯等因素，臭氧层损耗导致美国的皮肤癌和白内障疾病发生率大幅提升，严重影响了美国广大民众的健康，使美国民众的生存威胁极大提高，所以他们与环境组织一起强烈要求美国限制氯氟化碳的使用，成为臭氧层保护环境议题坚定的支持者。而此时只是臭氧层保护科学知识的传播阶段，并没有对美国化学工业界的利益造成损失，其生存危机还不严重，因此美国工业界对此不太关心，其影响力远逊于环境议题的支持方。美国国会最终提出了一系列立法建议，拟对氯氟化碳进行限制。

第二阶段为 1975 年以后的实质阶段。这一阶段又可分为三个时期。第一个时期是 1975—1985 年。在此时期，科学界是臭氧层保护环境议题的坚强支持者；环境组织和环保主义者保持中立态度；而化学工业界尽管有所抵制，但力度很小。综合对比，臭氧层保护环境议题支持方的力量远大于反对方，所以美国一方面积极推动国内相关立法；另一方面积极参与《维也纳公约》并及时予以签署和批准。第二个时期是 1985—1989 年。在此时期，科学界、环境组织及环保主义者成为臭氧层保护环境议题坚强的支持力量；而化学工业界从起初强烈反对具有约束力的国际协定逐渐转变为支持方，从而形成各行为体“一边倒”地支持该环境议题的状态。所以，美国一方面加快国内的立法进程，另一方面积极引领并推动《蒙特利尔议定书》的国际谈判，同时及时予以签署和批准。第三个时期是 1989 年至整个 20 世纪 90 年代。在此期间，科学界、环境组织和环保主义者及化学工业界延续了《蒙特利尔议定书》谈判后期的状态，仍然“一边倒”地支持臭氧层保护环境议题。为此，美国一方面专门对《清洁空气法》进行了修正，并配套出台了一系列相关制度；另一方面，积极引领并推动历次修正案，并当修正案在国际上通过后很快予以签批，表现积极。

本书的研究假设提出，如果美国将环境议题的后果看作国内环境问题，那么无论是在初始阶段还是实质阶段，环境议题支持方的力量远大于反对方，美国的环境政策倾向始终积极。本案例的环境问题产生的主要原因来自全球，但是其后果分布却不均匀。由于人种和生活习惯等因素，美国是受此影响最为严重的几个国家之一，其生存威胁空前加大。臭氧层损耗问题的后果经常被表述为美国国内环境问题，所以臭氧层保护环境议题可以看作美国的国内环境问题对待，符合研究假设中的条件。就臭氧层保护环境议题来讲，总共经历了两个阶段，即初始阶段和实质阶段。但无论是初始阶段还是实质阶段，其支持方的力量都远大于反对方，从而导致美国不断从国内进行立法，从国际层面引领并推动国际协定的谈判，并当国际协定在国际上获得通过后很快予以签批。这些情况与假设中提出的环境政策倾向始终积极完全一致。因此，本案例充分验证了研究假设的正确性。

值得注意的是，在学术界存在这样一种观点，即美国民主党更重视环保问题，而共和党重视程度不高，即所谓的美国“政党政治”。而本书认为，美国的政党政治是存在的，但如果面对的是一个后果体现在美国国内的环境议题，政党政治的影响并不十分明显。臭氧层保护这个案例证明确实如此。臭氧保护问题从20世纪80年代初至今历经里根、老布什、克林顿、小布什、奥巴马、特朗普和拜登共7任美国总统，其中既有共和党也有民主党；美国国会中时而以共和党为主，时而以民主党为主。但我们看到的是，在这40多年里，无论是国内立法，还是国际层面的《维也纳公约》《蒙特利尔议定书》及其各次修正案，尽管国会中某些议员、政府中某些官员在某个阶段有消极情绪，但美国政府基本上都积极签约，美国国会基本上都积极批约，国内相关立法和规定更是超前的。也就是说，美国在对待臭氧层保护这个环境议题上一直都是采取积极的政策倾向。正如大卫•多尼格发表的评论所言，30多年来《蒙特利尔议定书》及其修正案得到了参议院两党的广泛支持。①

① Jake Thompson and Elizabeth Heyd，“Senate Should OK Ratification of Kigali HFC Phase Down”，Natural Resources Defense Council，November 16，2021.

第 6 章

禁止危险废物越境转移环境议题

6.1 引言

“二战”后，特别是 20 世纪 60 年代以来，随着消费者需求和工业生产的快速增加，世界范围内产生的危险废物呈指数增长，这些危险废物主要产生于工业化的发达国家。[①] 随着工业化国家环境意识的觉醒和相应环境法律法规的收紧，这些国家的公众越来越抵制在本国领土随意倾倒或者处置危险废物，这就是所谓的“邻避效应”（not in my back yard）[②]，导致发达国家在本国处置危险废物的成本快速上升，从而促使他们积极选择向发展中国家和地区越境转移，甚至向全球公共区域随意倾倒处置废物。而发展中国家和地区往往环境意识落后，缺乏相应的法律法规和执行机制，并且在处理和处置由发达国家越境转移来的危险废物时能带来部分经济收益，所以就逐渐沦为发达国家倾倒危险废物的廉价场所。[③] 美国当时是世界上危险废物产生量最大的国家，也是世界上危险废物越境转移量最多的国家，常常将其国内的危险废物越境转移至别国处理。因此对美国来说，在危险废物越境转移这个环境议题中，产生环境问题的主要原因在美国国内，而由此带来的环境污染问题却在国外，属于主要环境后果在国外的全球环境问题。

就美国来说，禁止危险废物越境转移环境议题的进程可以分为两个阶段：第一阶段为 1992 年以前，是该环境议题的初始阶段。20 世纪 80 年代初，美国国内生产的危险废物基

① Maureen T. Walsh，“The Global Trade in Hazardous Wastes：Domestic and International Attempts to Cope with a Growing Crisis in Waste Management”，*Catholic University Law Review*，Vol. 42，Issue 1，（Fall 1992），pp. 103-140.

② Andrew Webster-Main，“Keeping Africa out of the Global Backyard：A Comparative Study of the Basel and Bamako Conventions”，*Environmental Law and Policy Journal*，Vol. 26，No. 1，2002，pp. 65-94.

③ Jennifer Clapp，“The Toxic Waste Trade with Less-Industrialised Countries：Economic Linkages and Political Alliances”，*Third World Quarterly*，Vol. 15，No. 3，1994，pp. 505-518.

本上能在其本国进行处理，对于美国来说，这个阶段由危险废物处理处置产生的环境问题属于美国国内环境问题。之后，美国逐渐开始将危险废物越境转移至国外，将由此带来的环境问题也转移到国外，从而逐渐引起国外尤其是发展中国家的反抗。在此阶段，最为典型的事件是在国际层面谈判通过了没有约束力的《巴塞尔公约》。随后美国很快予以签署，总体表现出积极的政策倾向。第二阶段为 1993 年以后，是该环境议题的实质阶段。实质阶段又可分为两个时期：1993—1995 年为《巴塞尔公约》禁止修正案（以下简称《禁止修正案》）谈判时期，这一时期最为典型的事件是在国际上通过了具有约束力的《禁止修正案》，美国本来正在积极寻求国会批准《巴塞尔公约》，但当国际上通过《禁止修正案》后却马上放弃了关于禁止危险废物越境转移的讨论，从积极的政策倾向转变为消极；2018 年之后为《巴塞尔公约》塑料废物修正案（以下简称《塑料废物修正案》）谈判时期，这一时期最为典型的事件是在国际上通过了具有约束力的《塑料废物修正案》，但是美国既不签署也不批准该修正案，持续保持消极的政策倾向。

本章根据禁止危险废物越境转移环境议题演进的时间顺序，将环境议题进程分为两个阶段：1992 年之前为初始阶段，1993 年及此后为实质阶段。其次，进入实质阶段后，根据该环境议题的发展进程，按时间顺序分为《禁止修正案》谈判和《塑料废物修正案》谈判两个小节进行讨论，分析各时期环境议题支持方与反对方的博弈及其对美国政策倾向的影响机制。

6.2 初始阶段：1992 年之前

随着工业化的速度加快，美国危险废物的产生量逐年增加。美国地域辽阔，原本能够将本国所产生的危险废物在国内进行消纳。然而，随着美国国内环保运动的高涨，越来越多的美国民众不希望将固体废物处置设施建在自家门口，从而使工业界在美国国内处理危险废物越来越难。随着美国国内环境政策的收紧，工业界发现在美国国内处理危险废物举步维艰，并且处理成本也越来越高。这种情况其实在发达国家普遍存在，为此经济合作与发展组织国家之间商定了一些区域协定，可以根据自身优势选择性地处理本国和他国越境转移来的危险废物。随着处理危险废物的成本越来越高，包括美国在内的发达国家将眼光瞄向亚洲和非洲等广大发展中国家及地区，或干脆将危险废物倾倒入全球公共区域，从而使发展中国家的环境严重受损，激起广大发展中国家及国际环境组织的强烈抵制。这种矛盾从 20 世纪 80 年代初开始越来越突出，禁止危险废物越境转移环境议题进入初始阶段。在该议题的初始阶段，美国国内及世界上与此议题相关联的一些国家就这一议题进行的辩论和协商逐渐聚焦于一项国际协定，即《巴塞尔公约》。在环保主义者眼里，《巴塞尔公约》是在给危险废物越境转移保驾护航的，因此围绕这项协定的博弈及其评价非常复杂。

《巴塞尔公约》规定了诸如“事先知情同意”（prior informed consent）、“无害环境管理”等一些原则性要求，是一项框架性协定。对美国来说，国内已经形成了一套较完整的危险废物越境转移的法律法规，《巴塞尔公约》的要求对美国几乎没有限制。同时，《巴塞尔公约》特别有利于美国的工业界，一方面工业界可以继续巩固与加拿大及墨西哥等国家已经签订的双边协定，维持自身已有的利益；另一方面，可以在公约的框架内与其他国家，尤其是发展中国家建立新的贸易关系，可以出口更多的危险废物，进一步提高了美国工业界的利益。所以，他们积极支持《巴塞尔公约》，通过各种渠道要求美国决策者签批该公约。然而，由于该环境议题的后果对美国国内影响不大，甚至会减轻美国国内的环境污染，美国民众的生存危机几乎不存在，不能激发美国广大民众和环境组织的积极性，所以尽管美国本土环境组织呼吁国家出台更为严格的立法，但是相对于美国工业界来说，其影响力严重不足。最终，老布什总统签署了公约，美国国会同意批约，但提出了一些具体要求。总体来说，美国的表现积极。

本节重点介绍美国在禁止危险废物越境转移环境议题初始阶段的政策倾向、采取的措施及其因果机制。

6.2.1 非约束力的《巴塞尔公约》

“二战”后，特别是 20 世纪 60 年代以来，全球危险废物产生量逐年增加，发达国家的产生量最大，并且经常随意倾倒或向发展中国家越境转移。联合国环境规划署执行主任托尔巴曾经指出，发达国家产生的危险废物占全球总量的 95%，约数十亿吨的危险废物以填埋的方式倾倒或处置，数百万吨的危险废物被倾入大海。1986—1988 年，大约有 350 万吨危险废物由工业国家运往非洲、加勒比、拉丁美洲、亚洲和南太平洋。① 除了非法向欠发达国家越境转移危险废物，发达国家有时干脆将危险废物倾倒入一些全球的公共区域。在这些危险废物倾倒事件中，一个臭名昭著的例子就是所谓的“Khian Sea”倾倒事件。② 1986 年，一艘名为 Khian Sea 的驳船从美国费城装载了大约 15000 吨焚化炉灰送往巴哈马群岛处理。当它抵达目的地后，这些废物被巴哈马政府拒收。这艘驳船的船员随后试图在其他几个港口倾倒，最终选择了海地，并且以“化肥”的名义倾倒了大约 3000 吨。当海地政府发现他们倾倒的不是化肥而是危险废物时，及时予以制止。随后，这艘驳船离开海地港口，将剩余的 10000 多吨炉灰全部倒入大海，从而造成了严重的污染事件。然而，像这样的非法倾倒事件数不胜数。

联合国很早就开始关注危险废物治理问题。1981 年，联合国就将危险废物管理纳入国际环境议程。1982 年，联合国环境规划署成立工作组，以制定以更安全的方法交易危险废物的准则。1987 年，在该工作组的大力推动下，联合国环境规划署理事会核准了《开罗准

---

① 联合国环境规划署，《〈巴塞尔公约〉缔约国会议第一次会议报告》[UNEP/CHW.1/24]，皮里亚波利斯，1992 年 12 月 5 日。

② Maureen T. Walsh，“The Global Trade in Hazardous Wastes: Domestic and International Attempts to Cope with a Growing Crisis in Waste Management”，pp. 103-140.

则》，主要目的是协助各国政府制定和执行本国的危险废物管理政策。但是该准则不是一个具有法律约束力的文件，缺乏权威性。根据瑞士和匈牙利的一项联合提案，联合国环境规划署理事会授权执行主任召集了拟订控制危险废物越境转移全球公约的法律和技术专家特设工作组（以下简称特设工作组），在同年 10 月的一次组织会议上开始审议工作，并在 1988—1989 年举行多次谈判会议。从这个层面来说，尽管联合国很早就开始关注危险废物越境转移这个全球性问题，但直到 1987 年才实际上进入《巴塞尔公约》的谈判轨道。

1989 年 3 月，控制危险废物越境转移全球公约全权代表大会在巴塞尔召开，100 多个国家派出代表出席会议。会议审议了特设工作组提交的公约最后草案，一致通过了《巴塞尔公约》。该公约于 1992 年正式生效。

《巴塞尔公约》自述的主要目标是，减少危险废物的产生，促进对危险废物进行无害环境管理，无论处置地点在哪里；限制危险废物的越境转移，除非认为符合无害环境管理原则；适用于允许越境流动情况的监管制度。其适用范围包括根据其来源和/或成分及其特点被定义为“危险废物”的各种废物，以及被定义为“其他废物”的两类废物——家庭废物和焚化炉灰烬。为实现这些目标，缔约国必须在批准公约后 6 个月内通过国家立法对危险废物和可回收危险材料向缔约国境外的运输提出要求：不得向禁止进口的国家出口；未经特定货物进口国书面同意不得出口（称为“事先知情同意”）；不得向有理由相信此类材料不会以无害环境的方式进行管理的国家出口；必须将非法贩运这类材料定为非法，并将其作为刑事事项予以处罚；不得向非缔约国或民族国家出口或从其进口，除非订立了双边、多边或区域协定或安排，涵盖不低于公约规定的无害环境的越境转移；不得向南极洲出口；特定货物必须按照公认的国际规则和标准进行包装、贴标签和运输，并附上描述该货物的文件，直至其到达最终目的地；除非出口国没有处理此类材料的技术能力或适当的设施或场地，或进口国要求将此类材料用于回收或回收作业，否则不得出口；如果不能按照合同条款完成装运，并且如果不能作出无害环境的替代安排，进口国必须确保退回出口国等。①

总体来说，《巴塞尔公约》的主要内容有三项。第一项是事先通知和事先书面同意，即“事先知情同意”。该项内容是最为重要的一项，旨在赋予危险废物接收国权利。只要接收国事先同意，就可以接收危险废物。第二项是出口国有义务禁止危险废物出口，如果该国政府不满意废物将在进口国得到妥善管理。这项内容赋予危险废物出口国权利，决定其是否出口危险废物。第三项是对非法运输实施处罚，以及提出与废物运输的安全性相关的具体要求。这项内容赋予危险废物转移途径中的第三国权利，以及对运输企业的非法行为作出处罚。

可以看出，《巴塞尔公约》提出的内容仅仅是给危险废物转移设置一些原则和程序。

---

① *Basel Convention on the Control of Transboundary Movements of Hazardous Wastes and their Disposal*, Secretariat of the Basel Convention.

对于第三项主要内容，途经的第三方国家一般不会设置障碍，对非法运输的企业实施处罚也是非常普通的要求，所以这一项内容起不到太大的作用。对于第二项主要内容，由于危险废物的出口国往往是危险废物越境转移中的最大受益者，所以即使他们发现废物进口国对转移来的危险废物不能妥善管理，也会睁一只眼闭一只眼。即使对于最为核心的第一项内容，也要求危险废物出口前必须征得进口国同意才能出口，但是并不能禁止两国之间私下的违法交易，也不能防范接收国因贿赂或屈从压力而接收危险废物。《巴塞尔公约》签订后发达国家越境转移至发展中国家的危险废物不降反升的事实也证明了这一项内容的无效性。所以从本质上来讲，《巴塞尔公约》仅提出一些限制危险废物越境转移的原则和程序。在经济利益的驱动下，这些原则性程序很难阻止危险废物的越境转移。

其实在 1989 年全球层面达成《巴塞尔公约》之前，经济合作与发展组织就曾经为成员国制定过一些控制危险废物出口的协议。因为该组织意识到，发达国家之间可以取长补短，各自处理自己擅长的危险废物，而把自己不擅长处理的危险废物越境转移给其他成员国处理，这样可以在很大程度上降低危险废物的处理成本。所以，经济合作与发展组织于 1981 年就开始考虑采取措施控制危险废物的越境转移，1984 年，更是通过第一份名为《关于危险废物越境转移的决定和建议》的协定规定“事先通知有关国家的主管当局”，并提请注意通知程序的范围和内容、拟界定为危险废物的废物类型、限制的经济影响及限制对非经济合作与发展组织成员的影响等。①

但是这个协定只是发达国家俱乐部内部的规定，并没有将广大的发展中国家纳入在内，算不上全球环境协定，而只是区域环境协定。再者，即使发达国家之间可以取长补短，但与发展中国家相比，发达国家处理危险废物的成本总体很高。因此，发达国家很快将目光转向亚洲和非洲等发展中国家，或干脆将危险废物非法倾倒入全球公共区域，从而造成全球性环境污染。从禁止危险废物越境转移的角度来看，《巴塞尔公约》作为一个框架公约并未发挥任何实质性作用。但是，该公约将危险废物接收国的文书认可作为危险废物越境转移的条件至少起到了登记的作用。此外，该公约为该议题的后续发展奠定了基础。

关于如何看待《巴塞尔公约》，美国国内形成了两方面的力量。作为禁止危险废物越境转移这个环境议题的反对者，美国工业界是《巴塞尔公约》的支持方，其原因在于该公约允许危险废物越境转移，仅对转移提出了程序性要求。作为禁止危险废物越境转移这个环境议题的支持者，一些环境组织对该公约提出了严厉的批评，要求更为激进的制度安排。双方的博弈非常奇妙、复杂。美国工业界大力支持公约的谈判、签约和批约等，其目的是锁定危险废物越境转移的程序，一劳永逸地为危险废物越境转移保留通道；环境组织批评该公约做得远远不够，但并不能阻止公约的达成。双方的博弈最终明显有利于工业界。

一方面，随着美国国内危险废物处理处置法律法规的收紧，以及国内环保运动的高涨，

① *Decision-Recommendation of the Council on Transfrontier Movements of Hazardous Waste*，OECD，2022.

美国工业界迫切需要寻找途径将本国的危险废物越境转移至国外，尤其是转移到发展中国家。将危险废物运送到发展中国家的成本通常远低于美国国内的处理成本，还能为工业界带来可观的经济收益，因此美国工业界强烈支持危险废物越境转移，要求美国积极签署和批准《巴塞尔公约》。美国环保局的一份简报印证了工业界的想法。该简报指出，美国的危险废物出口主要出于经济原因，或者由于美国没有可用的设施。随着《美国资源保护与回收法》的规定越来越严格，危险废物的产生者正在其他国家寻找更便宜或更容易获得的设施。① 美国商会资源政策部经理哈维・奥尔特（Harvey Alter）也说，美国工业界越境转移至国外的危险废物绝大多数可以回收，这些可回收固体废物的国际贸易每年可为美国工业界带来 50 亿美元的顺差。因此，美国工业界需要《巴塞尔公约》这样的国际协议，美国商会支持美国迅速批准和实施该公约。哈维・奥尔特还强调，《巴塞尔公约》与其说是一项环境协议，不如说是一项贸易协议。化学品制造商协会发言人弗雷德・麦克唐尼（Fred McEldownney）表示，"我们强烈支持美国批准《巴塞尔公约》。"美国国际工商理事会（U.S. Council for International Business，USCIB）也有类似的呼吁和态度，表示强烈支持《巴塞尔公约》。② 可以看出，美国工业界强烈支持危险废物越境转移，强烈要求美国签批《巴塞尔公约》，他们的眼中只有自身的利益，而根本不管危险废物接受国所要承担的环境污染风险。

另一方面，美国工业界支持《巴塞尔公约》可以巩固美国已经签订的双边协定。当时，美国与两个国家分别签署了危险废物越境转移的双边协定，即与加拿大签署的《美国—加拿大关于危险废物越境转移的协定》和与墨西哥签署的《美国—墨西哥关于危险废物和危险物质越境运输的协定》。根据《巴塞尔公约》的相关规定，如果美国不批准公约，一旦公约生效，《巴塞尔公约》的缔约国将有义务停止与美国进行危险废物贸易，除非美国与这些国家就此类废物达成符合公约的双边或多边协议。尽管美国已经与加拿大及墨西哥签署的双边协定还算数，但是这些协定不能包括《巴塞尔公约》所涵盖的城市废物及其焚烧产生的灰烬等。也就是说，如果美国不签批《巴塞尔公约》，就会限制已有双边协定的危险废物贸易范围，从而会损害美国工业界的利益。正如钢铁制造商协会（Steel Manufacturers Association，SMA）主席詹姆斯・柯林斯（James F. Collins）所强调的，我们强烈建议美国批准《巴塞尔公约》，并在保护人类健康和环境的规则下允许继续出口危险废物。如果美国批准该公约，则可以继续维持现有双边协定，可以继续向加拿大和墨西哥出口废物。③ 可以看出，美国工业界为巩固已有利益，也存在强烈支持危险废物越境转移、强烈要求美国

---

① *Hearing Before the Subcommittee on Transportation and Hazardous Materials of the Committee on Energy and Commerce House of Representatives one Hundred Second Congress First Session on H.R. 2358，H.R. 2398，and H.R. 2580*，Committee on Energy and Commerce，Serial No. 102-66，October 10，1991.

② Rebecca A. Kirby，"The Basel Convention and the Need for United States Implementation"，*Georgia Journal of International and Comparative Law*，Vol. 24，No. 2，1994，pp. 281-305.

③ *Hearing Before the Committee on Foreign Relations United States Senate，One Hundred Second Congress Second Session*，U.S. Government Printing Office. S.HRG. 102-576，Washington，March 12，1992.

签批《巴塞尔公约》的动机。

另外，如果美国签署并批准《巴塞尔公约》，还可以进一步为美国工业界拓宽危险废物越境转移的市场，并且披上“合法”越境转移的外衣。根据《巴塞尔公约》的条款，如果是该公约的缔约方，只要满足“事先知情同意”等原则性要求就可以与其他缔约方进行危险废物合法交易。当时美国只有与加拿大和墨西哥两个相关的双边协定，如果要进一步拓展别国市场会遇到很多障碍。因为当时发展中国家和国际环境组织对美国等发达国家非法进行危险废物越境转移倾倒非常不满，美国很难再与其他发展中国家缔结双边协定。而《巴塞尔公约》为美国提供了一个很好的机会，即只要成为公约的缔约方，就可以在公约松散的要求下进一步拓展危险废物越境转移的市场，进一步拓展美国工业界的利益。正如宾夕法尼亚州阿伦顿国际贵金属协会（International Precious Metals Institute，IPMI）环境和监管事务委员会主席约翰·布洛克（John C. Bullock）所言，《巴塞尔公约》是个很好的工具，我们支持它，并敦促美国批准。①

为此，美国工业界想方设法通过法案的形式来表达自己的观点和行动。例如，有国会议员就代表美国工业界提出《废物出口管制法案》，要求美国尽快签署和批准《巴塞尔公约》，并建议修订《固体废物处置法》。② 该法案提出，修订《固体废物处置法》，对固体废物出口提出要求；禁止从美国出口固体废物，除非美国与接收国之间有协定；禁止从美国出口固体废物，除非出口商已获得美国环保局局长的许可；美国环保局局长在颁发许可证前，应确保固体废物管理方式的严格程度不低于在美国管理废物所需的严格程度；要求美国环保局局长每年向国会报告所有固体废物出口情况。其实这项提案的内容与《巴塞尔公约》的条款差不多，可以说是“同样严格”的标准，③ 表示工业界积极支持该公约，也表示工业界积极支持美国签署和批准该公约。正如该法案提出者所言，该项法案并没有禁止美国废物的出口，相反，其目标是纠正美国当前出口管制计划的缺陷，并为美国履行国际协议和全球环境责任提供一个框架。④

综上可知，美国工业界从自身利益出发，表面上说都支持《巴塞尔公约》的条款，但他们的目的不是要禁止危险废物的越境转移，而是为危险废物的越境转移提供一个合法的理由。

与美国工业界相反，环境组织则反对危险废物越境转移，提出要完全禁止固体废物的越境转移。最有代表性的事件就是 1991 年 6 月 6 日有国会议员代表环境组织提出的

① *Hearing Before the Committee on Foreign Relations United States Senate*，*One Hundred Second Congress Second Session*，U.S. Government Printing Office. S.HRG. 102-576，Washington，March 12，1992.

② Synar，Michael Lynn，“H.R.2358-Waste Export Control Act”，*102nd Congress*（*1991-1992*），May 15，1991.

③ Grant L. Kratz，“Implementing The Basel Convention into U.S. Law：Will it Help or Hinder Recycling Efforts?”，*Brigham Young University Journal of Public Law*，Vol. 6，Issue 2，1992，pp. 323-342.

④ *Hearing Before the Subcommittee on Transportation and Hazardous Materials of the Committee on Energy and Commerce House of Representatives one Hundred Second Congress First Session on H.R. 2358，H.R. 2398，and H.R. 2580*，Committee on Energy and Commerce，Serial No. 102-66，October 10，1991.

《废物进出口法案》。该法案提出，修订《固体废物处理法》，以禁止从美国出口或向美国进口固体废物。这项禁令不包括出国旅行的个人携带的少量生活垃圾和打包的废纸、废纺织品或废玻璃，前提是这些废物是为回收目的而出口或进口；与废物流分离；不包括其储存、处理或处置受《有毒物质控制法》管制的任何物质，或被确定为具有危险废物特征的任何物质。更重要的是，该法案在“固体废物”的定义中包括《巴塞尔公约》所涵盖的所有废物，以及低放射性废物和与低放射性废物混合的废物（这是公约中不包含的）。违反该法案的行为将受刑事处罚，同时废除有关危险废物出口的规定。①

该法案的提出者指出，美国的废物越境转移到国外，不是因为这些废物在国外会得到更好的处置，而是因为它们将逃避美国的环境法规和责任法。许多含有毒素的废物未被归为危险废物，如含有铅和汞的城市焚烧炉灰烬。因此，应该关注所有固体废物，以确保覆盖所有毒素。尽管美国出口少量的工业废物，但对那些不产生工业废物且其健康影响未知的国家来说，也可能是灾难性的。如果没有美国的技术支持，废物贸易商将以道路材料、填埋或回收等名义倾倒危险废物。因此，美国目前的政策不负责任，并威胁到其他国家的公共健康和环境。所以最好的政策是把废物留在国内，并且美国有足够的动力来开发专门技术。②

可以看出，该法案具有明显的进步，其目的是完全禁止固体废物的越境转移，并且提出的固体废物种类远超过了《巴塞尔公约》规定的范围。但是该法案的观点和内容受到美国工业界的强烈抨击和反对，从而导致美国政府和国会消极对待该法案。其实，对于美国来说，禁止危险废物越境转移这个环境议题产生的环境后果不在美国本土，对美国广大民众的影响不大，其生存危机基本不存在，美国国内的环境组织很难广泛动员美国民众来支持他们的立场，因此其力量很弱小。

但国际环境组织就大不一样了，它们代表了全世界受环境影响的广大民众。这些组织谴责《巴塞尔公约》的约束力太弱，无法保护发展中国家，并且认为该公约推动了危险废物贸易的合法化。要彻底解决废物越境转移的问题，就必须全面禁止各类固体废物的进出口，而不能以任何借口“开口子”。例如，绿色和平组织强烈反对老布什政府提出的 H.R.2398 法案，因为这项法案允许有毒废物自由贸易；反对商业界积极推动的 H.R.2358 法案，尽管该法案为美国废物出口建立了新的监管体系，但是它在一定的范围内也允许有毒废物自由贸易。绿色和平组织强烈支持美国环境组织推动的 H.R.2580 法案，因为该法案完全禁止美国危险废物的进出口，从根本上杜绝了美国有毒废物的跨国贸易。全面禁止美国废物出口，不仅可以拯救其他国家人民的生命，还将向美国工业界发出一个强烈的信息，即必

---

① Towns，Edolphus，“H.R.2580-Waste Export and Import Prohibition Act”，*102nd Congress*（*1991-1992*），October 10，1991.

② *Hearing Before the Subcommittee on Transportation and Hazardous Materials of the Committee on Energy and Commerce House of Representatives one Hundred Second Congress First Session on H.R. 2358，H.R. 2398，and H.R. 2580*，Committee on Energy and Commerce，Serial No. 102-66，October 10，1991.

须停止生产有毒废物。但是国际环境组织毕竟不是美国本土环境组织，他们的影响力对美国来说不大。所以尽管他们有所呼吁，但并不能在本质上改变美国工业界的绝对影响力。

6.2.2　美国政府签约并积极争取批约

美国是世界上最早关注危险废物处置的国家之一，但其早期的法律法规主要是针对美国本土危险废物的处理处置，并不涉及危险废物越境转移方面的内容。美国最早专门针对固体废物处置的法律是 1965 年颁布的《固体废物处置法》（*Solid Waste Disposal Act*，SWDA），其主要目的是在全国范围内控制固体废物对土地的污染，保护公众健康及环境，合理回收利用废物，并为未来该领域的法律法规制定并搭好框架。这部法律针对的是固体废物，并没有明确提出危险废物的处理和处置问题，更没有提及危险废物越境转移的问题。此时美国的固体废物产自美国国内，也在美国国内进行处理处置，属于典型的美国国内环境问题。

1976 年，美国对《固体废物处置法》进行修订，出台《资源保护和恢复法》（*Resources Conservation & Recovery Act*，RCRA），在国家层面重新建立固体废物分类系统，要求固体废物产生者确定其产生的废物是否为危险废物，提出危险废物处理、储存或处置设施和运输的最低标准与许可要求，建立跟踪危险废物转移系统，要求美国环保局对危险废物实行“从摇篮到坟墓”的全程监管，但并未明确涉及危险废物的出口问题。可以看出，此时美国已经对固体废物进行了详细分类，明确提出危险废物的范围，并提出国内严格的监管措施。由于此时固体废物环境问题仍是美国国内环境问题，所以美国很积极，也很严格。

随着美国经济社会的飞速发展，国内的固体废物（含危险废物）产生量逐年增加，成为名副其实的危险废物产生大国。[①] 然而，在固体废物尤其是危险废物的处理处置过程中不可避免地产生了很多环境问题。而随着美国国内广大民众环境意识的觉醒及环保运动的不断高涨，在美国本土随意掩埋或处置危险废物的行为遭到越来越强烈的抵制。在这种情况下，美国决策者通过严格的法律法规，限制或禁止在国内掩埋或处置危险废物。1984 年的《资源保护和恢复法》修正案禁止许多种类的固体废物（含危险废物）在美国国内的垃圾填埋场进行处置。

随着美国国内危险废物处置法律法规越来越严格，处置成本也就越来越高。据估计，1980 年美国国内处置危险废物的成本大约是 15 美元/吨，到 1989 年已经上涨为 250 美元/吨，而非洲国家 1989 年处理危险废物的成本仅为 40 美元/吨。[②] 在这样的情况下，美国的许多危险废物生产者将眼光瞄向国外，尤其是发展中国家。从而“就像下坡的水一样，危险废

---

① Elizabeth R. Desombre，“Understanding United States Unilateralism：Domestic Sources of U.S. International Environmental Policy”，pp. 181-199.

② Mary Tiemann，“Waste Exports：U.S. and International Efforts to Control Transboundary Movement”，*Congressional Research Service Issue Brief*，December 4，1989.

物总是沿着阻力最小、费用最低的道路进行处置。在全球范围内寻找危险废物‘安全港’的条件已经成熟”。[①] 也就是说，随着美国国内危险废物处理处置监管措施越来越严、成本越来越高，向发展中国家出口危险废物成为美国首要的选择。这也使美国将国内的环境问题转移到国外，成为国外环境问题或全球环境问题。

为更好地向国外越境转移危险废物，1984 年美国国会通过了《危险和固体废物修正案》（*Hazardous and Solid Waste Amendments*，HSWA），授予美国环保局控制危险废物出口的权力，并与美国国务院协同开展工作，但将危险废物的范围限制在《资源保护和恢复法》定义的范围（不包括后来《巴塞尔公约》规定中的焚烧炉灰和城市污泥）。《危险和固体废物修正案》明确提出禁止任何危险废物的出口，除非出口商在危险废物离开美国之前已通知美国环保局计划出口，接收国政府已同意接收废物，废物运输附带书面同意书副本及运输符合同意条款等，即所谓的“事先知情同意”。也就是说，只要满足“事先知情同意”原则，美国就可以将危险废物越境转移至国外处理。此外，危险废物出口商必须向美国环保局提交年度报告，总结当年出口的危险废物的类型、数量、频率和目的地等。[②] 可以看出，美国为将国内的危险废物越境转移至国外专门修订了相关法律。

危险废物越境转移环境议题进入初始阶段后，议题的支持方与反对方进行了复杂的博弈，其结果是博弈双方获得各自认可的双赢。从美国工业界来看，《巴塞尔公约》并未禁止危险废物越境转移；从环保主义者的角度来看，《巴塞尔公约》为后续禁止危险废物越境转移迈出了第一步。《巴塞尔公约》谈判顺利，美国在从谈判到签约的全过程表现出积极的政策倾向。

1989 年 3 月，老布什总统宣布了一项新的政策：除非美国与进口国签订了一项双边协议，以确保废物的环境无害管理，否则禁止从美国出口所有危险废物。[③] 这项政策为美国签署《巴塞尔公约》做好了铺垫。当《巴塞尔公约》在国际上获得通过后，美国政府迅速做了详细评估及准备工作。老布什总统于次年 3 月积极签署了该公约。

1991 年 5 月，美国国务院积极向总统提交了《巴塞尔公约》信函，希望美国国会予以尽快批准。[④] 该信函指出，美国批准《巴塞尔公约》对自身很有利。首先，根据公约要求，所有缔约方都有义务参与通知和同意计划。目前，除加拿大和墨西哥（与美国有双边协议）外，其他国家没有义务通知美国计划向美国出口废物或过境美国，而美国批准公约显然会

---

① Peter Obstler，“Toward a Working Solution to Global Pollution：Importing CERCLA to Regulate the Export of Hazardous Waste，*Yale Journal of International Law*，Vol. 16，Issue 1，1991，p. 80.

② Florio，James Joseph，“H.R.2867-Hazardous and Solid Waste Amendments of 1984”，*98th Congress*（*1983-1984*），May 3，1983.

③ *Hearing Before the Subcommittee on Transportation and Hazardous Materials of the Committee on Energy and Commerce House of Representatives one Hundred Second Congress First Session on H.R. 2358，H.R. 2398，and H.R. 2580*，Committee on Energy and Commerce，Serial No. 102-66，October 10，1991.

④ “Basel Convention on the Control of Transboundary Movements of Hazardous Wastes and Their Disposal”，United States 102nd Congress，S. Treaty Doc. No. 102-5，1991.

改变这种情况。其次，美国可以继续向加拿大及墨西哥出口危险废物。根据公约规定，缔约方国家有义务停止与非缔约方国家进行废物贸易，除非他们之间就此类废物达成符合公约的双边或多边协议。当前美国大部分危险废物出口到加拿大及墨西哥，而墨西哥已经批准了该公约，预计加拿大也将很快批准。因此，如果美国批准该公约，就可以与加拿大及墨西哥在当前的双边协议框架下继续进行废物出口。显然，该观点与美国工业界的完全相同。如果美国批准公约，可以在巩固现有双边协定的基础上进一步扩大越境转移危险废物的范围。再次，美国可以扩大废物出口的国家。一旦美国成为公约缔约国，原来受管制的废物贸易也可以在公约框架下进行。该观点与美国工业界的观点也完全相同。最后，如果美国批准公约，将可以与其他国家建立双边协定，拓宽美国现有危险废物越境转移的渠道。总之，美国国务院的这些观点与美国工业界如出一辙。很明显，美国决策者的态度受到了美国工业界的巨大影响。

当然，美国国务院也强调，如果美国不批准《巴塞尔公约》将为美国带来不利影响。首先，一旦该公约生效，公约缔约国将停止与美国的废物贸易，除非美国与公约缔约国达成符合公约规定的双边或多边协议。当前，美国仅与加拿大及墨西哥之间签订了关于危险废物越境转移的双边协定，尽管美国可以继续与加拿大及墨西哥进行这些协定所涵盖废物的贸易，但对公约所涵盖的城市废物及其焚烧产生的灰烬除外，这将严重影响美国此类废物的越境转移。其次，美国未能批准该公约可能会阻碍其他国家批准该公约，从而减少全球许多国家加入该公约所获得的好处。其实，美国国务院的这种反向强调是想再次表达批准公约的重要性，也与美国工业界的观点高度一致。

收到国务院的信函后，老布什总统很快将《巴塞尔公约》转呈参议院征求同意和批准意见，并表现出积极的愿望。[①] 老布什总统在给参议院的呈送函中说，《巴塞尔公约》是在联合国环境规划署的主持下，在美国的积极参与下谈判达成的，它将"无害环境管理"作为废物越境转移的先决条件。在这里可以看出，美国对于《巴塞尔公约》的谈判过程也很积极。老布什总统强调，他之所以签署该公约，是因为其建立的"通知和同意制度"推进了美国长期以来所坚持的环境目标，美国也是第一批立法禁止未经进口国同意而出口危险废物的国家之一。从老布什总统的表述中也可以看出，《巴塞尔公约》的要求范围基本上没有超出美国本土的立法要求，美国签批该公约不会对美国的法律法规体系带来什么影响。老布什总统还说，当该公约的谈判接近尾声时，他曾宣布美国政府当局计划寻求法定权力禁止危险废物出口，除非有根据规定对废物进行无害环境管理的双边协议。而美国已经与加拿大及墨西哥达成了这样的协议。很明显，老布什总统想让美国国会知道，批准《巴塞尔公约》更有利于巩固现有多边协定。

老布什总统在将《巴塞尔公约》转呈国会时，也将政府支持的拟议立法一并转交给国

① "Basel Convention on the Control of Transboundary Movements of Hazardous Wastes and Their Disposal", United States 102nd Congress, S. Treaty Doc. No. 102-5, 1991.

会，即《1991 年危险废物和其他废物进出口法案》（H.R.2398 和 S.1082）。该拟议立法的目的就是支持工业界提出的建议，执行《巴塞尔公约》。[①] 该法案提出，首先应修订《固体废物处置法》。除该法案规定外，从美国出口或向美国进口任何危险废物或其他废物均属违法，但是下列情况除外：一是美国与出口国或进口国之间存在现有的双边或区域废物出口或进口协定；二是《固体废物处置法》中有具体规定；三是在本法颁布后签订的双边或区域废物出口或进口协定，前提是此类协定要求进行无害环境的废物管理并遵守适用的美国联邦法律。其次，如果危险废物不能以无害环境的方式进行管理，并根据进口国、过境国及美国的法律、适用的国家计划和合同条款进行管理，那么就将出口或进口危险废物或其他废物定为非法。再次，要求出口商向总统提交拟出口通知，以便转给进口国和过境国；在将危险废物或其他废物进口到美国之前，也必须通知总统并征得同意等。最后，正如时任美国环保局局长的威廉·赖利（William K. Reilly）所言，政府提议的拟议立法将允许继续进行危险废物越境转移，特别是用于回收利用的废物，但前提是以无害环境的方式管理废物，同时禁止向准备不足的国家出口具有潜在危险的废物。[②] 从美国政府的拟议立法可以看出，美国政府非常积极推动国会批准该公约，这与国际主流观点一致。但也可以看出，美国的政策倾向与本土工业界的观点一致，并非像环境组织提议的完全禁止危险废物越境转移，而是想方设法巩固现有双边关系，进一步拓展新的双边关系，保障美国的危险废物越境转移顺利进行。

收到老布什总统的呈送函后，国会外交关系委员会经过决议同意了该议案并上报参议院。1992 年 8 月，参议院经分组表决达成谅解意见和同意批准的决议。[③] 然而，尽管国会外交关系委员会经过决议同意该议案并上报参议院，国会也同意批准《巴塞尔公约》。但国会认为，在批准《巴塞尔公约》之前美国需要制定额外立法，以提供必要的法定权力来实施其要求，即美国需修改现有的《资源保护和回收法》才能批准公约，主要表现在以下几个方面。一是《资源保护和回收法》中定义的危险废物与《巴塞尔公约》定义的受保护的废物在定义和范围上存在较大出入。[④] 二是美国环保局要得到美国国会授权，才能在出口与环保要求不符的废物时有权予以制止，而当时的实际情况是，在接受国同意的情况下美国环保局无法进行干预。三是在不符合相关规定的条件下，美国出口到他国的废物要运

---

① Chafee，John Hubbard，“S.1082-Hazardous and Additional Waste Export and Import Act of 1991”，*102nd Congress（1991-1992）*，May 15，1991.

② *Hearing Before the Subcommittee on Transportation and Hazardous Materials of the Committee on Energy and Commerce House of Representatives one Hundred Second Congress First Session on H.R. 2358，H.R. 2398，and H.R. 2580*，Committee on Energy and Commerce，Serial No. 102-66，October 10，1991.

③ “Basel Convention on the Control of Transboundary Movements of Hazardous Wastes and Their Disposal”，United States 102nd Congress，S. Treaty Doc. No. 102-5，1991.

④ 《资源保护和回收法案》（RCRA）将危险废物定义为：固体废物或固体废物的组合，由于其数量或物理、化学或传染特性，可能导致或极大地促进死亡率增加或严重不可逆转或丧失能力的可逆疾病的增加；或在处理、储存、运输或处置或以其他方式管理不当时，对人类健康或环境构成重大的现有或潜在危害。

回美国，然而美国现行法律与《巴塞尔公约》存在不同。美国环保局局长威廉·赖利也在国会上作证说，美国环保局没有法定权力来履行公约规定的其他义务。①

其实，美国国会除了表达有意愿批准《巴塞尔公约》外，还多次试着引入法案和听证会对相关立法进行修正。在第100届国会中，美国的众议院和参议院都引入了废物出口立法，尽管最终没有制定任何立法，但总体来说，这些法案解决了目前美国控制危险废物和其他废物出口的法律中存在的差距，并建议增加联邦政府在这方面的权力。在第101届国会中，众议院几个小组委员会多次就美国危险废物出口问题举行了听证会。例如，众议院能源和商业委员会审议了新的废物出口立法（H.R.2525），就是对《资源保护和回收法》进行更广泛审查的一部分。从美国国会的表态和行为来看，美国国会其实也支持《巴塞尔公约》，只不过还需对当时美国国内的相关立法进行修正。

总之，由于《巴塞尔公约》在禁止危险废物越境转移问题上不具有实质性的作用，美国工业界从自身利益出发，认为美国批准《巴塞尔公约》对自身极其有利，所以他们利用自身强大的经济实力和相关协会会员的力量，通过积极参与公约谈判、积极动员美国国会议员提出议案、参与国会听证会等方式，向美国政府及国会施压，从而达到自身的目的。而由于危险废物越境转移的问题对美国广大民众的影响不大，所以美国本土环境组织的积极性不高。尽管环境组织批评《巴塞尔公约》并不能制止危险废物非法越境转移，但是达成公约毕竟是环境议题的一个小进步，而且《巴塞尔公约》的后续发展可能走向对危险废物越境转移实施全面禁止。因此，环境组织并不便于直接阻挠《巴塞尔公约》的达成、签约或批约，他们的行动方式是高调批评、实际默许。综合博弈的结果是，美国决策者积极签署《巴塞尔公约》并准备考虑批准该条约。在环境议题初始阶段的《巴塞尔公约》问题上，美国国会与国际主流观点一样，保持着积极的政策倾向。

此后，《巴塞尔公约》并未按照美国工业界预设的轨道发展，而是逐渐增添了实质性内容，以阻止危险废物的越境转移。禁止危险废物越境转移这个环境议题由此进入实质性阶段。

6.3 《禁止修正案》谈判时期：1993—1995年

1992年5月《巴塞尔公约》生效。次年，公约秘书处调查了各国关于危险废物越境转移造成的损害情况。结果发现，许多发展中国家遭受到多起非法运输事件，大多数伤害事件都与未按照该公约要求通知和同意装运有关。这些现象再次激起了发展中国家及环境组织的不满，他们强烈呼吁要对《巴塞尔公约》进行修正，彻底禁止发达国家向发展中国家越境转移危险废物，强调只有这样才能彻底杜绝此类现象的发生，禁止危险废物越境转移

① Jeffrey M. Gaba，"Exporting Waste：Regulation of the Export of Hazardous Wastes from the United States"，*William & Mary Environmental Law and Policy Review*，Vol. 36，Issue. 2，2012，pp. 405-490.

环境议题由此进入实质阶段。

公约缔约方很快在1995年的缔约方会议上通过了《禁止修正案》，要求发达国家完全禁止向发展中国家越境转移废物。美国工业界中很多人原本希望通过达成一个程序性的《巴塞尔公约》，以此阻止国际环保主义者及发展中国家全面禁止危险废物越境转移的激进倡议，结果国际环保主义者及发展中国家并未止步，终于推动达成了《禁止修正案》。这一修正案使美国工业界的生存危机极大提升，导致美国主要废物回收行业撤回了对批准《巴塞尔公约》的支持，主要是因为该修正案为公约注入实质性限制条款，在发达国家和发展中国家之间划清了界限，影响了美国废物回收行业的利益。此外，后续公约新增的固体废物涵盖一些美国工业界认为是可回收的废物，将这部分废物包含在禁止贸易的范畴会损害回收业的传统利益，这也是导致回收行业撤回对《巴塞尔公约》支持的原因。而美国国内广大民众和其本土环境组织的生存危机不变，对此议题的关心程度仍然不够，远不及美国工业界的反应激烈。因此，美国政府最终接受了美国工业界的观点，不再寻求美国国会就批准《巴塞尔公约》及《禁止修正案》采取行动，美国国会也撤回了该公约的相关讨论。

本节重点介绍在禁止危险废物越境转移环境议题的实质阶段，美国对待《禁止修正案》的政策倾向及其因果机制。

6.3.1 美国工业界的态度坚决

《巴塞尔公约》生效后，缔约方一直致力于加强相关工作。然而，发展中国家和国际环境组织发现，在“事先知情同意”的原则下接收美国等发达国家越境转移来的危险废物和其他废物，以及在进口国采用无害环境方式管理等方面仍然存在很大挑战，除了没有实现公约的目的，还导致危险废物越境转移的量越来越大，危险废物私下交易和随意倾倒的非法活动越来越猖獗。在第三次缔约方会议上，就有代表强调，在第二次缔约方会议至第三次缔约方会议期间，他们的国家遭到多起非法运输事件。强烈谴责危险废物的非法运输活动，呼吁加强国际和国家行动，预防和监督这类活动。① 为应对这一挑战，发展中国家及国际环境组织等强烈要求完全禁止发达国家向发展中国家转移废物，禁止危险废物越境转移环境议题进入实质阶段。

为此，在1995年第三次缔约方会议上第Ⅲ/1号决定正式通过了《禁止修正案》。该修正案增加了一项新的第4A条和新的附件七，规定禁止从公约附件七所列国家和组织（经济合作与发展组织、欧共体、列支敦士登的缔约方和其他国家）向其他所有国家出口公约所涵盖的用于最终处置、再利用、再循环和回收的所有危险废物（不包含放射性废物）。具体来说，就是禁止发达国家向发展中国家越境转移以最终处置为目的和用于回收利用的所有

① 联合国环境规划署，《控制危险废物越境转移及其处置巴塞尔公约缔约方会议第三次会议报告》，UNEP/CHW.3/34，1995年10月17日。

危险废物。后来，为进一步澄清《禁止修正案》所涵盖的废物范围，1998 年通过了两份新的详细废物清单作为公约附件八和附件九。接着又分别于 2002 年、2004 年和 2013 年通过了对附件八和/或附件九即废物清单的进一步修订。由于以美国为首的发达国家反对，即不批准《禁止修正案》，使该修正案一直达不到生效的条件。直到 2019 年年底才最终满足条件而生效。

美国工业界原本希望通过一个原则性框架公约，这样他们就可以既巩固原有已存在的双边协定，又可以扩展新的危险废物输出渠道，不断拓展他们的利益。然而，《禁止修正案》打破了美国工业界的美梦，关闭了向发展中国家越境转移废物的通道，使工业界的利益严重受损，其生存受到极大挑战，所以他们对此强烈反对甚至抵抗。因此，美国工业界强烈呼吁美国决策者放弃对《禁止修正案》的支持。

受《禁止修正案》影响最为严重的是美国工业界中的废物回收企业，其生存受到的威胁也最大。根据商业回收联盟（Business Recycling Coalition，BRC）顾问哈维 • 奥尔特（Harvey Alter）的说法，美国工业界最令人担忧的问题不是《巴塞尔公约》如何规范需要最终处置的废物，而是如何管理用于回收危险材料的贸易。可回收物（在某些情况下称为二手材料）在国际市场上具有巨大的贸易价值。因此，如果禁止发达国家与发展中国家越境转移这些可回收物，势必对废物回收企业造成严重影响。在 1995 年缔约方会议上通过《禁止修正案》时，就有一位美国工业界的代表指出，如果禁止可回收物的自由国际贸易，从事回收活动的企业就有可能关闭，这就会造成大量工人失业，也不可能找到替代性职业。

美国工业界特别强调，允许可回收物在国际上进行贸易，不止对美国有利，更对废物接受国（发展中国家）有利。因为广泛禁止将废物运往发展中国家进行回收将使这些国家无法获得二次材料，并对原始材料造成压力，或阻碍对经济发展至关重要的某些行业。回收利用是可持续发展的一个重要组成部分，也是发展中国家许多基础工业增长的一个根本原因。许多发展中国家需要并依赖基于第二材料的工业的经济效益，并直接和间接地从第二工业产生的其他经济活动中获得经济效益。所有这些好处使该国能够负担得起环境控制。[①] 而且如果允许出口商对越境转移的危险废物进行加工，他们将更有动力帮助发展中国家实现技术能力和无害环境管理。[②] 有人甚至强调，禁止可回收材料的越境转移将伤害发展中国家，并可能使他们沦为重商主义和新殖民主义国家。所以美国工业界强烈呼吁，禁止运输可回收的废物可能是一种非环境性的贸易壁垒，公约应允许合法的可回收材料贸易。[③]

当时美国工业界最为强大的两个工业协会——美国商会和商业回收联盟都积极反对《禁止修正案》，并在形成美国反对它的立场方面发挥了很大影响。正如巴塞尔行动网络

① Harvey Alter，"Industrial Recycling and the Basel Convention"，*Resources，Conservation and Recycling*，Vol. 19，Issue 1，1997，pp. 29-53.

② Charles W. Schmidt，"Trading Trash：Why the U.S. Won't Sign on to the Basel Convention"，*Environmental Health Perspectives*，Vol. 107，No. 8，1999，pp. A410-A413.

③ Harvey Alter，"Industrial Recycling and the Basel Convention"，pp. 29-53.

（Basel Action Network，BAN）负责人吉姆·普克特（Jim Puckett）所言，美国在这个重要的道德和环境问题上的立场是由美国工业界的一小部分人决定的。这个特殊的利益游说团体希望维持有毒废物的自由贸易，以便他们能够将他们的污染问题输出到发展中国家可疑、危险和肮脏的回收作业中。这个观点指明了美国工业界对美国决策者的强大影响力，也揭示出美国工业界本质上是为了自身的利益却宣称主要是有利于发展中国家发展的虚伪面孔。

与美国工业界的态度相反，《禁止修正案》是由国际环境组织和广大发展中国家呼吁和提倡的，他们反对危险废物越境转移的主要论点是，这种贸易对危险废物接受国的环境质量有害，特别是如果他们是发展中国家，就没有适当的基础设施来确保无害环境管理。

国际上对这个环境议题最有影响力的环境组织是绿色和平组织和巴塞尔行动网络，它们倾向于彻底禁止危险废物越境转移，特别是向发展中国家转移，并对《巴塞尔公约》感到不满。[①] 他们并不认同废物回收行业的观点，而是努力推动《禁止修正案》的通过。

吉姆·普克特称，如果不能通过《禁止修正案》，那么《巴塞尔公约》就忽视了危险废物越境转移的一个关键现实：发达国家国内正面临处理处置危险废物日益增长的障碍和成本，所以他们有很强的经济利益动机在国外寻找更便宜的替代方案。一旦这种方案成熟，这些发达国家国内就不可能最大限度地实现危险废物的减量化及处置成本的压缩。因此，确保危险废物不会流入发展中国家的唯一方法是完全禁止这些出于经济动机的出口。发达国家应该在国内拥有自己的处置设施，尽量减少危险废物的产生，尽量减少危险废物的越境转移，这是《巴塞尔公约》的基本要求。所以，《禁止修正案》就像是筑起一道墙，阻止危险废物流向发展中国家。

环境组织强烈呼吁美国批准《禁止修正案》，并将其作为《巴塞尔公约》的一部分。[②] 他们对美国政府只批准《巴塞尔公约》（尽管最终没有批准）而不批准《禁止修正案》的意图和行为表示强烈反对。他们声称，在美国不批准《禁止修正案》的情况下，《巴塞尔公约》更多的是在使危险废物越境转移合法化，而不是在阻止这种行为。因此，如果不批准《禁止修正案》，就会倒退到废物自由贸易的时代。

其实推动《禁止修正案》的环境组织主要是国际环境组织，他们从国际层面呼吁美国支持禁止危险废物越境转移。然而，正如本书前述中所说，国际因素很难影响到美国在全球环境议题上的政策倾向。但是由于禁止废物越境转移环境议题的环境恶化后果主要在美国本土之外，所以美国的民众基本上对其不够关心，从而导致美国本土环境组织严重缺位，力量非常薄弱。在与美国强大的工业界较量中，美国本土环境组织相差甚远。

---

① Mary Tiemann，"Waste Trade and the Basel Convention：Background and Update，Specialist in Environmental Policy Environment and Natural Resources Policy Division"，*Congressional Research Service Report for Congress*，December 30，1998.

② "Green Groups Call on USA to Ratify International Toxic Waste Dumping Ban as Part of Basel Treaty"，*Center for international environmental law*，August 9，2001.

6.3.2 美国政府彻底放弃原来的努力

1992年5月《巴塞尔公约》生效后，全球危险废物越境转移的非法情况并没有改善，反而有愈演愈烈的倾向，所以从1993年开始，国际环境组织和发展中国家开始强烈呼吁全面禁止发达国家向发展中国家越境转移危险废物，但是美国国内的支持力量相当微弱。如果此举在国际上获得通过，那么美国工业界的利益就会严重受损，所以受到美国工业界的强烈反对。显然，与环境议题支持方相比，反对方的力量占据绝对优势。此时也成为美国政策倾向的转折点，即逐渐从积极转变为消极。

1994年，克林顿政府向国会提交了一份关于废物出口的“新原则”，作为《巴塞尔公约》实施立法的基础。这些原则最终呼吁禁止在北美以外出口所有危险废物、城市废物和城市焚烧炉灰烬，但总统在有限的情况下决定的例外情况除外。正如美国环保局局长所解释的那样，这些原则将确保废物在产生地附近进行管理，并允许政府对任何出口废物的环境无害管理进行监督。① 可以看出，克林顿政府提出的原则比前任政府有很大进步。然而，在美国工业界的强烈反对下，克林顿政府很快放弃了这一提议。相反，美国花费了大量的时间和金钱试图说服世界其他国家抵制《禁止修正案》。在《巴塞尔公约》多次缔约方会议上，美国代表团都试图说服缔约方拒绝或削弱《禁止修正案》。② 显然，尽管克林顿政府有意在一定程度上向《禁止修正案》靠拢，但是在行业极其强大的压力下不得不放弃。③ 这也导致在《巴塞尔公约》生效（1992年5月）至《禁止修正案》在国际上通过（1995年9月）的这段时间内，美国的政策倾向从积极过渡到消极。此时，禁止危险废物越境转移环境议题的议程也从初始阶段向实质阶段转变。

当公约缔约方于1995年9月通过《禁止修正案》后，美国政府立即撤回了对该修正案的支持，美国国会停止了关于批准和执行《巴塞尔公约》的进一步讨论。尽管有议员于1996年和1997年两次提出禁止废物进出口法案，目的是废除现有的危险废物出口禁令，禁止美国向非经济合作与发展组织成员国出口固体废物，④ 但该法案并没有得到国会其他议员的支持。如果说美国政府和国会有积极签署和批准《巴塞尔公约》的冲动，那么他们完全拒绝了《禁止修正案》。正如美国国务院的一位发言人所言，尽管美国政府还没有做出最终决定，但正在考虑只批准《巴塞尔公约》，而不批准《禁止修正案》，因为《禁止修正案》与《巴塞尔公约》本质上不同，即该修正案完全禁止发达国家向发展中国家倾倒有毒工业和其他废物，⑤ 美国政府仅支持不带修正案的《巴塞尔公约》。由于该修正案失去

---

① Statement of Carol Browner，Administrator，U.S. E.PA. before the Global Legislators Organization for Balanced Environment，Washington General Assembly，March 1，1994.

② A Letter from the Basel Action Network to the Acting Assistant Secretary of State Kenneth C. Brill.

③ “Environment：U.S. Seen Retreating from Hazardous Waste Pact”，*Inter Press Service*，August 15，2001.

④ Towns，Edolphus，“H.R.3893-Waste Export and Import Prohibition Act”，*104th Congress*（*1995-1996*），July 24，1996.

⑤ “Environment：U.S. Seen Retreating from Hazardous Waste Pact”，2001.

了美国工业界的支持，国会甚至不愿意批准不带修正案的《巴塞尔公约》。[①] 也就是说，《禁止修正案》摆上谈判桌后，禁止危险废物越境转移这一环境议题就进入实质阶段，美国的政策倾向完全转变为消极。

《巴塞尔公约》缔约方于 1998 年推行了新的废物管理制度，1999 年又讨论通过了《责任和赔偿议定书》，这两个事件进一步削弱了美国对《巴塞尔公约》及《禁止修正案》的支持。虽然一些美国官员支持新的废物分类制度，认为该分类制度类似美国已经遵守的经济合作与发展组织制度，但毕竟这两个制度之间还存在不小的差异，这阻碍了美国推动批约的决心。此外，《责任和赔偿议定书》的通过进一步削弱了克林顿政府对《巴塞尔公约》的支持。从克林顿政府对《巴塞尔公约》后续修订文件的态度可以看出，在缺乏国内支持力量的时候，即使是热衷环保的民主党政府也会消极对待环境议题的发展。

6.4 《塑料废物修正案》谈判时期：2018 年之后

美国是世界上最大的塑料废物生产国、第二大塑料废物输出国，作为全球唯一的霸权国，理应积极推进和引领全球塑料废物治理，然而它却对禁止危险废物越境转移这个全球环境议题消极对待，至今仍未批准《巴塞尔公约》及其修正案（包括《塑料废物修正案》）。究其原因在于，以美国塑料产业及石化行业为代表的产业界坚决反对。国际上没有通过《塑料废物修正案》之前，塑料废物并没有纳入《巴塞尔公约》框架规定的范围之内，不属于危险废物种类，所以美国可以与发展中国家进行自由贸易，既可以将美国国内的污染转移至国外，还能带来非常丰厚的经济利益。当塑料废物纳入《巴塞尔公约》的框架内以后，由于美国不是公约缔约方，它与公约缔约方之间进行塑料废物贸易就非常受限，这极大地损害了美国工业界的利益，使其生存危机不断上升，所以美国工业界予以坚决反对。而美国广大民众和其本土环境组织的生存危机不变，延续了以往不关注的姿态，在这个环境议题中继续缺位，导致美国工业界的影响力几乎呈现“一边倒”的趋势。因此，美国工业界的态度决定了美国的政策倾向。美国工业界坚决反对《塑料废物修正案》，进而使美国决策者消极对待该修正案，既不签约，也不批约。

本节重点介绍在禁止危险废物越境转移环境议题的实质阶段，美国对《塑料废物修正案》的政策倾向及其因果机制。

6.4.1 美国工业界强烈要求塑料废物越境转移合法化

《禁止修正案》于 1995 年在缔约方会议上通过后，并于 2019 年正式生效。在环境议题进入实质性阶段以后，美国国内工业界和环境组织的行为没有发生改变，因此美国的政

① Mary Tiemann，“Waste Trade and the Basel Convention：Background and Update，Specialist in Environmental Policy Environment and Natural Resources Policy Division”，1998.

策倾向也持续消极。至今也没有批准《巴塞尔公约》及《禁止修正案》。但是，禁止危险废物越境转移这个环境议题一直在不断发展，内容一直在丰富，最为重要的一项内容就是塑料危险废物的越境转移问题。

随着生产和生活水平的快速提高，全球塑料废物数量迅速增加。塑料废物极难分解，分解时间可达数十年甚至数百年，并且塑料污染可能出现在从生产、使用到最终处置的全生命周期，这对人类健康和环境构成了很大威胁，尤其是发展中国家在管理迅速增长的塑料废物方面面临着巨大挑战。① 然而，根据美国国会的调查，据估计，全球塑料产量已从 1950 年的 200 万吨/年增加到 2022 年的 4 亿吨/年；在全球曾经生产的 83 亿吨塑料中，63 亿吨已成为塑料废物。② 然而，由于塑料废物没有纳入《巴塞尔公约》的管控范围，所以发达国家将本国国内产生的大量塑料废物越境转移到发展中国家。美国是世界上最大的塑料废物生产国，第二大塑料废物输出国，其将塑料废物主要越境转移至缺少处理塑料基础设施的发展中国家的行为对发展中国家的环境造成严重污染。由此，塑料废物越境转移问题成为一个严重的全球环境问题，逐渐被纳入禁止危险废物越境转移这一国际环境议题。

早在《塑料废物修正案》出台的前夕，2018 年挪威提出了关于修正《巴塞尔公约》附件二、附件八和附件九的提案，提交同年 9 月的不限成员名额工作组会议上审议。③ 这项提议正是 2019 年缔约方会议通过的《塑料废物修正案》草案。

然而，塑料废物没有得到明确的定义，也没有包含在《巴塞尔公约》最初的危险物质分类中。为纠正这一覆盖范围的差距，缔约方会议投票决定修改《巴塞尔公约》，将塑料纳入覆盖的废物范围。为此，2019 年 4 月，在瑞士日内瓦召开的第十四次缔约方会议上通过了《塑料废物修正案》。其中，第 BC-14/12 号决定修订或增加了关于塑料废物的条目，通过了对《巴塞尔公约》附件二（涵盖所有废物塑料，特别是混合塑料）、附件八（包含危险塑料废物）和附件九（涵盖用于回收的非危险塑料废物）的进一步修正。④ 该决定规定，公约缔约方越境转移的废物中，凡属于附件二和附件八所列的塑料废物，都需要书面通知相关国家并获得书面答复，即要提前获得废物接受方的“事先知情同意”。

可以看出，原本没有纳入《巴塞尔公约》规定范围内的塑料属于非危险废物，可以在国家间自由贸易。美国作为世界上产生塑料废物最多的国家，其国内工业界非常热衷于塑料废物的越境转移。然而，《塑料废物修正案》将塑料废物纳入《巴塞尔公约》后，塑料废物的属性转变为危险废物，就要受到公约的约束，美国工业界出口废物将变得很困难，其生存受到很大挑战。同时，由于许多发展中国家签批《塑料废物修正案》后纷纷出台“限

---

① Plastic Waste Overview，Secretariat of the Basel Convention.

② Stevens，Haley，“H.R.2821-Plastic Waste Reduction and Recycling Research Act”，*117th Congress*（*2021-2022*），April 22，2021.

③ UNEP/CHW.14/27：Proposals to amend Annexes Ⅱ，Ⅷ and Ⅸ to the Basel Convention.

④ BC-14/12：Amendments to Annexes Ⅱ，Ⅷ and Ⅸ to the Basel Convention.

塑令"，使美国塑料废物出口举步维艰。

《塑料废物修正案》使美国工业界利益严重受损，其生存危机不断提升，所以他们早在该修正案谈判期间就予以坚决反对。2018年，当挪威提出《塑料废物修正案》草案时，以塑料工业协会（Plastics Industry Association，PIA）、美国化学理事会（American Chemistry Council，ACC）和废品回收工业协会（Institute of Scrap Recycling Industries，ISRI）① 等为代表的美国塑料材料制造商、运输商和回收商联合其他国际组织就明确提出了反对意见。他们认为，该提案将为运输、收集和回收旧塑料设置新的障碍。这些障碍将增加材料管理不善的风险，特别是在缺乏适当回收基础设施的国家，并会导致海洋垃圾数量的增长。原因是该提案增加了监管负担，造成贸易延误，甚至在某些情况下还禁止贸易，增加了公约缔约方塑料越境转移的成本，减弱了人们在减少海洋塑料方面的影响力。也就是说，美国工业界认为，谈判和实施该修正案所需的时间、精力及资源可以转变为更有效的全球倡议，以改善塑料废物管理的做法。挪威的提议在支持改善基础设施或者为这些目的调动国际资源方面的作用甚微；相反，尽管塑料回收行业在处理海洋垃圾方面发挥着重要的作用，但是其作用将被削弱。因此，他们强烈敦促不限成员名额工作组将重点放在遏制海洋垃圾的有效措施上，并且坚决反对挪威的此项提议。② 基于此，在2019年瑞士日内瓦召开的第十四次缔约方会议上讨论《塑料废物修正案》时，美国代表明确反对该修正案。可以说，美国工业界的姿态与愿望明显影响了美国对待《塑料废物修正案》的政策倾向。

《塑料废物修正案》在《巴塞尔公约》缔约方会议上通过后，美国相关工业界的生存受到极大影响，他们对此反对更加强烈。例如，废品回收工业协会声明，《塑料废物修正案》并没有限制符合规格的废塑料商品贸易。然而，正如修正案规定的那样，新的受控塑料清单及出口商提交"事先知情同意"请求的要求将造成行政负担，使没有回收能力的国家更难将收集到的塑料出口到基础设施齐全的国家，并且它在打击非法贸易和对废弃塑料的处理方面也收效甚微。③ 因此，废品回收工业协会反对美国签署该修正案。美国化学理事会站在发展中国家的角度也发表声明予以反对。④ 它指出，新技术将改变贸易材料的性质，《塑料废物修正案》可能会使发展中国家更难妥善管理其塑料垃圾，增加的监管要求也将使低收入国家越来越难向拥有新技术与基础设施的地区出口可回收塑料。例如，小岛屿发展中国家往往缺乏回收塑料废物所需的技术和设施，通常需要出口塑料废物。该修正

---

① ISRI是一个贸易协会，代表约1300家加工、代理和工业消费可回收商品的公司，包括金属、纸张、塑料、玻璃、纺织品、橡胶和电子产品。

② "Re：Open-ended Working Group：Proposal for Inclusion of Certain Plastic Wastes in Annex Ⅱ and Removal of Solid Plastic Wastes from Annex Ⅸ", *Institute of Scrap Recycling Industries，Inc.* August 28，2018.

③ "Recycling Industry：Basel Convention Ignores Fact that Recycling Works to Help Environment", *Institute of Scrap Recycling Industries，Inc.*

④ "Basel Convention Amendments Could Further Hamstring Waste Management Practices In Developing Regions", *American Chemistry Council*，May 10，2019.

案将使这一点变得更加困难。

在东南亚等发展中国家纷纷出台限令拒做发达国家的“垃圾场”后，美国遂将目光投向了非洲。2020年，美国与肯尼亚开始贸易协议谈判，美方提出投资肯尼亚垃圾回收处理产业，要求肯尼亚放松对塑料制品生产消费和越境贸易的限制，即允许美国把塑料垃圾出口至肯尼亚。关于塑料废物越境转移谈判一事，美国化学理事会①发表声明，代表了化工和塑料行业的立场：新兴技术及更好的回收和新产品设计正在改变商业模式，并为管理塑料垃圾的挑战带来令人兴奋与充满希望的新时代。美国和肯尼亚之间的双边贸易协定不会凌驾于肯尼亚国内管理塑料垃圾的方法之上，也不会破坏其在《巴塞尔公约》下的国际承诺。事实上，在包括工业界在内所有利益攸关方的支持下，肯尼亚正朝着一个更富裕、更清洁、更健康及更可持续的国家迈进。美国的化学工业界已经公开向美国政府推荐了各种方法，供美国和肯尼亚参考，以帮助肯尼亚实现其社会、经济和环境目标。例如，美国工业界公开支持通过发展收集和分类废旧塑料的基础设施来帮助肯尼亚更有效地处理海洋垃圾，这些废旧塑料其实是宝贵的原料资源。在更好的废物管理基础设施的支持下，各国可以回收和再利用有价值的材料，并进行越境贸易。美国化学理事会继续大力鼓励双方达成一项明确的协议，在保持对各自监管项目主权的同时，推进和支持对方的目标。② 美国化学理事会给美国贸易代表办公室的一封信中写道：“我们预计，肯尼亚未来将成为通过这项贸易协议向非洲其他市场供应美国制造的化学品和塑料的中心。”可以说，正是由于美国工业界的游说及实践促成了美国与肯尼亚就塑料废物越境转移的双边协议。

可以看出，出于自身利益和生存危机考虑，美国工业界从《塑料废物修正案》谈判时期就开始一直予以坚决反对。由于塑料废物产业与回收及石化等行业的关系非常密切，可以说属于同生共死的关系，对塑料废物产业的任何政策可能都会引起这些行业利益集团的广泛关注和影响，尤其是塑料废物越境转移这类重大政策。因此，美国工业界的反对力量非常强大。

国际环境组织强烈要求美国积极对待塑料废物越境转移问题。绿色和平组织美国执行董事安妮·伦纳德（Annie Leonard）说，长期以来，美国生产了大量塑料，这些塑料使用后运往其他国家作为废物处理。美国产生的塑料垃圾比全球其他任何国家都多，其中大量塑料垃圾最终污染了环境。美国将世界其他地区作为倾销地，对低收入国家造成的伤害最大。将塑料垃圾倾倒到其他国家处理是懦弱和不负责任的行为，美国必须签署《塑料废物修正案》，并利用修正案规则停止这种行为。③ 绿色和平组织也喊话拜登总统，《塑料废物修正案》涵盖塑料生产、运输、使用和处置等整个生命周期，强烈要求美国政府支持这项

---

① 美国化学理事会包括埃克森美孚、雪佛龙和壳牌的石化业务，以及陶氏在内的主要化工公司。

② “Chemicals and Plastics Industry Corrects Record on Its Position Regarding US-Kenya Trade Negotiations”, *American Chemistry Council*, August 31, 2020.

③ Perry Wheeler, “Maine Becomes Dumping Ground for UK Plastic Waste before 2021 Basel Convention Ban”, *Greenpeace*, December 11, 2020.

具有法律约束力的全球塑料条约，彻底解决美国就地处置塑料废物的问题。[①]

然而，正如文献综述中所论述，美国对环境议题的政策倾向主要取决于国内因素，国际因素对其影响很小。所以，尽管绿色和平组织这类国际著名组织强烈要求美国支持《塑料废物修正案》，但是美国决策者基本不予理睬。而美国本土环境组织延续了之前不关心该议题的姿态，导致环境议题支持方的力量非常薄弱。所以，尽管国际环境组织强烈呼吁美国重视塑料废物越境转移问题，要求美国政府及国会签署并批准《塑料废物修正案》，然而与美国工业界相比，无论是呼吁力度还是方式都处于下风。美国决策者站在了美国工业界的一边，美国在该环境议题的政策倾向上一直保持消极。

6.4.2 美国政府不想受到约束

美国消极的政策倾向主要表现为两方面。

一方面，美国在《塑料废物修正案》谈判期间就明确反对该修正案。2019 年，在瑞士日内瓦召开的公约第十四次缔约方会议上讨论《塑料废物修正案》时，美国代表（由于美国不是缔约方，以观察员的身份出席）就明确反对该修正案。他们提出自愿采取措施遏制塑料污染将比通过约束性的措施更有效；发展中国家建设更好的基础设施，让当地更有效地处理塑料废物，才是更有效的解决办法。[②] 很明显，美国并不想将塑料废物纳入《巴塞尔公约》的框架体系内，不想受到约束，所以他们极力强调“自愿”。英国《卫报》和《德国之声》等媒体纷纷指出，几乎所有国家都同意阻止塑料流入贫穷国家，但美国却反对这个修正案。[③] 可见，在《塑料废物修正案》谈判时美国就明显表现出消极甚至抵抗该修正案的政策倾向。

另一方面，缔约方会议通过《塑料废物修正案》后，美国国会也提出相关法案，但其目的主要是减少海洋塑料垃圾污染，并没有聚焦到禁止向其他国家越境转移塑料废物的议题上，而且还有积极支持塑料废物越境转移的趋向。截至目前，美国没有签署更没有批准该修正案。相对于国际主流，美国在此环境议题上非常消极。

总之，美国在《塑料废物修正案》上的政策倾向仍取决于以石化及回收行业为代表的环境议题的反对方与以美国本土环境组织为代表的支持方的博弈结果。产业界出于自身经济利益考虑，通过各种手段游说美国政府和国会，向他们灌输美国塑料废物的越境转移既会为美国带来显著综合效益，也有利于废物接受国（通常为经济水平很低的发展中国家）的发展。尽管环境组织也进行积极呼吁，认为美国越境转移到发展中国家的塑料废物并不能被回收利用，而是会变为废物污染环境。但环境组织无论是呼吁的手段和力度都远小于产业界。禁止塑料废物越境转移环境议题反对方的力量显著大于支持方，导致美国的政策

---

① “President Biden：Champion a Strong Plastics Treaty!”，*Greenpeace*.

② Laura Parker，“Shipping Plastic Waste to Poor Countries Just Got Harder”，*National Geographic*，May 11，2019..

③ “180 Countries-Except Us-Agree to Plastic Waste Agreement”，*Organic Consumers Association*.

倾向明显偏向于反对方，进而使美国消极对待该修正案，不签约，更不批约。

6.5 小结

危险废物越境转移是一个典型的主要原因在美国国内而环境后果发生在国外的环境问题。该环境议题的发展过程大约经历了两个阶段，每个阶段都经历了支持方与反对方的博弈，进而影响美国长期的政策倾向。

第一个阶段是 1992 年《巴塞尔公约》生效前，为环境议题的初始阶段。在初始阶段，美国工业界强烈要求在国际上达成一项原则性、程序性的框架公约，而美国本土环境组织则提议制定一项更加激进的禁止性公约，但默许框架公约。由于美国本土环境组织与美国工业界的实力悬殊，以及双方立场与姿态的复杂性，美国政府站在美国工业界的一边，以积极的政策倾向谈判并签署了《巴塞尔公约》。

第二个阶段是 1993 年之后，该环境议题从初始阶段转向实质阶段。在此期间，国际层面开始讨论对《巴塞尔公约》进行修正，考虑完全禁止发达国家向发展中国家出口危险废物，使美国工业界的生存威胁受到极大挑战，美国工业界尤其是回收行业坚决反对。由于环境议题支持方的力量很小，双方博弈的结果明显有利于反对方。为此，美国政府立即撤回对《禁止修正案》的所有支持，美国国会马上停止了关于批准和执行《巴塞尔公约》的所有讨论，美国对待该环境议题的政策倾向由积极转变为消极。即使后来公约缔约方会议又通过了《塑料废物修正案》，美国仍然以消极的政策倾向进行对待，不签约，更不批约。2022 年 6 月，缔约方会议通过了《巴塞尔公约》电子废物修正案，目的是扩大对电子废物越境转移的控制，并使所有电子和电气废物遵守“事先知情通知”程序。可以预期，环境议题支持方与反对方会延续在《塑料废物修正案》上的政策倾向和行为，总体上反对该修正案，美国也会持续以消极的政策倾向进行对待。

本书的研究假设提出，如果美国将环境议题的后果看作全球或国外环境问题，在全球环境议题的初始阶段中，其政策倾向积极；在进入实质性落实阶段后，美国的全球环境政策会比之前更加消极。本案例中环境问题产生的主要原因在美国国内，后果在国外（或全球），符合本书研究假设中的条件。禁止危险废物越境转移环境议题总共经历了两个阶段：第一个阶段是初始阶段，经过环境议题支持方与反对方的博弈，美国的政策倾向积极；第二个阶段是实质性阶段，经过支持方与反对方的博弈，美国的政策倾向由积极转变为消极；之后，持续消极。该环境议题的两个阶段与假设中先积极后消极的结论完全一致。因此，本案例充分验证了本书研究假设的正确性。

第 7 章

应对气候变化环境议题

7.1 引言

气候变化是当今人类社会所面临的重大全球性环境问题之一。从历史角度来看，发达国家的二氧化碳排放历史最长、排放总量最大，但近年来发展中国家的排放量也逐年显著上升。因此，气候变化环境问题产生的原因不是仅来自某个国家，而是来自世界各国。从气候变化问题导致的后果来看，现有的科学研究认为其覆盖范围是世界性的，不同国家或多或少都会受到影响。一些岛国可能由于气候变化而存在整个国土被海水淹没的风险，对他们来说，应对气候变化问题是关乎国家生死存亡的大事；其他国家的生产和生活也会受到不同程度的影响。综合来说，从目前的科学结论来看，气候变化环境问题产生的原因来自全球范围，导致的环境后果也覆盖全球范围，是一个典型的全球环境议题。

从温室气体历史排放总量来看，美国是全球第一排放大国；从综合国力来看，美国是当今世界唯一的霸权国家，因此无论是从责任还是从能力来看，美国都理应带领世界各国积极应对气候变化。然而在不同阶段，美国应对气候变化的政策倾向和表现却大为不同，大体上可以将美国应对气候变化问题的进程分为两个阶段。第一阶段为 1994 年之前。这一阶段为应对气候变化环境议题的初始阶段，其中 1988 年是个转折点。1988 年以前，气候变化问题主要停留在科学研究和知识推广的层面；1988—1994 年，国际社会开始讨论应对气候变化环境议题，但是尚未谈判出有约束力的国际安排。这段时间，气候变化问题引起美国广大民众和国际社会的广泛关注，最为典型的事件是在国际社会层面谈判通过了不具约束力的《联合国气候变化框架公约》。随即美国很快予以签署和批准，总体表现出积极的政策倾向。第二阶段为 1995 年之后，是应对气候变化环境议题的实质阶段。在此阶段，《联合国气候变化框架公约》生效后，国际上开始谈判具有实质性约束力的国际协定，最为典型的事件是在国际层面谈判通过了《京都议定书》和《巴黎协定》。然而，美国在对待这两项国际协定的政策倾向上却时而积极、时而消极，阶段性和周期性特征非常明显，但总体倾向消极。

在初始阶段，由科学界、美国广大民众和环境组织等行为体组成了强大的应对气候变化环境议题支持方，而此时发生的气候变化知识传播及国际上谈判通过的不具约束性的《联合国气候变化框架公约》并没有影响到工业界的利益，工业界的生存威胁还不大，所以作为环境议题的反对方，工业界此时并没有表现出强烈的反对。综合来看，在初始阶段，环境议题支持方的力量远大于反对方，所以美国表现出积极的政策倾向与立场。进入实质阶段。实质性约束的国际协定限制了美国工业界的发展，损害了其利益，使其生存受到很大威胁，工业界开始进行激烈反对。在《京都议定书》谈判期间，工业界反对最为激烈，其反对力量甚至超过了支持方。然而，工业界也意识到应对气候变化是大势所趋，及早转型更有利于企业发展，可以进一步降低其生存危机，所以《京都议定书》在国际上通过后，新兴产业和部分传统产业开始支持美国应对气候变化，减弱了反对方的力量，增强了支持方的力量。当《巴黎协定》谈判并通过后，尽管以化石能源及其他高耗能企业为代表的工业界还激烈反对应对气候变化，但有更多的新兴产业和传统产业放弃了反对立场，加入了支持方。笼统来看，应对气候变化环境议题进入实质阶段后，科学界、美国广大民众、环境组织、新兴产业及部分找到出路的传统产业等力量形成了强大的环境议题支持方，而以化石能源和传统高耗能产业等为代表的工业界形成了强大的环境议题反对方，双方的力量不相上下、旗鼓相当。

在实质阶段，由于支持方与反对方的影响力相差不大，美国党派政治成为影响美国政策倾向的主要因素。一般来说，美国民主党更重视和支持环保事业，而共和党则相反。在这个阶段，美国共经历了克林顿、小布什、奥巴马、特朗普和拜登五位总统，既有民主党，又有共和党（表 7.1）；美国国会两年一次改选，多数议员由民主党和共和党轮流坐庄（表 7.2）。由此，美国对待应对气候变化的政策倾向由总统和国会多数议员的党派所决定。当总统和国会两院多数议员都是民主党时，美国国内有机会形成立法，既签署又批准国际协定，政策倾向最为积极；当总统是共和党，不管国会两院党派分布如何，总统往往不会签署国际协定，更不会提交国会批准，政策倾向消极，共和党的总统甚至还会退出业已签署的气候协定；当总统是民主党，国会两院至少一个院的多数议员是共和党时，总统将受到国会的掣肘，难以推行积极的环境政策，即使总统签署气候国际协定，也难以获得国会的支持和批准。所以，在整个气候变化的实质性阶段，美国气候政策倾向波动很大，但总体和长期倾向是消极的。

表 7.1 美国总统党派分布

总　统	克林顿	小布什	奥巴马	特朗普	拜登
党　派	民主党	共和党	民主党	共和党	民主党
任　期	1993—2001 年	2001—2009 年	2009—2017 年	2017—2021 年	2021 年至今

来源：作者自制。

表 7.2 美国国会多数党派分布

国　会		参议院多数党派	众议院多数党派
第 103 届（1993—1995 年）		民主党	民主党
第 104 届（1995—1997 年）		共和党	共和党
第 105 届（1997—1999 年）		共和党	共和党
第 106 届（1999—2001 年）		共和党	共和党
第 107 届（2001—2003 年）	2001 年 1 月 3 日—2001 年 1 月 20 日	民主党	共和党
	2001 年 1 月 20 日—2001 年 6 月 6 日	共和党	共和党
	2001 年 6 月 6 日—2002 年 11 月 12 日	民主党	共和党
	2002 年 11 月 12 日—2003 年 1 月 3 日	共和党	共和党
第 108 届（2003—2005 年）		共和党	共和党
第 109 届（2005—2007 年）		共和党	共和党
第 110 届（2007—2009 年）		民主党	民主党
第 111 届（2009—2011 年）		民主党	民主党
第 112 届（2011—2013 年）		民主党	共和党
第 113 届（2013—2015 年）		民主党	共和党
第 114 届（2015—2017 年）		共和党	共和党
第 115 届（2017—2019 年）		共和党	共和党
第 116 届（2019—2021 年）		共和党	民主党
第 117 届（2021—2023 年）		民主党	民主党
第 118 届（2023—2025 年）		共和党	共和党

来源：作者自制。

本章首先介绍了应对气候变化环境议题的历史脉络。在该环境议题提出后，其进程可划分为两个阶段：1994 年之前为初始阶段，1995 年之后为实质阶段。其次，进入实质阶段后由于党派政治现象明显，本章按照总统执政顺序用五个小节进行讨论，分析各时期环境议题支持方与反对方的博弈，以及美国政党政治对美国政策倾向的影响机制。

7.2 初始阶段

科学界很早就关注到气候变化环境问题。早在 20 世纪 50—70 年代，科学家就开始不断找寻人为排放导致气候变化的科学依据，逐步在科学界建立了共识。但这一时期气候变化问题并未完全进入国际公众舆论的中心位置，也没有引起世界各国在环境治理政策层面的高度关注。也就是说，此时该环境问题还没有上升为一项具体的环境治理议题。1988 年，气候变化导致的极端天气引起了美国广大民众的关注，使他们认识到其生存危机不断上升，国际社会也着手准备《联合国气候变化框架公约》的谈判，气候变化环境问题转变为一项环境治理议题，应对气候变化环境议题进入环境治理的政策阶段。1994 年，《联合国气候变化框架公约》生效，标志着应对气候变化这一环境议题的初始阶段取得重大成果。1995 年，国际层面开始谈判具有实质性约束的议定书，用于制定和落实应对气候变化的政策，该环境议题进入实质阶段，开启了全球应对气候变化的新征程。在此阶段，国际上先后通过了《京都议定书》和《巴黎协定》，遏制和减少全球温室气体排放的具体安排得到制定和部分落实。这种安排和落实势必影响到部分行业的利益，从而带来复杂的政策博弈。

本节重点介绍美国在应对气候变化环境治理议题的初始阶段（1994 年之前）所采取的政策及其产生的原因。为叙述方便，本节将 1988 年之前和之后分开讨论：前者更多的是讨论气候变化知识传播及美国政府的政策倾向，后者更多的是讨论《联合国气候变化框架公约》及美国政府的立场。本节最后介绍应对气候变化环境议题如何由初始阶段向实质阶段转变。

7.2.1　1988 年之前：气候变化科学知识传播

美国是世界上最早关注到气候变化环境问题的国家。1956 年，美国科学家的研究表明，如果大气中的二氧化碳浓度增加 1 倍，那么地球表面的平均温度将升高 3.6℃；如果浓度下降一半，则平均温度下降 3.8℃。工业过程和其他人类活动排放的二氧化碳将导致全球气温明显升高。① 从这篇文献可以看出，人为活动排放的二氧化碳是全球气温升高的主要原因。次年，美国的两位科学家研究发现，自工业革命以来大部分人为排放的二氧化碳被海洋吸收，当前大气中的二氧化碳浓度增幅还不大，但如果化石燃料持续大量增长，在未来几十年大气中的二氧化碳浓度将增加 20%～40%。② 1960 年，美国科学家查尔斯·基林（Charles Keeling）进一步证实大气中的二氧化碳浓度呈上升趋势，并且二氧化碳主要源于人类化石能源的燃烧。③ 以上这几篇文献奠定了“人类化石能源燃烧排放的二氧化碳是全球气候变化的主要因素”这一科学基础。

针对气候变化提出的科学问题和作出的科学判断引起了美国政府的重视。20 世纪 60 年代，时任美国总统的肯尼迪号召国内加强气候预测和控制方面的研究，并鼓励开展国际合作。④ 这个时候，美国政府对气候变化问题的科学探讨持有十分积极支持的姿态。1965 年，美国总统科学顾问委员会发布的报告指出：“在世界范围内的工业文明中，人类正在不知不觉中进行着一场巨大的地球物理实验。”据估计，世界范围内化石燃料可采储量足以使

① Gilbert N. Plass，“The Carbon Dioxide Theory of Climatic Change”，Tellus，Vol 8，Issue 2，1956，pp. 140-154.

② Roger Revelle and Hans E. Suess，“Carbon Dioxide Exchange Between Atmosphere and Ocean and the Question of an Increase of Atmospheric CO_2 during the Past Decades”，Tellus，Vol 9，Issue 1，1957，pp. 18-27.

③ Bert Bolin，*A History of the Science and Politics of Climate Change：the Role of the Intergovernmental Panel on Climate Change*，Cambridge：Cambridge University Press，2007，p. 8.

④ 何忠义、盛中超：《冷战后美国环境外交政策分析》，第 63-68 页。

大气中的二氧化碳浓度增加近两倍，而二氧化碳浓度增加导致的气候变化对人类是有害的，如全球气候变暖、南极冰盖融化、海平面上升、海水变暖和淡水酸度增加，等等。① 不难看出，美国官方已经意识到人为二氧化碳排放将给全球带来潜在的危险后果，展现了美国政府倾向性的姿态。

进入20世纪70年代，美国将气候变化问题上升为国家安全高度，并创新性地提出化石能源的替代方案，同时呼吁在国际层面开展全球研究计划和新制度安排。1977年，美国世界观察研究所（Worldwatch Institute，WWI）的莱斯特·布朗（Lester R. Brown）将气候变化问题上升为国家安全的非军事威胁。他认为，大气中的二氧化碳浓度不断升高表明人类已经无意或有意地改变了全球气候模式，从而扰乱了人类现有的农业系统和生活模式。气候变化可能会大幅减少粮食产量，从而降低国家安全。他还提出，由于二氧化碳排放，世界将被迫转向利用太阳能、风能和水能等可再生能源。② 同年，美国国家科学院发布的研究报告也提出了类似的设想方案。在《能源与气候：地球物理学研究》报告中，美国国家科学院提出，二氧化碳排放导致的气候变化可能是未来几个世纪化石燃料能源生产的主要限制因素，这将促使人们更快地向替代能源过渡，而不仅是经济考虑。考虑到气候变化是一个全球性环境问题，建议有关国家和国际组织共同组织一项全面的全球研究计划，并制定新的制度安排；建议美国在国家层面建立一个机制，将科学界与联邦政府机构有机结合，充分协调布局应对气候变化的科学研究，并调整国家政策或制定新的立法。③ 由此可以看出，此时美国具有官方背景的科学机构已经将气候变化问题上升到很高的高度，前瞻性地提出化石能源替代设想方案，并建议从国际层面寻求制度安排来共同应对气候变化。

到70年代末，气候变化问题受到国际社会的普遍关注。1979年，举世瞩目的第一届世界气候大会在日内瓦召开。会上科学家警告，人为行为导致大气中的二氧化碳浓度逐渐增加，进而导致全球升温。会议提出“世界气候计划”（world climate program，WCP），包括气候资料和应用计划、气候对人类活动冲击的研究计划及气候变化和异常的研究计划等，不仅明确了全球气候变化的原因，还提出了具体的应对气候变化研究计划和措施，为世界各国制定应对气候相关政策奠定了基础。④ 此次会议虽然意义重大，但被定位为世界科技会议，呼吁加强应对气候变化科技领域的合作，并没有提出在国际层面形成应对气候变化的倡议或协定。

通过以上分析不难发现，20世纪50—70年代可以说是科学界逐步建立共识的时期，气候变化问题整体上被当作一个科学问题来对待。在这一时期，气候变化问题仅在科学家、环保主义者等相关人员中进行深入讨论，并向政策决策者及公众普及，并未触及特定行业

① President's Science Advisory Committee，*Restoring the Quality of Our Environment*，The White House，1965，pp. 123-127.

② Lester R. Brown，*Redefining National Security. Worldwatch Papers 14*，Washington：Worldwatch Institute，1977.

③ National Research Council，*Energy and Climate：Studies in Geophysics*，Washington，DC：The National Academies Press，1977.

④ 郑斯中：《世界气候大会》，《世界农业》1981年第12期，第44-45页。

的利益，因此受到的反弹很小。在这一时期，美国政府支持气候变化相关研究，美国官方科学机构认可气候变化科学研究所作出的判断，并超前提出化石能源使用的替代方案。总体来看，美国政府对气候变化这一问题持支持的政策倾向。

进入 80 年代，国际社会更加意识到人类活动对全球气候系统产生了严重影响，迫切需要从国际层面制定国际条约来防止全球气候变化。1985 年，为了评估二氧化碳等温室气体在全球气候变化和相关影响中的作用，联合国环境规划署、世界气象组织和国际科学联盟在奥地利维拉赫联合召开了温室气体国际研讨会。会议认为，人类活动导致大气中温室气体的浓度增加，在 21 世纪将导致全球气候显著变暖。会议首次提出了要在国际层面制定一项公约来防止全球气候变化的倡议。[①] 此次会议也被认为是全球气候变化问题政治化的开端。美国代表团和科学家在这些国际讨论中作用明显，美国政府对这些国际性活动的政策倾向也很积极。[②] 但总体而言，此阶段的气候变化问题还停留在科学知识传播和普及的层面，并未成为一项具体的环境治理政策议题。

7.2.2　1988—1994 年：非约束性国际安排

1988 年是全球气候变化问题政治化进程的关键年，也是全球应对气候变化环境议题初始阶段中的一个转折点。1988 年 6 月，在美国参议院能源和自然资源委员会举行的“温室效应和全球气候变化”听证会上，美国国家航空航天局戈达德空间研究所（Goddard Institute for Space Studies，GISS）所长詹姆斯·汉森（James Hansen）介绍了他们的研究成果。他指出，1988 年的地球温度比有仪器测量史上任何时候都要高；全球变暖的程度已经足够明显，可以高度自信地将其归因人为二氧化碳等温室气体的排放；气候模拟表明，温室效应已经大到足以影响夏季热浪等极端事件的发生。[③] 美国国家航空航天局的研究成果表明，科学界已经充分认识到全球变暖问题的起因，以及可能引发的严重环境后果。

果不其然，1988 年全球很多国家出现了极端天气和灾难，使公众深刻认识到其生存威胁受到巨大挑战，要求国际层面制定气候变化治理公约的呼声越来越高。1988 年是美国当时有记录以来最为干旱和炎热的一年，也是当时美国历史上由于干旱付出最高代价的一年。严重的干旱和高温导致近万人死亡，粮食产量创历史新低，造成了 1000 多亿美元的经济损失。[④] 同年，亚洲、非洲、欧洲等地区均遭受到罕见的旱灾，而巴西和孟加拉国等国却遭受了严重的洪水灾害，有些国家和地区遭到强烈的飓风袭击。一系列由气候变化导致的严重环境灾害加剧了公众对全球气候变化的担忧，更加坚信了科学界的研究成果，使

---

① *Report of the International Conference on the Assessment of the Role of Carbon Dioxide and of Other Greenhouse Gases in Climate Variations and Associated Impacts*，World Meteorological Organisation，October，9-15，1985.

② 马建英：《全球气候治理政治化现象和实质》，《中华环境》2016 年第 23（Z1）期，第 34-36 页。

③ *Greenhouse Effect and Global Climate Change*，*Hearing Before the Committee on Energy and Natural Resources of the United States Senate*（*Part 2*），Committee on Energy and Natural Resources，June 23，1988.

④ Tom Skilling，“The Drought of 1988 was the Worst Since the Dust Bowl”，*WGN Television*，July 21，2018.

他们成为应对气候变化环境议题坚定的支持力量。值得注意的是，气候变化导致的极端天气并不是每年都像 1988 年这么明显和严重，因此美国广大民众也并不会对此保持长期的关注和支持。

同年，世界气象组织和联合国环境规划署在多伦多联合召开了“气候变化：对全球安全的影响”世界会议，目的是“提高国际社会对大气变化后果的认识和应对能力；制定战略和行动，承认和处理人类对大气造成的社会和环境不可接受的影响；研究制定一项国际协定的方式和方法，以稳定或降低人类对地球大气的不利影响；加强全球合作，在预测变化、减少有害排放及适应或减缓不利影响等方面开展项目合作”。① 多伦多会议进一步推动了全球气候问题的政治化进程，使国际合作及制定应对气候变化的国际协定形成了广泛共识。同年，联合国政府间气候变化专门委员会成立，其发布的系列研究报告成为国际气候变化谈判的关键依据。同年 12 月，联合国大会发布的《为了当今和后代保护全球气候》决议指出，气候变化是人类的共同关切，联合国决定采取必要和及时的行动，在全球范围内应对气候变化。② 科学界的研究进展、广大民众的广泛关注和参与、国际层面形成合作共识等标志着应对气候变化环境议题进入初始阶段。

1989 年 5 月，联合国政府间气候变化专门委员会特设工作组成立，开始筹备气候变化框架公约的谈判。③ 1990 年，联合国政府间气候变化专门委员会发布第一份气候变化评估报告，确认人类引起的气候变化确实是一种威胁，并呼吁制定一项全球公约加以解决。同年 10 月，世界气象组织和联合国环境规划署联合在日内瓦召开了第二次世界气候大会，朝着制定一项全球气候变化框架公约迈出了关键性的一步。大会通过的《部长宣言》再次强调，世界各国都有责任保护全球气候，呼吁世界各国立即着手谈判气候变化公约。④ 同年，气候变化框架公约政府间谈判委员会（Intergovernmental Negotiating Committee，INC）成立，目的就是在全球层面寻求制定一项有效的应对气候变化公约。同年 12 月，国际社会正式启动全球气候变化框架公约的谈判。⑤

经过一年多的谈判，1992 年 5 月，国际社会达成了《联合国气候变化框架公约》，该公约成为人类历史上第一个全面控制二氧化碳等温室气体排放以应对全球变暖带来不利影响的国际公约。《联合国气候变化框架公约》提出了“将大气温室气体的浓度稳定在防止气候系统受到危险的人为干扰的水平上。这一水平应当在足以使生态系统能够可持续进行的时间范围内实现”的目标。为实现该目标，公约确立了共同但有区别的责任、公平、

---

① Conference Proceedings of The Changing Atmosphere：Implications for Global Security，*WMO & UNEP*，27-30 June 1988.

② UN General Assembly Resolution 43/53：Protection of Global Climate for Present and Future Generations of Mankind，A/43/905，6 December 1988.

③ *Report of the Governing Council on the Work of its Fifteenth Session*，United Nations Environment Programme，1989.

④ Jäger，J.，Ferguson，H.L.，*Climate Change：Science，Impacts and Policy：Proceedings of the Second World Climate Conference*，Cambridge：Cambridge University Press，1991.

⑤ UNFCCC，*A Guide to the Climate Change Convention Process*，Climate Change Secretariat，Bonn，2002.

各自能力和可持续发展等一系列基本原则。在这些基本原则下，明确了发达国家要承担率先减排并且向发展中国家提供资金和技术的义务。考虑到发展中国家的人均排放相对较低，以及经济社会发展水平低，承诺发展中国家优先消除贫困、发展经济。从《联合国气候变化框架公约》的内容可以看出，为促进世界各国达成共识，公约只确立了应对气候变化的总体目标，提出了世界各国需要遵守的基本原则，并没有对如何实现气候变化合作治理进行约束性的制度安排。正因为达成的公约是一个框架性的国际协定，所以很快就得到世界各国的积极响应。

在前面的讨论中我们已经看到，美国的官方科研机构在气候变化问题的分析和讨论中，包括气候变化的成因和应对措施的分析中发挥了带头作用。下面，本章将进一步分析美国政府在整个应对气候变化环境议题的初始阶段的政策倾向及其各种政治过程是如何塑造美国的政策倾向的。

美国的科学界很早就对气候变化问题展开了深入研究，从科学的角度强烈要求美国积极应对气候变化，从客观上形成了应对气候变化环境议题强大的支持方。自 20 世纪 50 年代开始，气候变化问题就被提上了美国科学研究的议程，美国科学界开展了大量研究，取得了丰硕成果。1988 年之后，美国大量的科学家进入联合国政府间气候变化专门委员会报告的研究队伍中，为《联合国气候变化框架公约》的谈判作出了重要贡献。美国国家航空航天局和美国国家科学院等科研机构纷纷投入大量人力和物力，发布了一系列关于气候变化的科研和评估报告。其结果几乎毫无例外地表明气候变化是一个科学问题，人为温室气体的大量排放造成全球气候持续变暖，这将为人类生产和生活带来严重影响，迫切需要采取措施积极应对气候变化。① 这些科学研究及其传播所产生的影响力巨大。在整个应对气候变化的历史上，气候变化科学家群体持续扮演着非常重要的角色，成为应对气候变化环境议题强大的支持方。

1988 年及以后，美国国内出现了历史上最为严重的干旱和高温天气，对美国广大民众的生产和生活造成了严重影响，使他们认识到其生存威胁受到很大挑战，从而对应对气候变化环境议题日益关注，不断提高认识。②《纽约时报》、《时代》、《华盛顿邮报》和《新闻周刊》等报刊及电视等媒体对气候变化高度关注，深刻地影响了美国广大民众的意识和行为。多项民意调查显示，1986 年只有 39%的美国人听说过温室效应或全球变暖，然而到 1988 年美国经历了创纪录的高温天气和媒体高度关注后，这个比例上升为 58%，1992 年更是上升为 82%。也就是说，在应对气候变化科学知识的传播和普及使绝大多数美国人了解了全球气候变化问题。在应对气候变化环境议题进入初始阶段的后期，68%的美国人认为温室效应或全球变暖是真实的，75%的美国人认为温室效应导致全球气温升高是危险的，

---

① *Greenhouse Effect and Global Climate Change*，*Hearing Before the Committee on Energy and Natural Resources of the United States Senate*（*Part 2*），Committee on Energy and Natural Resources，June 23，1988.

② "1988 Was Hottest Year on Record as Global Warming Trend Continues"，*Washington Post*，February 4，1989.

约 1/3 的美国人表示非常担忧温室效应或全球变暖。很多美国人倾向于立即采取行动，而不仅仅是进行更多的研究。民意调查还显示，即使温室效应导致失业率上升，仍然有 40%以上的美国人赞成立即采取行动防止温室效应；50%以上（最高达 65%）的美国人赞成对石油、煤炭和天然气等化石能源征税，以便通过经济激励措施促使人们减少使用化石能源；80%的美国人认为美国应该在国际上带头防止温室效应。① 这些民意调查表明，美国民众对应对气候变化环境议题的意识极大提高。综合来说，应对气候变化环境议题进入初始阶段的后期，美国广大民众对应对气候变化的意识和行为能力极大提高，成为应对气候变化环境议题强大的支持力量。当公众意识到或认识到某一问题时，政策制定者预计会对其给予更多关注。②

在初始阶段，环境议题支持方还有一支强大的力量——环境组织。为凝聚共识、形成强大凝聚力，早在 1989 年美国的主要环境组织联合成立美国气候行动网络（US Climate Action Network，US-CAN），目的是影响美国决策者关于应对气候变化的决策和政策倾向。在美国气候行动网络中，不同的组织和成员的定位不同。例如，美国环保协会、自然资源保护委员会和塞拉俱乐部等具有重要影响力的全国性环境组织主要在联邦层面对决策者进行游说；卡内基国际和平基金会（Carnegie Endowment for International Peace，CEIP）、战略与国际问题研究中心（Center for Strategic and International Studies，CSIS）等组织则从能源安全、气候外交及环境政策等方面开展研究，向美国决策者提供智库报告，提出相关政策措施建议；还有一些组织则积极对公众进行舆论宣传和教育。可以说，这些强大的环境组织对政策制定者的影响力非常大。

在应对气候变化环境议题的初始阶段，气候变化的说法给化石能源等相关行业带来了潜在的危机感，它们因意识到生存危机不断上升而开始抵制气候变化议题。但是，应对气候变化并未形成具体的安排，还没有给工业界带来利益损失，所以尽管美国工业界反对应对气候变化的说法，但是其力量并不强。以化石能源为代表的高耗能企业组织聘请一些否认气候变化的科学家发声，这些科学家的观点与主流科学家相反，认为气候变化的科学证据不足，通过动摇气候变化的科学性以达到反对应对气候变化的目的。还有一些企业或组织通过电视、报刊、杂志和广告等媒体，试图说服美国民众相信没有发生气候变化，试图通过公众舆论来达到反对应对气候变化的目的。1991 年，由公共事业和煤炭行业团体创建的环境信息委员会（Information Council on the Environment，ICE）就发起了耗资 50 万美元的广告活动，向公众宣传"全球变暖"是伪命题。③ 然而，这些宣传收效甚微，既没有达到动摇气候变化科学性的目的，也没有改变美国民众支持应对气候变化的决心。当国际

① Matthew C. Nisbet and Teresa Myers，"Trends：Twenty Years of Public Opinion about Global Warming"，*Public Opinion Quarterly*，Vol. 71，No. 3（Autumn，2007），pp. 444-470.

② Per Ove Eikeland，"US Energy Policy at a Crossroads?"，*Energy Policy*，Vol. 21，Issue 10，（October 1993），pp. 987-999.

③ Larry. Gilman，"Energy Industry Activism"，in Brenda Wilmoth Lerner and K. Lee Lerner（eds.），*Climate Change：In Context*，Detroit，Mich.：Gale，2008，pp. 328-330.

上讨论并通过应对气候变化的《联合国气候变化框架公约》时，美国工业界并未给予强烈的反对，其原因在于这个公约不包含具有约束力的减排目标和时间表，并未给美国工业界中化石能源相关行业带来实质性的影响。

综上所述，在应对气候变化环境议题的初始阶段，美国科学界、广大民众及环境组织共同构成了强大的环境议题支持方。而尽管美国工业界反对应对气候变化环境议题，但是由于这个阶段并没有给其利益带来太大影响，他们反对的力量很弱，远小于支持方，以至于环境议题的支持方和反对方博弈的结果明显有利于支持方，这也导致美国在环境议题初始阶段中的政策倾向很积极。值得注意的是，尽管老布什总统是共和党人，但他很快签署了《联合国气候变化框架公约》，并未像继任的共和党总统那样抵制气候变化的国际协定。其原因在于，当时气候变化环境议题的支持方和反对方力量对比悬殊，美国政府毫无悬念地倾向实力强大的支持方，不愿意因党派政治而与占据明显优势地位的支持方作对。也就是说，在初始阶段，美国政府对应对气候变化这个环境议题的政策倾向还没有受到党派政治的影响，或者说党派政治的影响还很小。

美国对应对气候变化环境议题的积极政策倾向表现在两个层面。在国际层面，美国积极参与《联合国气候变化框架公约》的谈判，积极支持根据自身实际情况进行减排。最终，《联合国气候变化框架公约》为附件一所提到国家设定了一个“自愿目标”，即将 2000 年的温室气体排放量恢复到 1990 年的水平。当《联合国气候变化框架公约》在国际上通过后，老布什总统马上签署了该公约，美国国会没有经过什么争论就予以批准，美国成为最早批准《联合国气候变化框架公约》的发达国家。从签批《联合国气候变化框架公约》也可以看出，美国在应对气候变化环境议题的初始阶段总体上是积极的，党派政治对美国气候变化政策并没有明显的影响。

在国内层面，为了加强气候科学研究，为公众和决策者提供客观依据，美国于 1990 年出台了《全球变化研究法案》（*Global Change Research Act*），为协调美国气候科学研究和国际合作建立了一个总体联邦框架。① 1992 年，美国通过了《1992 年能源政策法案》（*Energy Policy Act of 1992*），该法案成为美国有史以来最广泛的能源政策措施，将应对气候变化提到前所未有的高度，其中有一篇专门针对“全球气候变化”的内容。② 1993 年，克林顿政府采取了两项大胆举措：一项是提出专门针对化石燃料的能源税计划，即英热单位税（BTU tax），旨在在增加政府收入的同时不断减少碳排放和提高能源效率；③ 另一项是发布了《气候变化行动计划》（*Climate Change Action Plan*，CCAP），提出了几十项行动项目，旨在实现到 2000 年美国的碳排放量降到 1990 年水平的目标。④ 这些措施法案和计

① Ernest F. Hollings，“S.169-Global Change Research Act of 1990”，*101st Congress*（*1989-1990*），January 25，1989.

② Philip R. Sharp，“H.R.776-Energy Policy Act of 1992”，*102nd Congress*（*1991-1992*），February 4，1991.

③ Administration of William J. Clinton，*U.S. Government Information GPO*，February 17，1993：223.

④ Tori DeAngelis，“Clinton's Climate Change Action Plan”，*Environmental Health Perspectives*，Vol. 102，No. 5，1994，pp. 448-449.

划也彰显了美国的积极政策倾向。

7.2.3 1995年及以后：环境议题进入实质阶段

《联合国气候变化框架公约》于 1994 年 3 月生效后，不同国家和政治力量开始围绕如何履行公约展开激烈博弈。1995 年，公约第一次缔约方会议在德国柏林举行，缔约方一致认为，实现公约提出的最终目标需要具有约束力的温室气体减排承诺。由此，应对气候变化环境议题进入实质阶段。

在公约第一次缔约方会议上，确定了缔约国会议的宗旨是促进《联合国气候变化框架公约》的实施。会议一项重要的成果就是通过了“柏林授权”（Berlin Mandate），即坚持《联合国气候变化框架公约》中关于共同但有区别的责任原则，审查附件一国家的长期减排目标承诺，明确规定发展中国家缔约方不会有新的承诺。另一项重要成果是决定成立“柏林授权特别小组”，要求起草一项具有减排约束力的议定书，以强化发达国家应承担的温室气体减排义务。[①] 1996 年，公约第二次缔约方会议在日内瓦召开，会议通过了《日内瓦宣言》（*Geneva Declaration*）。宣言重申了《联合国气候变化框架公约》中提出的一系列原则；认可联合国政府间气候变化专门委员会报告的结果，即人类对气候有明显影响，大幅降低温室气体排放具有可行性；重申附件一国家的减排承诺；强调加快制定具有法律约束力的议定书，为《京都议定书》的出台做好铺垫。[②] 可以看出，应对气候变化环境议题进入实质阶段后，为在《联合国气候变化框架公约》的整体框架下制定具有法律约束力减排目标的议定书，发达国家与发展中国家讨价还价，基本上达成一致意见，为《京都议定书》的出台奠定了坚实基础。

1995 年之后，国际社会相继讨论并达成《京都议定书》《巴黎协定》等具有约束性的应对气候变化条约，这些条约给美国的一些传统行业带来了明显的压力，它们势必会进行反弹。那么，进入应对气候变化环境议题的实质阶段，美国的各种政治过程如何塑造美国的政策倾向呢？美国政府对待这一环境议题的政策倾向如何呢？接下来，将按照美国总统任期将应对气候变化环境议题的实质阶段划分为 5 个时期，然后分析每个时期美国的各种政治过程及其对美国政策倾向的影响。

7.3 克林顿时期

进入实质阶段后，随着气候变化环境议题反对方力量的极速加强，支持方与反对方进

---

① *Report of the Conference of the Parties on its First Session*，Held at Berlin From 28 March to 7 April 1995，FCCC/CP/1995/7/Add.1，United Nations，June 6，1995.

② International Institute for Sustainable Development（IISD），“Summary of the Second Conference of the Parties to the Framework Convention on Climate Change：8-9 July 1996”，*Earth Negotiations Bulletin*，Vol. 12，No. 38，1996，pp. 1-14.

行了激烈博弈，其结果是双方的力量不相上下。1997 年《京都议定书》在国际上通过后，美国工业界的内部发生了分化。以高能耗企业为代表的工业界仍激烈反对应对气候变化，但是一些低能耗企业却从应对气候变化环境议题中看到了机遇，果断从环境议题反对方转变为支持方，从而导致环境议题支持方与反对方的力量仍维持“动态平衡”。此后，大体平衡的状态一直得以延续。由于支持方与反对方势均力敌，双方都在党派政治上寻求支持者，使党派政治成为影响美国政策倾向最直接的原因。

民主党人克林顿于 1993—2001 年任美国总统，其副总统小阿尔伯特·阿诺德·戈尔（Albert Arnold Gore Jr.）是著名的环保主义者。在克林顿执政时期，应对气候变化环境议题进入实质阶段。从党派属性推断，克林顿政府会对气候变化采取积极的应对姿态。从应对气候变化环境议题于 1995 年进入实质阶段到克林顿总统下台的整个时期，参、众两院多数议员一直都是共和党（表 7.2）。由于应对气候变化环境议题支持方与反对方力量相当，国会共和党敢于将此环境议题作为“祭品”。因此可以预期，对于应对气候变化环境议题，美国总统及其行政部门的姿态将会积极，而国会将会掣肘，从而导致美国的整体政策倾向并不积极。

本节分三部分进行论述。首先，进入实质阶段后，环境议题支持方与反对方进行了激烈博弈；其次，从国际和国内两个层面对克林顿政府的愿望和姿态进行分析；最后，对美国国会的愿望与姿态进行分析。

7.3.1 环境议题双方博弈不相上下

《联合国气候变化框架公约》生效后，自 1995 年起国际层面开始谈判具有法律约束力减排目标和时间表的议定书，应对气候变化环境议题进入实质阶段。此时，如果议定书在美国被批准，那么以煤炭和石油等化石能源、钢铁及汽车制造等为代表的高能耗与高排放企业或组织就会担心气候政策将改变现行生产方式，增加生产成本，影响其既得利益，使其生存危机加大，所以他们通过各种手段激烈反对应对气候变化，使应对气候变化环境议题反对方的力量急剧上升。

美国工业界利用其雄厚的经济实力，以广告媒体或者保守派智库等方式否定全球气候变暖，甚至提出全球气候变暖“利大于弊”，以此影响美国公众的认知。例如，仅 1997 年的几个月里，为了表达反对应对气候变化的立场，化石燃料企业援外活动在电视广告上的花费就高达 1300 万美元。[1] 美国的高能耗和高排放企业积极开展宣传，不仅质疑气候变化的科学性，而且强调如果美国减少化石能源的使用而发展中国家却免于限制将会为美国经济带来严重后果，也必将导致美国国内物价飙升，美国公民不得不为此买单。简言之，如果美国仅仅依据缺乏科学基础的气候变化理论就进行削减化石能源的使用，但却不对发

① [美]罗斯·格尔布斯潘：《炎热的地球：气候危机，掩盖真相还是寻求对策》，戴星翼等译，上海：上海译文出版社，2001 年，第 96-97 页。

展中国家加以限制，那么最终的受害者是美国广大民众。[①] 有智库企业曾经计算，到 2010 年，如果美国二氧化碳的排放量降至 1990 年的排放水平，那么将会使美国 GDP 下降 2.3%～4.2%；如果政府对每吨二氧化碳征收 100～200 美元的排放税，那么每户居民将为此支付 1700～3100 美元；即使美国政府只征收 100 美元的排放税，美国每年将损失约 50 万个工作岗位，峰值将达到 100 万个。[②]

保守派智库为工业界服务的典型例子就是卡托研究所（Cato Institute）。受工业界资助的卡托研究所是美国著名的智库，发表了一系列有利于美国工业界的言论。例如，该研究所的高级学者托马斯·盖尔·穆尔（Thomas Gale Moore）在 1998 年出版了《恐惧的气候：为什么我们不应该担心全球变暖》（*Climate of Fear：Why We Shouldn't Worry About Global Warming*）一书，在美国各界引起强烈轰动。[③] 该书认为，美国的一些科学家和媒体煽动民众对气候变化产生担忧。如果人们听从这些主张，那么将风险巨大、成本巨大，并且生活质量将为之明显降低。该书指出，虽然没有强有力的迹象表明气候正在发生变化，但是国际上遏制温室气体排放的压力却越来越大。"这些预言家会让我们减少化石燃料的使用，放弃汽车，在冬天调低恒温器，在夏天调高温度，减少旅行，并在新的和未经证实的技术上花费大量资金，以减少化石燃料的使用。"可以看出，该书极力贬低气候变化的科学性，极力向美国民众宣传如果美国采取应对气候变化措施，最终的受害者是美国广大民众自己。

更激烈的是，该书强调：无论是历史还是现实都表明，全球气候变暖"利大于弊"。该书指出，"历史告诉我们，全球气温越高越好、越冷越坏。应对潜在气候变化的最佳方式不是努力阻止它（正如我们将看到的，这是一项无用的活动），而是促进增长和繁荣，以便人们拥有应对气候变化的资源，无论气候朝着更温暖还是更冷的方向发展。"该书还特别强调，科学界与医学界所谓的气候变化会导致疾病及死亡率上升的预测是没有根据、夸大或误导的，不需要采取行动减少温室气体排放。相反，证据表明气温升高可能会促进健康。"虽然无法准确衡量收益，但适度变暖的气候可能在许多方面对美国人有利，特别是在健康方面……气候变暖会改善健康，延长寿命，至少对美国人来说是这样。热带地区的高死亡率似乎更多是由于贫困，而不是气候。全球变暖可能对人类健康产生积极影响。"总之，该书认为全球变暖会给大多数美国人带来好处，对美国和世界其他大部分地区都是利大于弊的。

很明显，像卡托研究所这样有影响力的智库，开始从科学上批评应对气候变化的科学性，认为应对气候变化的科学证据不足；强调贸然为应对气候变化而限制温室气体减排，

① Dimitris Stevis and Valerie J. Assetto，*The International Political Economy of the Environment：Critical Perspectives*，Colorado：Lynne Rienner，2001，p. 68.

② Thomas Gale Moore，*Climate of Fear：Why We Shouldn't Worry about Global Warming*，Washington，D.C.：Cato Institute，1998.

③ Ibid.

无论是对美国国家还是其广大民众来说都必然会带来很高的成本；更为极端的是，他们提出全球变暖“利大于弊”，其潜在的意思就是应继续加大二氧化碳等温室气体的排放。这些观点中最为本质的说法是，否定气候变化会给美国民众带来环境危害，因此为应对气候变化付出成本就不值得。这类说法是应对气候变化环境议题反对方的核心观点，削弱了支持方的影响力。

与此同时，美国工业界还通过各种游说活动向美国政府及国会的决策者施压。美国的行业代表呼吁美国政府在应对气候变化问题上要“保持强硬”，拒绝接受遏制温室气体排放的限制要求。例如，爱迪生电气研究所（Edison Electric Institute，EEI）的发言人就强调，工业界反对具有法律约束力的温室气体减排目标和时间表，以及强制性的指挥和控制措施。为此，该研究所向美国政府和国会提出“这些类型的政策将迫使过早减排，这将是代价高昂的，目前也是不必要的……所有的科学都表明，这是一个长期的问题，有足够的时间采取行动来缓解气候变化”。全球气候变化联盟也向美国的决策者强调，美国必须谨慎行事，因为应对气候变化的赌注太高；如果美国采取任何一项限制温室气体的措施，将会对美国经济造成重大打击。该联盟的研究还预测，如果采用温室气体减排的提案，那么到 2010 年将导致美国的 GDP 下降 3%，美国人民生活水平的增长率下降 23%。[①]

对于国际上谈判的《京都议定书》，美国工业界更是积极进行各种攻击，要求美国政府和国会拒绝签署和批准。美国煤炭企业和石油公司凭借其强大的经济实力，充当攻击议定书的先锋。正如有学者称，“石油和煤炭界的院外活动集团可利用的财政资源几乎是无限制的。他们可以买下国会，也可以买下传媒。”[②] 汽车制造商也对议定书表示强烈反对，因为如果美国签署并批准议定书就意味着将提高燃油技术标准，限制汽车等交通工具的温室气体排放，进而影响汽车制造商的利益。为此，美国的汽车“三大巨头”（通用、福特和克莱斯勒）也都积极向美国决策者施压，反对议定书。在京都会议期间，一大批工业界游说者积极要求美国政府代表反对通过议定书，并在全体会议上发表讲话。[③] 当《京都议定书》在国际上通过后，美国工业界强烈谴责该议定书，并发誓要积极影响美国决策者反对其批准。[④] 其实，除了煤炭、石油和汽车制造商，其他诸如农工团体、化工企业、电气和铁路等工业界也参加了这场反对议定书的运动。[⑤] 除此之外，一大批经济学家、政治评论家及保守主义者同样也贬低应对气候变化问题的紧迫性，并向美国当局建议，即使发生气

① Mary H. Cooper，“Global Warming Update：Are limits on Greenhouse gas Emissions Needed?”，*Congressional Quarterly Researcher*，November 1，1996，pp. 961-984.

② [美]罗斯·格尔布斯潘：《炎热的地球：气候危机，掩盖真相还是寻求对策》，第 22 页。

③ “Business Goes on Offensive at Global Warming Meet”，*Reuters*，December 3，1997.

④ “Automakers Criticize Global Warming Pact”，*Reuters*，December 12，1997；“CAPP Gravely Concerned About Kyoto Agreement”，*Business Wire*，December 12，1997.

⑤ “US Farm Groups Fighting Global Climate Treaty”，*Reuters*，October 9，1997；“Global Warming Treaty Opposition Unites Industry，Labour (US)”，*Reuters*，November 18，1997；“Campaigning Against Warming Proposals，Industrial Titans Disunited About What to Do”，*Associated Press*，December 3，1997.

候变化，美国也可以走“先污染后治理”的路径。①

当然，并不是整个美国工业界都反对应对气候变化，工业界中有很小的一部分也支持应对气候变化。但整体来说，美国工业界绝大多数企业都强烈反对应对气候变化，即使有部分企业有不同的姿态和行为，也改变不了美国工业界成为应对气候变化环境议题强烈反对方的事实。

在应对气候变化环境议题实质阶段的早期，美国的广大民众、科技界及环境组织延续了初始阶段的热情，并且随着科技界证据的不断增强，美国广大民众和环境组织的呼吁和支持力度更加强大，使环境议题支持方的力量也不断增强。但是，由于气候变化导致的极端天气具有不确定性，时而严重、时而影响不大，以至于美国广大民众对其生存威胁认识不足，对此环境议题并不是一直强烈支持，没有对反对者形成压倒性力量。与此同时，以美国工业界为首的环境议题反对方爆发式地增强了反对力量，整体上抵消了支持方的力量。应对气候变化环境议题支持方与反对方力量博弈的结果是不相上下，在决定美国总体的政策倾向和综合政策时，任何一方都难以依靠自身的力量简单取胜，美国总统与国会多数党派的党派政治开始发挥作用。

1997 年，《京都议定书》在国际层面获得通过后，以美国工业界为首的环境议题反对方进一步加强了反对力量，动用一切手段继续批评气候变化的科学性、影响舆论导向及向美国决策者施压，抵制美国决策者在国际上签署和批准议定书，防止在美国国内出台限制二氧化碳等温室气体的政策措施。然而，美国工业界内部并不是铁板一块，尽管美国工业界对《京都议定书》的反对仍然很强烈，但一些有影响力的企业退出了反对联盟，并加入支持应对气候变化联盟；一些企业积极设立了温室气体减排目标；还有一些企业强烈支持《京都议定书》，敦促美国决策者尽快予以签署和批准。

《京都议定书》的通过及其他应对气候变化的行动也促使了工业界的分化，环境议题支持方的阵营也不断扩大，力量不断增强。1998 年，支持应对气候变化的环境组织——皮尤全球气候变化中心（Pew Center on Global Climate Change）成立，除美国波音、洛克希德和惠普这类制造业企业加入外，杜邦等化石能源和化工企业，以及福特和通用等汽车制造企业纷纷退出以抵制气候行动为使命的全球气候联盟（Global Climate Coalition，GCC），反过来加入皮尤全球气候变化中心。② 这些企业明确指出他们“接受了大部分科学家的观点，即关于气候变化的科学和环境影响已经知道得够多了，现在需要我们采取行动以对付它的后果”。③ 为此，这些企业纷纷承诺减少温室气体排放，并且付诸实施。

还有一些企业不仅加入了支持气候变化的联盟，更是积极自愿地提出温室气体减排的

① [美]罗斯・格尔布斯潘：《炎热的地球：气候危机，掩盖真相还是寻求对策》，第 14 页。

② Jim Fuller，“Companies Look for Ways to Cut Heat-Trapping Greenhouse Gases”，*U.S. Department of State's Office of International Information Programs*，November 20，2000.

③ Lester R. Brown，“The Rise and Fall of the Global Climate Coalition”，*Earth Policy Institute*，July 25，2000.

目标。例如，美国铝业公司（Alcoa）提出，到 2010 年较 1990 年减少 25%温室气体的目标；通用汽车公司提出，2005 年将在 2000 年的基础上减少 10%的二氧化碳排放；杜邦公司提出，到 2010 年减少 65%的温室气体；IBM 公司等多家大企业承诺在未来 10 年内开拓 1000 兆瓦的可再生能源市场；① 威斯康星能源公司（WEC）提出，2011 年在总能源使用中可再生能源的比例占到 5%。② 总之，很多大企业正在形成惯例，向股东提交“可持续性报告”，开始着手制定可以产生丰厚效益的新程序及新产品的低碳可持续性企业战略。更为重要的是，这些企业和环境组织也正建立起新的合作关系。③

此外，越来越多的美国企业呼吁美国决策者签署并批准《京都议定书》。例如，由很多家能源、化工、冶金等企业组成的商业环境委员会发表宣言指出：“我们接受大部分科学家的观点，即我们已经了解了足够的关于气候变化的科学和环境影响，从而应该采取行动以处理它的后果。工业界现在能够并且应该在美国及国外采取具体的措施来评估减排的机会，建立和符合减排目标，并且向新的、更有效的产品、实践和技术进行投资。《京都议定书》代表着国际性进程的第一步，但是应该做更多的工作来实施《京都议定书》原则上通过的以市场为基础的机制，并且在其解决过程中使世界上其他地方更加充分地参与进来。我们能够通过采纳合理的政策、项目和过渡期战略在美国应对气候变化和维持经济增长的过程中取得重大的进展。”④

正如美国副国务卿斯图尔特·艾森斯塔特（Stuart E. Eizenstat）在 1998 年 11 月召开的第四次缔约方会议的新闻发布会上所指出的，“在京都会议时期，美国只有少数企业愿意承认气候变化的威胁是真实存在的。而一年后的今天，越来越多的企业成为我们努力的正式合作伙伴，并承诺采取切实行动减少排放。”⑤

综上可知，当应对气候变化环境议题进入实质阶段，并且 1997 年《京都议定书》在国际层面获得通过后，美国的工业界内部发生了巨大的变化。美国工业界，尤其是以煤炭、石油、化工等为代表的高耗能和高污染企业仍高举反对应对气候变化的旗帜，并且还有加剧的趋势。但是，美国低碳行业的企业最早开始加入支持应对气候变化的行列，随着应对气候变化环境议题的不断深入，越来越多的高能耗和高污染企业也退出反对行列并加入支持方，进而使支持方的力量在不断增强。简言之，应对气候变化环境议题进入实质阶段后，环境议题支持方与反对方动态博弈的结果整体来说不相上下，支持方与反对方影响美国决策者态度的力量相互抵消，美国在应对气候变化环境议题的政策倾向取决

① [美]詹姆斯·古斯塔夫·史伯斯：《朝霞似火：美国与全球环境危机——公民的行动议程》，北京：中国社会科学出版社，2007 年，第 185-187 页。

② Vanessa Houlder，“Greenhouse Gases Environmental Campaigners Call for Talks to Resume：EU and US under Pressure on Climate Deal”，*Financial Times*，December 2，2000，p. 6.

③ [美]詹姆斯·古斯塔夫·史伯斯，《朝霞似火：美国与全球环境危机——公民的行动议程》，第 185-187 页。

④ 转引自薄燕：《国际谈判与国内政治：对美国与〈京都议定书〉的双层博弈分析》，博士学位论文，复旦大学，2003 年，第 127 页。

⑤ Stuart Eizenstat Spoke at the UNFCCC Conference of the Parties-4 Held in Buenos Aires，Argentina on November 14，1998.

于党派政治。

总之，气候变化环境议题支持方与反对方争论的焦点是，温室气体排放导致的气候变化是否给美国带来了直接、明确的危害。支持方认为，人为大量排放的二氧化碳等温室气体会导致全球气候变暖，从而带来极端天气和流行病等全球性灾难，美国位居其中，也会受到环境伤害，因此美国应在温室气体减排上采取积极行动。反对方则认为，并无明确和直接的证据证明全球升温会给美国带来特定的环境伤害，有一些反对派甚至否定温室气体排放与全球升温的关系，从而不愿意为温室气体减排支付成本。如果温室气体排放导致的气候变化给美国带来了直接、明确的危害，美国就会有更多人加入支持方；否则更多人会游离在外。对这一问题的认知在很大程度上决定了支持与反对双方的力量对比。目前的情况是，有一些科学的、推测性的证据说明温室气体排放导致的气候变化给美国带来了危害，但是这些证据不够明确和直接。因此，支持方与反对方僵持不下，呈现拉锯状态。其他的因素，如党派政治的作用就凸显出来。

7.3.2 克林顿政府的良好愿望

作为民主党人，克林顿总统对待环保问题的愿望及姿态是积极的，但作为政治家，其出台的政策势必会受到其他方面的影响，甚至不能很好地落地和执行。总体来看，克林顿政府从国际和国内两个层面推动了应对气候变化环境议题的进程。在国际层面，克林顿政府积极参与国际应对气候变化的研究和评估工作，积极参与《京都议定书》的谈判和签署，根据《联合国气候变化框架公约》和《京都议定书》向发展中国家提供科学研究、项目及资金援助。

克林顿政府积极参与国际应对气候变化的研究和评估工作，开展更加密切的国际合作。[①] 联合国政府间气候变化专门委员会系列报告是国际应对气候变化谈判的主要科学依据，美国政府积极参与了这项国际应对气候变化的研究和评估工作，系列报告中几乎所有章节都有美国专家的编写和审查。美国的研究人员还通过诸如“世界气候研究计划”“国际地圈—生物圈计划”等项目进行气候变化研究基础数据的收集和分析，利用缔约方会议及其各附属机构和气候技术倡议积极参与制定和实施全球气候变化战略。此外，美国政府还向框架公约秘书处借调技术专家，以帮助该机构推动各项应对气候变化活动。美国专家还审查了其他缔约方的国家信息通报，并帮助推动国家排放清单方法的制定。同时，美国政府还积极组织或参与多边开发银行、经济合作与发展组织及国际能源署（International Energy Agency，IEA）的多边论坛，积极发挥其影响力，将气候变化问题直接列入会议议程，并制定有助于缓解气候变化的政策。

更重要的是，克林顿政府还积极参与《京都议定书》的谈判和签署。在克林顿入主白

① *Climate Action Report*，United States Department of State，July，1997.

宫期间，在应对气候变化环境议题中，国际层面最重要的是谈判通过《京都议定书》。京都会议期间，缔约方各成员国特别是发达国家对《京都议定书》的相关条文展开了激烈讨论，一度使谈判进入僵局。美国代表团率先在一些关键问题上进行让步，积极主动承担减排目标，最终促使欧盟和日本等缔约方成员国统一思想认识，接受议定书的相关条款，为议定书最终通过发挥了巨大作用。《京都议定书》在国际层面通过后进入签署和批准阶段。克林顿政府多次与国会沟通协调，希望国会能够批准议定书。然而，国会在议定书通过之前就投票通过了所谓的“伯德-哈格尔决议案”（Byrd-Hagel resolution），为克林顿总统签署议定书设置障碍。尽管克林顿政府做了最大努力，但是考虑到即使将议定书提交给国会，国会也不会对其予以批准，所以克林顿政府动用总统行政权力签署并接受议定书，但并没有提交国会批准。这也表明，尽管克林顿政府的愿望及姿态是积极的，但由于会受到国会的掣肘，所以最终出台的综合政策并不一定积极。

同时，克林顿政府还积极落实《联合国气候变化框架公约》和《京都议定书》的要求，向发展中国家提供科学研究、项目和资金援助。① 克林顿政府强调，全球应对气候变化离不开美国的援助，援助是美国应对气候变化战略中非常重要的内容。美国国际开发署（United States Agency for International Development，USAID）更是将减缓全球气候变化作为该署的两个全球环境优先事项之一。一方面，美国积极帮助发展中国家开展气候变化研究。截至 1997 年，美国正在帮助 50 多个发展中国家和向市场经济转型的国家开展气候变化研究，旨在建立与提高这些国家应对气候变化的能力；正在支持近 20 个发展中国家编制国家气候行动计划，为这些国家发布关于气候变化信息通报奠定基础；另一方面，美国政府积极通过项目援助，助推发展中国家应对气候变化。这些项目涉及节能提效、煤炭清洁利用、可再生能源、清洁空气、农业及林业等多个领域。同时，美国与墨西哥、巴西、印度、印度尼西亚、菲律宾、俄罗斯、乌克兰、波兰、哈萨克斯坦和中非等关键国家及地区建立了双边援助项目或促进节能和可再生能源技术的商业转让，帮助他们在提高经济增长的同时减少温室气体的减排。此外，克林顿政府还积极向发展中国家提供资金援助。作为全球环境基金（Global Environment Facility，GEF）的主要捐助国，美国于 1997 年以前已捐助约 1.9 亿美元帮助发展中国家共同保护环境。美国政府将全球环境基金视为高度优先事项，并积极与国会协商以履行其 4.3 亿美元的承诺。在 1997 年 7 月的联合国大会上，克林顿总统宣布了美国的一个五年期援助发展中国家计划和“国家转变计划”，以此来帮助发展中国家减少其温室气体排放。②

在国内层面，克林顿政府始终强调气候变化的科学性与重要性，将环境安全纳入整个国家安全框架，不断争取国内民众广泛支持并削弱美国工业界反对方的力量，不断加强国内应对气候变化的制度措施，并试图推动州和地方政府实施《京都议定书》，设立应对气

① *Climate Action Report*，United States Department of State，July，1997.

② Paul G. Harris，*Climate Change and American Foreign Policy*，New York：Martin's Press，2000，p. 42.

候变化专门支撑机构，也表现出很积极的愿望及姿态。

在京都会议之前，克林顿总统就在很多场合强调了气候变化的严重性和科学性。他指出，“毋庸置疑，气候变化这个问题是真实的。如果现在不改变我们的发展路径，将迟早会对美国人民和世界人民造成灾难性的后果。”[①]《京都议定书》在国际上通过后，克林顿总统又多次重申了他的立场和观点。可以说，克林顿总统及其政府在气候变化的科学性及重要性上始终保持积极的承认和支持姿态。为此，美国政府在全球气候变化研究方面投入了大量的资源和资金，研究领域包括气候变化预测、影响和适应、缓解和新技术及社会经济分析和评估等方方面面。据统计，1993—1999 年，美国政府已经为美国全球气候变化研究筹集了 100 多亿美元资金，[②] 仅 1997 年美国在“全球变化研究计划”（U.S. global change research program，USGCRP）中就投入 18 亿美元。[③]

另外，克林顿政府还将环境安全纳入国家安全整体框架中进行考虑。1994 年，美国出台了《参与和扩大的国家安全战略》（*A National Security Strategy of Engagement and Enlargement*），将环境安全正式纳入国家安全概念，扩大了传统国家安全的范畴。该战略明确指出：“并不是所有的安全威胁都是军事性的。恐怖主义、毒品贩卖、环境退化、人口迅速增长及难民潮等跨国现象也对美国当前和长期的政策产生了安全影响。此外，一类新兴的跨国环境问题（包括气候变化）正在日益影响国际稳定，从而对美国的战略提出新的挑战。”[④] 后续的系列报告更是进一步强化了环境安全在国家安全中的地位。例如，1997 年的报告指出“环境威胁没有国界，可能对美国的安全和福祉构成长期威胁……气候变化、臭氧损耗和危险化学品跨国流动等环境威胁直接威胁着美国公民的健康。我们必须与其他国家密切合作，积极应对这些环境威胁”。[⑤]《京都议定书》在国际上通过的第二年，美国发布的国家安全战略进一步强化了环境安全在美国国家安全中的地位，但也明确提出“在关键发展中国家同意切实参与应对全球变暖的努力之前，我们不会提交《京都议定书》供批准”，这表明克林顿政府受到美国国会的掣肘依然严重。在克林顿总统下台的前一年（2000 年），美国国家安全战略强调“坚定地应对环境威胁仍然是美国外交政策中的重要部分。美国的领导对达成《京都议定书》至关重要”。[⑥] 从美国出台的一系列国家安全战略报告中也可以看出，克林顿政府将气候变化环境问题视为对美国的核心价值和利益构成威胁的重大问题，将其上升到国家安全的战略高度，也表现出美国政府在应对气候变化环境议题上的积极愿望与姿态。

同时，克林顿政府还不断争取国内民众的广泛支持。美国政府发起“白宫全球气候变

---

① “Remarks by the President on Global Climate Change”，*National Geographic Society*，October 22，1997.

② Chapter 3：Meeting the Challenge of Global Warming，CEQ Earth Day 2000 Report.

③ *Climate Action Report*，United States Department of State，July，1997.

④ *A National Security Strategy of Engagement and Enlargement*，The White House，July，1994.

⑤ *A National Security Strategy for A New Century*，The White House，May，1997.

⑥ *A National Security Strategy for a Global Age*，The White House，December，2000.

化行动计划”，不断宣传和提高国内民众对气候变化的认识。在京都会议前夕，克林顿总统积极地在美国各地宣讲必须采取积极行动应对气候变化。最为重要的一次活动是 1997 年 10 月美国政府在华盛顿召开的白宫气候变化会议（White House conference on climate change），邀请了几百位各界代表出席，在美国国内产生了很大影响。① 克林顿总统在会议开幕式致辞中提出了四个关键性观点，即气候变化的科学是真实的，美国必须承诺具有约束力的温室气体排放目标，美国接受能够履行全球责任和对子孙后代责任的同时继续增长本国经济的解决方案，美国期望工业化国家和发展中国家都能参与到应对气候变化的进程中。美国政府还积极在国会的听证会上发言，向美国广大民众宣讲应对气候变化的危机和计划。例如，在 1998 年国会举行的一次听证会上，副国务卿斯图尔特·艾森斯塔特（Stuart E. Eizenstat）代表美国政府的讲话就很具有代表性。② 他指出，“美国最近多次提醒人们，极端事件的代价有多高：1993 年密西西比州的洪灾造成的损失在 100 亿～200 亿美元；1996 年的南部平原旱灾估计造成了 40 亿美元的损失；1996—1997 年的西北部洪灾造成了约 30 亿美元的损失。”他强调，科学告诉我们，现在必须采取行动应对气候变化。“应对全球变暖的威胁是一项艰巨的任务。我们必须以积极、冷静和坚定的方式应对它，认识到这是一个挑战，也是一个机遇。正如我们在面对全球挑战时一贯所做的那样，我们必须承担起美国领导力的责任。”艾森斯塔特用直观的数据和科学结论向美国民众进行宣传和教育，在美国国内引起了广泛响应。

与此同时，克林顿政府还不断试图削弱美国工业界反对方的力量。考虑到《京都议定书》可能对国内的工业界利益造成损害，美国工业界势必会以各种方式阻止美国签署和批准议定书，克林顿政府从各方面劝说和瓦解美国工业界的反对力量。一方面，美国政府向工业界强调，应对气候变化是大势所趋，如果美国工业界不进行温室气体的削减计划和行动，没有“倒逼机制”，势必会使美国工业界的科学技术水平远远落后于其他进行削减温室气体的工业化国家，从而不利于美国工业界的国际市场竞争；另一方面，美国政府向工业界强调，如果美国加入《京都议定书》，则美国将会利用其中的清洁发展机制（clean development mechanism，CDM）向缔约方发展中国家进行项目和资金援助，从而使美国工业界可以在发展中国家的市场上获得丰厚利益。更重要的是，克林顿政府向工业界提出了“三步走”计划。③ 其中，第一步提出 50 亿美元的减税和新技术研发计划。为刺激能源效率并鼓励低碳能源的开发和部署，美国政府提出在 5 年内达到 50 亿美元的“一揽子”减税和研发支出计划；为激励美国工业界尽快采取行动减少排放，克林顿总统承诺向最早采取行动的企业适当奖励；计划经过 10 年积累在美国建立起基础广泛的国内和国际排污权

---

① William J. Clinton，Opening Remarks at the White House Conference on Climate Change Online by Gerhard Peters and John T. Woolley，The American Presidency Project，October 6，1997.

② Stuart E. Eizenstat，Statement before the Subcommittee on Energy and Power，House Commerce Committee on March 4，1998；House Science Committee on March 5，1998；and Senate Committee on Agriculture，Nutrition，and Forestry on March 5，1998.

③ *Background Material on President Clinton's Climate Change Proposal*，The White House，October 22，1997.

交易体系。此外，克林顿政府还不断促使美国工业界与国会进行合作，确保向因为气候变化导致能源领域失业的工人提供适当援助，从而赢得这些企业及工人的支持。美国政府的这些措施在一定程度上削弱了美国工业界的反对力量，尤其是在《京都议定书》在国际上通过后，美国越来越多的企业从应对气候变化环境议题的反对方转变为支持方。

最为重要的是，克林顿政府不断加强国内规章制度建设。为了积极应对气候变化，克林顿政府在国内出台了一系列行政命令和规章制度。例如，克林顿政府提出了"能源之星"（energy star）项目，通过进一步提高能效帮助企业和个人节约支出并保护气候环境。通过与 18000 个私营和公共部门组织的合作伙伴关系，成功地在美国全国范围内节约了能源和成本，仅 2012 年就为企业、组织和消费者节省了 240 亿美元。[①] 1994 年，针对提高能源效率的 12902 号行政命令提出联邦机构降低能耗的目标。[②] 该命令要求各联邦机构制定和实施计划，到 2005 年其使用的建筑物每平方英尺[③]的能耗相较 1985 年降低 30%；各联邦机构的基础设施采用具有成本效益和节能的技术，到 2005 年其能效较 1990 年的基准提高至少 20%。1999 年，针对提高联邦政府建筑物的能效提出行政命令，旨在改善联邦政府的能源管理，以节省纳税人的资金，减少碳排放。[④] 该命令提出温室气体减排目标，即通过生命周期的成本效益控制措施，各机构要于 2010 年之前将设施能源使用导致的温室气体排放量在 1990 年水平的基础上减少 30%。2000 年，克林顿政府提出《气候变化技术倡议》（*Climate Change Technology Initiative*），提议在 5 年内出台一项 40 亿美元的新税收优惠计划，通过鼓励购买节能产品和使用可再生能源来帮助减少温室气体排放，涉及住宅和建筑、汽车、清洁能源和工业等方方面面。[⑤]

除此之外，克林顿政府还通过各种办法鼓励地方政府加大二氧化碳减排力度。为了向美国政府提出有效的减排温室气体的国内政策及国际谈判策略，美国政府专门成立了白宫气候变化专门工作组（White House Climate Change Task Force）。

从以上分析可以看出，在应对气候变化环境议题上，作为民主党领袖的克林顿及其政府始终表现出积极的愿望与姿态，在国际层面与国际主流的思想和行为保持一致，在国内层面延续了应对气候变化环境议题初始阶段的积极态度，这充分表明克林顿政府是以积极的愿望与姿态应对气候变化的。

---

① *What is Energy Star*? U.S. Environmental Protection Agency.

② "Executive Order 12902-Energy Efficiency and Water Conservation at Federal Facilities", *Federal Register*, Vol. 59, No. 47, March 10, 1994.

③ 1 平方英尺≈0.0929 平方米。

④ "Executive Order 13123-Greening the Government Through Efficient Energy Management", *Federal Register*, Vol. 64, No. 109, June 8, 1999.

⑤ *Climate Change Technology Initiative: $4.0 Billion in Tax Incentives*, The White House, Office of the Press Secretary, February 3, 2000.

7.3.3 美国国会的掣肘

克林顿总统上台伊始，美国参、众两院都由民主党把持，即两院多数议员都为民主党。然而，当 1995 年应对气候变化环境议题进入实质阶段，参、众两院多数议员的党派由民主党变为共和党，并在之后克林顿总统执政时期，两院一直由共和党占主导地位。根据党派属性推测，美国国会与克林顿总统立场相反，在应对气候变化环境议题上的愿望和表现趋于消极。

京都会议前，美国国会通过了著名的“伯德-哈格尔决议案”，给克林顿政府在京都会议上的谈判立场施加影响。考虑到克林顿政府一直以来以积极的愿望和姿态应对气候变化，1997 年 6 月在京都召开的关键会议前夕，国会参议员罗伯特·伯德（Robert C. Byrd）和查克·哈格尔（Chuck Hagel）提出了所谓“伯德-哈格尔决议案”。[①] 这项决议案明确指出，如果《联合国气候变化框架公约》的议定书或协议规定新的承诺以限制或减少附件一国家的温室气体排放量，而不对发展中国家缔约方规定在相同阶段内新的、具体的和有时间表的限制或减少温室气体排放的承诺，或这些议定书或协议将对美国经济产生严重影响，那么美国不应该签署这些议定书或协议。该决议案还强调，任何需要参议院批准或认可的议定书或其他协议都应伴有立法或需要执行该议定书或其他协议管制行动的详细解释，也应伴有由于执行该议定书或其他协议所需的详细经济成本和其他经济影响分析。很明显，该决议案将要求发展中国家参与温室气体减排和不损害美国经济作为克林顿政府批准《京都议定书》的前提条件。显然，“伯德-哈格尔决议案”就是在为克林顿政府参加《京都议定书》谈判和履约设置障碍，希望克林顿政府在谈判中采取消极立场，迫使克林顿在批约问题上知难而退，不敢寻求《京都议定书》在国会的审批。最终，该决议案以 95∶0 的投票结果通过，成为当时美国国会对待应对气候变化环境议题姿态的风向标。其实，该决议案在很大程度上代表了应对气候变化环境议题进入实质阶段以来至京都会议之前，美国国会对待该环境议题的整体愿望。很明显，这个愿望与国际主流意见基本相反，态度相当消极，可以说是直接抵制国际社会应对气候变化的积极步骤。

京都会议后，《京都议定书》进入缔约方签署和批准及具体落实阶段。然而，美国国会延续了京都会议前的消极姿态，强烈反对克林顿政府签署议定书，明确表示不会批准议定书，并且大幅削减关于应对气候变化的财政预算。

首先，《京都议定书》最终的内容没有完全体现美国国会的全部要求，当克林顿政府准备签署该议定书时，受到美国国会的强烈反对。例如，时任参议院外交关系委员会主席的杰西·赫尔姆斯（Jesse Helms）给美国国务卿写信强调，虽然美国政府不应当签署《定

---

① Robert C. Byrd，“S.Res.98-A Resolution Expressing the Sense of the Senate Regarding the Conditions for the United States Becoming a Signatory to Any International Agreement on Greenhouse Gas Emissions Under the United Nations Framework Convention on Climate Change”，*105th Congress*（*1997-1998*），June 12，1997.

都议定书》，但是如果克林顿政府一定要这么做，就应当立刻把该议定书交由参议院批准，而参议院一定不会批准并且还会阻碍议定书的生效进程。① 赫尔姆斯的这种观点和愿望代表了美国国会的主流声音，对克林顿政府签署该议定书设置障碍并且明显威胁政府，即使政府签署，国会也绝对不会予以批准。当克林顿政府明确宣布要签署该议定书时，国会再次予以回击，谴责美国政府毫不考虑该议定书对美国经济的影响，并且明确认为这是一项错误的政治议程。② 1998 年 11 月，在布宜诺斯艾利斯会议期间，美国签署了《京都议定书》，成为第 60 个签署国。然而，参加此次会议的国会共和党议员组织了一次新闻发布会，公开抗议克林顿政府签署该议定书，并明确表示克林顿总统签署该议定书违背了美国国会的意愿。可以看出，美国国会始终坚持"伯德-哈格尔决议案"原则，极力阻止克林顿政府签署《京都议定书》。尽管美国国会的这个计划落了空，但其消极甚至抵制应对气候变化环境议题的姿态非常明显。

其次，国会始终坚持"伯德-哈格尔决议案"精神，即使克林顿政府签署了《京都议定书》，国会也不予以批准。美国国会对《京都议定书》的姿态笼统上说主要是气候变化的科学证据仍然不足；美国批准该议定书将会给美国经济造成巨大负担；发展中国家缔约方如果不能有效参与减排，将既达不到全球温控的目标，也不利于美国的国际竞争。所以，当克林顿总统签署议定书后，美国国会始终坚持"伯德-哈格尔决议案"精神，坚决不予批准，这也导致最终克林顿总统并没有将签署后的议定书交由国会批准。美国众议院科学委员会主席詹姆斯·森森布伦纳（James F. Sensenbrenner）的观点就很具有代表性。③ 他认为，尽管全球变暖的科学证据非常不确定，但克林顿政府和议定书的倡导者却高度认可这种威胁的真实性。他还认为，《京都议定书》的执行将导致美国能源成本上升和制造业工作岗位的减少，美国民众享受的生活水平将崩溃。他说，国际上，特别是发展中国家有足够廉价的排放额度可以满足美国等发达国家的需要，并且碳交易系统将会以近乎完美的效率运行。所以在这个意义上，要使美国加入议定书，必须对发展中国家也进行有效限制。在克林顿总统签署《京都议定书》前后，美国国会举行了一系列听证会，国会议员整体上的观点并没有发生变化。也就是说，美国国会的这种消极姿态一直得以持续。

最后，国会通过各种途径大幅削减应对气候变化的联邦拨款预算。1998 年，众议院在 1999 财年的拨款法案中提出，本法案拨出的任何资金都不能用于执行或准备执行《京都议定书》。④ 根据众议员诺伦贝格（Knollenberg）的说法，该法案的主要目的是"确保在美国参议院审议和批准《京都议定书》之前，不滥用现有监管机构来实施或作为其未来实施

---

① Paul G. Harris，*Climate Change and American Foreign Policy*，p. 119.

② Ibid.

③ *Sensenbrenner：Global Warming Treaty Doomed*，The Heartland Institute，September 1，1999.

④ Jerry Lewis，"H.R.4194-105th Congress（1997-1998）：Departments of Veterans Affairs and Housing and Urban Development，and Independent Agencies Appropriations Act，1999"，*105th Congress（1997-1998）*，July 8，1998.

的基础”。[①] 1999年众议院的法案中也有类似表述。[②] 可以想象，任何关于提高能效或者推广可再生能源的措施，甚至美国自己积极提倡实施《京都议定书》的灵活性机制等都可以被视为“为实施京都协议做准备”，这基本上既否定了《京都议定书》的核心内容，也否定了克林顿政府的观念和行动。同年10月，众议院又一次通过了对一项拨款法案的附款，提出在批准《京都议定书》之前，限制将任何资金用于实施议定书。但是克林顿政府宣布否决这项法案。[③] 与克林顿政府积极落实议定书的相关条款筹措资金援助发展中国家相比，美国国会却严格控制资金，不仅拒绝援助发展中国家，甚至拒绝将资金用于国内的应对气候变化行动，表现出非常消极的姿态。

综上可知，在应对气候变化环境议题上，共和党占多数的美国国会并不承认全球变暖的科学性和紧迫性，强烈向克林顿政府施压，要求其不要签署《京都议定书》。当克林顿政府坚持签署议定书后，美国国会始终反对议定书，导致克林顿政府最终并没有将议定书提交美国国会进行批准。同时，美国国会还削减甚至拒绝将资金用于应对气候变化的任何方面，导致克林顿政府很难履行国际应对气候变化援助。美国国会的这一系列思想和行动与克林顿政府刚好相反，与国际主流并不一致，说明美国国会在应对气候变化环境议题上的愿望非常消极，甚至抵制。

综上所述，对于应对气候变化环境议题，民主党的克林顿政府的愿望和姿态很积极，而共和党占多数的国会的姿态很消极，以至于美国的总体政策倾向和综合性政策并不积极。首先，尽管克林顿政府表示相信气候变化的科学性，并且准备承担现实的减排义务，但是迫于国会的压力，克林顿政府在谈判中明确要求限制减排要以不妨碍经济发展为前提，并且世界各国都要参与。这些观点明确违背了“柏林授权”原则，既遭到发展中国家的一致反对，也受到了欧盟等发达国家的指责。[④] 其次，尽管克林顿政府于1998年签署了《京都议定书》，但是最终并没有将其提交国会批准，更没有提交联合国，导致美国成为全球为数不多的《京都议定书》非缔约国。最后，鉴于国会强烈反对将资金用于落实议定书的有关要求，克林顿政府很难兑现国际援助的承诺，并且这也阻碍了美国国内应对气候变化的进程。从这几个方面可以看出，美国总体的政策倾向及综合政策与国际主流并不一致。所以说，在应对气候变化环境议题进入实质阶段至克林顿总统下台的这一段时期，美国对待环境议题的总体政策倾向与国际社会主流态度相比是消极的。

---

① Amy Royden，“U.S. Climate Change Policy Under President Clinton：A Look Back”，*Golden Gate University Law Review*，Vol. 32，Issue 4，2002. p. 37.

② Joe Skeen，“H.R.1906-Agriculture，Rural Development，Food and Drug Administration，and Related Agencies Appropriations Act，2000”，*106th Congress（1999-2000）*，May 24，1999.

③ Paul G. Harris，*Climate Change and American Foreign Policy*，p. 119.

④ Timothy Wirth，“U.S. Policy on Climate Change”，*Global Issues：Climate Change*，Vol. 2，No. 2，1997，p 6.

7.4 小布什时期

小布什总统执政时期，环境议题支持方与反对方延续了克林顿时期博弈"动态平衡"的状态，使美国的政策倾向仍然受到党派政治的直接影响。共和党人小布什于2001年1月入主白宫，接替民主党人克林顿成为美国总统，一直到2009年1月被民主党人奥巴马总统所取代。在小布什总统执政期间，经历了107～110届国会，其中第107届国会的情况最为复杂（表7.2）。在第107届国会期间，众议院多数议员是共和党，而参议院多数议员的党派发生了两次反转：2001年6月6日至2002年11月12日，参议院多数议员是民主党，提出过一些积极法案，而其余时间是共和党；108～109届参、众两院的多数议员都为共和党，对待应对气候变化环境议题的姿态明显消极；第110届参、众两院的多数议员都为民主党，姿态明显积极。可以预期，在小布什总统执政期间，在应对气候变化环境议题上美国政府的愿望将会消极，而美国国会从消极（中间有过短暂的积极）逐渐转变为积极，但总体来看，在小布什总统执政时期美国的政策倾向和综合政策是消极的。

本节内容分两部分进行论述。在环境议题支持方与反对方保持势均力敌的基础上，先从国际和国内两个层面对小布什政府的愿望和姿态进行分析，再对美国国会的行为和姿态进行分析。

7.4.1 小布什政府退出《京都议定书》

作为共和党人，小布什总统在环保问题上的愿望与姿态是消极的。小布什政府从国际和国内两个层面努力抵制应对气候变化环境议题的进程。在国际层面，小布什政府在全球问题上秉持新保守主义思想，夸大气候变化的不确定性；否认《京都议定书》应对全球气候变化国际制度和机制的作用，在其上台之初就宣布退出《京都议定书》；在之后一系列议定书缔约方会议上仍延续消极姿态。

一方面，小布什政府过度放大全球气候变暖科学事实的不确定性，借此否定气候变化的严重性和紧迫性。小布什总统刚上台时，曾经委托美国国家科学院就气候变化科学中哪些是确定的及哪些是不确定的进行研究，并且对联合国政府间气候变化专门委员会报告进行评估。[①] 2001年6月，美国国家科学院向美国政府提交了研究报告。该报告称"由于人类活动，温室气体在地球大气中积聚，导致地表空气温度和地下海洋温度升高。事实上，气温正在上升。过去几十年中观察到的变化可能主要是由于人类活动，但我们不能排除这些变化中的一些重要部分也是自然变化的反映……委员会总体上同意联合国政府间气候

① National Research Council, *Climate Change Science: An Analysis of Some Key Questions*, Washington, D.C.: The National Academies Press, 2001, p. 27.

变化专门委员会第一工作组科学报告中对人为造成的气候变化的评估。”① 美国国家科学院的报告保持了其专业独立性，充分肯定了联合国政府间气候变化专门委员会的报告，并且明确认为全球变暖是人为因素导致的。然而，小布什政府却依然强调气候变化科学问题中存在很多不确定性因素，以此为借口消极对待应对气候变化环境议题。小布什总统在同年 6 月的演讲中，不得不承认美国国家科学院的研究成果。他说：“我们知道地球表面的温度正在变暖……美国国家科学院的研究表明，自工业革命开始以来，温室气体特别是二氧化碳浓度的大幅增加在很大程度上是由于人类活动。”然而，他却过多地强调气候变化的不确定性。他说：“国家科学院的报告告诉我们，我们不知道气候的自然波动可能对气候变暖产生了多大影响；我们不知道我们的气候在未来可能或将发生多大变化；我们不知道变化会以多快的速度发生，甚至不知道我们的一些行动会对它产生怎样的影响。”② 可以看出，小布什总统极力虚化全球变暖的科学事实，强调气候变化科学中的不确定性，很明显与国际主流认识不同，也为其退出《京都议定书》寻找借口。

更为消极的是，小布什政府不顾国际社会的强烈反对，直接宣布退出《京都议定书》。2001 年 3 月，小布什政府声称美国将不执行《京都议定书》，引起了国际舆论的强烈谴责。③ 美国环保局局长克里斯蒂・托德・惠特曼（Christie Todd Whitman）明确表示，“我们对执行该条约没有任何兴趣。”④ 同年 6 月，小布什政府内阁层面对气候变化战略审查的初步报告提出“《京都议定书》存在根本缺陷”，美国拒绝执行议定书。该报告认为，由于议定书排除了发展中国家承担减排的义务，所以它在应对气候变化方面是无效的；议定书制定的减排目标并非基于科学，其减排目标和时间表是政治谈判的结果且是随意制定的；议定书的目标是严峻的，因为根据议定书的规定，美国将必须在不到 7 年的时间里减少 1/3 的温室气体排放，这必将给美国经济带来巨额和不必要的成本；议定书有可能严重损害美国和全球经济；议定书将使美国危险地依赖其他国家来实现其排放目标。⑤ 可以看出，小布什政府对待《京都议定书》的姿态与美国国会“伯德-哈格尔决议案”简直是一脉相承。其实，在小布什总统刚上台时，美国国会议员哈格尔等就写信询问美国政府对全球气候变化的态度。小布什总统在给议员的回信中写道：“如你们所知，我反对《京都议定书》……参议院以 95∶0 的投票结果表明，对于解决全球气候变化问题，《京都议定书》是一种不公平和无效的方式，这一点已经达成了明确的共识。”⑥ 小布什政府否认《京都议定书》的成果，并且退出该议定书的行为明显与国际主流态度不符，是一种非常消极的姿态。正如欧盟环境专员玛格特・沃尔斯特姆（Margot Wallstrm）所言，“如果美国真的打算退

---

① National Research Council，*Climate Change Science：An Analysis of Some Key Questions*，p. 1.

② *Remarks by President Bush on Global Climate Change*，U.S. Department of State，June 11，2001.

③ 倪世雄：《当代西方国际关系理论》，上海：复旦大学出版社，2001 年。

④ *USA：Bush Pulls Out of Kyoto Protocol*，Environment News Service，March 28，2001.

⑤ *White House Climate Change Review-Interim Report*，U.S Department of State，June 11，2001.

⑥ *Text of a Letter from the President to Senators Hagel，Helms，Craig，and Roberts*，The White House，March 13，2001.

出《京都议定书》，那是非常令人担忧的。欧盟愿意讨论细节和问题，但不会废除整个议定书。”①

另一方面，小布什政府在后续历次联合国气候变化大会上仍然延续消极姿态。尽管美国退出《京都议定书》受到来自国内外各方的谴责，小布什政府仍然坚持初衷，以消极的姿态对待应对气候变化环境议题。2001 年 7 月，《联合国气候变化框架公约》第六次缔约方会议的主要目标是达成《京都议定书》和《布宜诺斯艾利斯行动计划》等有关协议。在谈判中，美国代表除了坚决不执行《京都议定书》的立场，还怂恿日本、澳大利亚和加拿大等国家抵制议定书。② 在《京都议定书》生效前的几次缔约方会议上，国际社会多次劝说美国加入议定书并制定更为严格的温室气体减排政策，但美国政府仍然不为所动。2005 年 11 月，缔约方召开了《京都议定书》生效后的第一次会议，会议呼吁各国“积极参与到探索和寻找解决气候变化的长期合作行动的讨论中”。尽管会议专门将“谈判”改为“讨论”，美国政府仍然拒绝加入全球应对气候变化行动。2006 年 11 月，第十二次缔约方会议开始讨论 2012 年后全球温室气体减排行动。然而令人失望的是，美国代表团明确表示，美国关于《京都议定书》的立场在小布什总统任期内不会有任何改变。2007 年 12 月，第十三次缔约方会议通过了《巴厘岛路线图》，对 2012 年后全球温室气体减排行动作出安排。尽管在国际社会的努力下，美国政府有所犹豫，但最后还是坚持了之前的消极姿态。2008 年 12 月，小布什政府派代表参加了其下台前最后一次缔约方会议——《联合国气候变化框架公约》第十四次缔约方会议。尽管这次会议将应对气候变化提升到前所未有的高度，甚至认为气候问题比当时的经济危机更为重要，但小布什政府并没有改变原来的态度。从这一系列的气候变化大会中美国的表现可以看出，尽管国际社会作出巨大努力甚至让步，要求美国加入全球应对气候变化的行列，然而小布什政府初衷不改，仍选择与国际主流行为持相反的态度，姿态持续消极。

在国内层面，小布什政府无视《京都议定书》为发达国家提出的严格限制温室气体的减排目标，而是提出了一个非常松散的自愿减排目标。在整个小布什执政时期，美国政府一直奉行以石油和煤炭为主体的能源政策，不断加强国内石油的勘探、开发和利用，导致温室气体减排力度严重不足。因此，与前任克林顿政府相比，小布什政府的应对气候变化政策严重倒退。

一方面，小布什总统上台后不久，于 2002 年 2 月宣布了一项号称“雄心勃勃的温室气体减排目标”，即美国将在未来 10 年（2002—2012 年）将其单位 GDP 的温室气体排放量减少 18%。③ 换句话说，这项减排目标相当于每年仅降低 1.95%的排放强度，10 年累积

---

① *USA：Bush Pulls Out of Kyoto Protocol*，Environment News Service，March 28，2001.

② 金应忠、倪世雄：《国际关系理论比较研究》（修订本），北京：中国社会科学出版社，2003 年。

③ *Kyoto Protocol：Assessing the Status of Efforts to Reduce Greenhouse Gases*，Dr. Harlan L. Watson，Senior Climate Negotiator and Special Representative，Washington，D.C.，October 5，2005.

减少的温室气体排放量仅约为 18 亿吨二氧化碳当量。显然，小布什政府提出的温室气体减排目标是以排放强度进行计算的，并不是按照《京都议定书》中规定的总量目标计算的。也就是说，未来 10 年，美国政府的 GDP 每年都会增长，尽管单位 GDP 的温室气体排放会有所下降，但是下降的速率小于 GDP 的增长率，意味着温室气体的总量还会逐年增加，只不过增长的量有所下降。小布什总统表示，美国提出的温室气体减排目标是以美国自身利益为出发点的，如果美国根据《京都议定书》的目标进行温室气体减排，这将使美国的经济损失高达 4000 亿美元并丧失 490 万个工作岗位。[①] 这将对美国的经济造成严重损害，美国绝对不能够接受。可以看出，小布什总统提出的美国温室气体减排目标，无论是与国际主流目标（《京都议定书》规定的目标）还是与上一届克林顿政府提出的目标相比都是一种倒退。

另一方面，在整个小布什总统执政时期，美国政府的能源政策一直是以小布什总统刚上台时宣布的《国家能源政策》（*National Energy Policy*，NEP）报告为框架和引领，而这项能源政策充分强调了石油和煤炭等化石能源的主导和核心地位。[②] 2001 年 5 月，小布什政府发布的《国家能源政策》报告提出了 105 项建议，尽管其中的 40 多项建议要求加快发展生物质、地热、水电、风电、太阳能和核能等替代能源、可再生能源和先进能源，不断节约能源和提高能源效率，但是更多的建议是加强美国国内石油的勘探和开发，继续发挥煤炭在电力发展中的作用，增加政府战略石油库存等，即更加强大了石油和煤炭等高排放化石能源的地位。该政策报告估计，未来 20 年美国的石油消费量将增长 33%，天然气将增长 50%以上，电力将增长 45%。该政策报告指出，美国的各种能源基本可以自给自足，但唯独石油的对外依存度很高，因此小布什政府在不断维护国际石油贸易的同时，更是下决心扩大美国本土的石油勘探和开采，其中包括开放位于阿拉斯加的北极圈国家野生生物保护区和部分沿海地区，以供石油天然气勘探和开采。这也导致美国的各大主流媒体纷纷指责小布什政府的能源政策有利于本国的石油产业，变相地回报了在总统大选中对其提供过支持的石油企业。该政策报告预计，未来 10 年内美国的电力需求将增加约 25%，这需要新建 1300～1900 个发电厂来满足，必将导致煤炭的需求量大幅上升。可以看出，尽管《国家能源政策》提出了很多降低温室气体排放的措施，然而重点还是突出石油和煤炭等高排放化石能源的作用，这对应对气候变化大为不利。

综上可知，对于应对气候变化环境议题，小布什政府在国际层面与国际主流的思想和行为相反。在国内层面，尽管小布什政府发起了气候变化研究倡议以科学指导气候政策，提出了国家气候变化技术倡议以推动技术进步，加强了与西半球及其他地区的合作以使其

① *Kyoto Protocol：Assessing the Status of Efforts to Reduce Greenhouse Gases*，Dr. Harlan L. Watson，Senior Climate Negotiator and Special Representative，Washington，D.C.，October 5，2005.

② *Report of the National Energy Policy Development Group*，The White House，May，2001.

他国家参与气候变化和清洁技术等，[①] 但与前任克林顿政府相比，并不能改变其在应对气候变化环境议题上整体的消极姿态。无论是从国际层面还是国内层面来看，小布什政府都是以消极的姿态应对气候变化的。

7.4.2 美国国会的态度剧烈波动

正如本节前述分析，小布什执政时期对应美国第 107 届（2001—2003 年）、第 108 届（2003—2005 年）、第 109 届（2005—2007 年）及第 110 届（2007—2009 年）共 4 届国会。其中，第 107 届国会关于参议院议员多数党派的情况最为复杂。刚开始主要由共和党执政，然后让位于民主党，后期又变为共和党，直到第 110 届国会时，再次转变为民主党。而对于众议院，107～109 届多数议员的党派都是共和党，直到第 110 届才让位于民主党。所以，在小布什总统执政期间，美国国会对待应对气候变化环境议题的姿态经历了“先消极，再积极；再消极，再积极”的过程。

小布什总统执政伊始，参议院的共和党议员强烈要求小布什政府反对《京都议定书》。2001 年 3 月 6 日，一些共和党参议员给小布什写信，要求小布什总统表明美国政府关于应对气候变化的政策和态度。在信中，参议员隐晦地向小布什总统传递了国会的姿态和愿望，即国会反对《京都议定书》，反对具有约束力限制的二氧化碳排放，反对加强控制美国工业污染等。[②] 小布什总统很快向这些议员回信，表示美国政府的态度与国会保持一致，共同反对《京都议定书》。小布什在回信中说：“如你们所知，我反对《京都议定书》，因为它免除了世界上 80%的地区，包括中国和印度等主要人口中心的责任，并将对美国经济造成严重损害。参议院以 95∶0 的投票反对结果表明，对于解决全球气候变化问题，《京都议定书》是一种不公平和无效的手段，这一点已经达成了明确的共识。”[③] 可见，此时的美国政府及国会都是以消极的态度应对气候变化环境议题的。

然而，当 2001 年 6 月 6 日—2002 年 11 月 12 日参议院多数党派是民主党时，参议院表现出积极的愿望和姿态。例如，2001 年 8 月，参议院外交关系委员会通过了 2002 财年外交关系授权法案，在这项法案中表达了一种“国会意识”（sense of congress），即“呼吁美国在应对气候变化领域发挥领导作用，并积极参与即将到来的如何解决这一问题的国际谈判”。[④] 该法案引用了一系列科学证据，表明人为因素使二氧化碳排放浓度急剧增加，正在导致全球气候变化。面对这一问题，发达国家和发展中国家都有解决这个问题的共同国际责任。委员会对此高度赞同。然而，小布什政府却退出《京都议定书》，以消极的姿态应对气候变化。为此，美国国会强烈呼吁美国在全球变暖问题上展现国际领导力和责任，

---

① *Action on Climate Change Review Initiatives*，The White House，Washington，D.C.，July 13，2001.

② 俞可平：《全球化与全球治理》，北京：社会科学文献出版社，2003 年。

③ *Letter to Members of the Senate on the Kyoto Protocol on Climate Change*，The American Presidency Project，March 13，2001.

④ Ralph Dannheisser，*Senate Panel Approves "Sense of Congress" on Climate Change*，U.S. Department of State's Office of International Information Programs，August 1，2001.

采取负责任的行动和灵活的国际国内机制，确保所有部门的温室气体排放量大幅和有意义地减少；一致要求美国政府在下一次《京都议定书》缔约方会议上提出提案，确保美国参与修订后的《京都议定书》或其他未来具有约束力的气候变化协定。可见，此时的美国国会，尤其是参议院要求小布什政府以积极的姿态应对气候变化，在应对气候变化环境议题上表现出积极的愿望与姿态。

但是，当第108届和第109届参、众两院的多数党派都为共和党时，国会再一次与小布什政府的观点相一致，表现出消极的姿态。例如，2003年民主党参议员约瑟夫·利伯曼（Joseph I. Lieberman）提出了《气候管理法案》（*Climate Stewardship Act of 2003*），拉开了美国国内气候立法进程的序幕。[①] 该法案旨在为气候变化提供科学研究计划，通过建立温室气体交易配额制度的市场机制来加快降低和限制美国温室气体排放，减少对国外石油的依赖，并确保美国消费者从此类配额交易中受益。可以说，这是国会提出的较为积极的应对气候变化的法案，然而在参议院的投票中以43∶55的结果失败，说明美国国会总体上并不赞成气候立法，在应对气候变化环境议题上态度消极。

可当第110届参、众两院的多数党派都成为民主党时，国会的姿态再次反转，与政府的观点相左，表现出积极的愿望和姿态。第110届国会提出最为典型的代表气候变化立法的法案是《2008年李伯曼-沃纳气候安全法案》（*Lieberman-Warner Climate Security Act of 2008*），目的是"建立一项联邦计划的核心，该计划将在2007—2050年大幅减少美国的温室气体排放，以避免全球气候变化的灾难性影响；实现这一目标的同时，保持美国经济的强劲增长，创造新的就业机会，避免给美国公民带来困难"。[②] 尽管该法案的目标远大，内容也提出了建立排放限额与排放许可交易制度以应对气候变化和控制温室气体排放等措施，但在保障能源安全、促进经济转型发展、加强技术创新等方面存在很大不足。[③] 换句话说，该法案基本上就应对气候变化而论温室气体减排，而没有综合考虑其他因素，所以注定失败。最终，尽管该法案提出后很快就进入参议院全院进行讨论，然而却在最终辩论中以36∶48的投票结果败北，最终并未进入立法表决投票。综上分析可以看出，尽管由于没有综合考虑能源安全、经济转型及技术创新等因素导致该议案没有最终立法，但是美国国会关于应对气候变化和温室气体减排的总体思想与国际社会高度一致。换句话说，本届国会在应对气候变化环境议题上的姿态是积极的。

从以上分析可以看出，在应对气候变化环境议题上，在小布什执政时期，国会的姿态几经反转：最初反对《京都议定书》，与小布什政府保持一致的消极姿态；然后在法案中表达出"国会意识"，要求小布什政府加入《京都议定书》，积极参与应对气候变化，愿望明显由消极转变为积极；接着，参、众两院多数议员都成为共和党，美国国会在很长一段

---

① Joseph I. Lieberman，"S.139-Climate Stewardship Act of 2003"，*108th Congress（2003-2004）*，January 9，2003.

② Barbara Boxer，"S.3036-Lieberman-Warner Climate Security Act of 2008"，*110th Congress（2007-2008）*，May 20，2008.

③ 高翔、牛晨：《美国气候变化立法进展及启示》，《美国研究》2010年第24卷第3期，第39-51页。

时间内都以消极的姿态在应对气候变化；最后，当小布什总统快届满时，参、众两院多数议员都成为民主党，美国国会的姿态又明显从消极转变为积极，积极开展气候变化相关立法。尽管在小布什总统主政早期参议院表达出积极的应对气候变化姿态，但是时间很短暂，甚至可以忽略不计。所以从总体来看，小布什总统主政时期美国国会的愿望和姿态从消极转变为积极。

综上所述，在应对气候变化环境议题上，小布什政府的姿态消极，而美国国会的姿态先消极后积极，美国总体的政策倾向和综合政策呈现消极。一方面，小布什总统刚上任就宣布退出《京都议定书》，尽管在某个阶段美国国会要求小布什政府重新加入议定书，重视应对气候变化，但小布什政府根本没有采纳，而是提出了自愿减排目标，并且一直没有加入议定书，这明显与国际主流不符；另一方面，尽管在第 110 届国会上提出了气候变化相关立法提案，美国国会表现出积极应对气候变化的姿态，但是这些提案均没有获得两院通过，更没有最终成为法律，并没有对美国整体应对气候变化形成约束性影响。从这些方面可以看出，美国总体的政策倾向与国际主流并不一致。所以说，在小布什总统主政的整个时期，美国在环境议题上的总体政策倾向和出台的综合政策是消极的。

7.5 奥巴马时期

奥巴马总统执政时期，环境议题支持方与反对方延续博弈“动态平衡”的状态，使美国的政策倾向仍取决于美国的党派政治。民主党人奥巴马于 2009 年 1 月入主白宫，接替共和党人小布什成为美国总统，一直到 2017 年 1 月被共和党人特朗普总统所取代。在奥巴马总统执政期间，经历了 111～114 届国会（表 7.2），其中，第 111 届参议院和众议院的多数议员都为民主党，这届国会对奥巴马政府最为支持，在应对气候变化环境议题上的愿望明显积极；到 112～113 届国会，参议院的多数议员为民主党，在应对气候变化环境议题上较为积极，众议院的多数议员为共和党，姿态较为消极，但总体上政策倾向消极；到第 114 届国会，参、众两院多数议员都为共和党，在应对气候变化环境议题上的姿态最为消极。可以预期，在奥巴马总统执政期间，在应对气候变化环境议题上美国行政部门的愿望与姿态将会积极，美国国会将从积极逐渐转变为消极，但总体来说，美国在奥巴马执政时期的政策倾向和综合政策仍然消极。

本节内容分两部分进行论述。在环境议题支持方与反对方保持势均力敌的基础上，先从国际和国内两个层面对奥巴马政府的愿望与姿态进行分析，再对美国国会的行为与姿态进行分析。

7.5.1 奥巴马政府高调支持《巴黎协定》

在国际层面，奥巴马总统上台后试图采取积极措施扭转小布什政府在国际上留下的负面影响，努力与发达国家及发展中国家就清洁能源发展和应对气候变化开展双边和多边外交合作，重新引领气候变化的谈判；在此基础上，还积极承诺美国具有约束力的温室气体减排目标，并积极参与《巴黎协定》的谈判与签署；同时，还根据《联合国气候变化框架公约》和《巴黎协定》的相关规定，积极开展对发展中国家的资金和项目援助，在应对气候变化环境议题上的愿望与姿态都很积极。

奥巴马政府不断加强双边和多边外交合作，重新引领气候变化谈判。奥巴马总统上台伊始，就积极与发达国家及地区开展外交和合作，争取气候外交的主动权，先后与荷兰、加拿大、欧盟和日本等发达国家及地区开展清洁能源领域的合作，联合推进低碳技术和低碳产业的发展。2013 年，美国与日本更是发布了《美日气候合作联合声明》（*U.S. -Japan Fact Sheet on Climate Change Cooperation*），旨在推动一项全新、可行和全球性的国际协定，就 2020 年后国际应对气候变化作出安排。同时，美国还积极与发展中国家开展对话和合作，尤其是与中国的双边合作最引人瞩目。2009 年 11 月，奥巴马总统对中国进行国事访问，双方就气候变化问题进行了建设性和富有成效的对话。[①] 2013 年 4 月，中美双方发表联合声明，认为气候变化强有力的科学共识强烈要求采取对气候变化有全球性影响的重大行动。[②] 2014 年 11 月，《中美气候变化联合声明》发表，中美两国都宣布了积极应对气候变化的行动目标和方案，为国际社会通过《巴黎协定》树立了良好的榜样。[③] 为落实《中美气候变化联合声明》，2015 年 9 月中美双方共同宣布了应对气候变化的重大国内政策措施和合作倡议，以及气候融资方面的重大进展。[④] 2016 年 3 月，中美两国再次发表联合声明，表示两国将很快签署《巴黎协定》，并鼓励其他国家也尽快签署协定，共同推进全球应对气候变化进程。[⑤] 此外，美国与印度在清洁能源和应对气候变化等方面开展对话和合作，[⑥] 与巴西建立能源战略对话，帮助其应对气候变化，[⑦] 还与墨西哥、印度尼西亚等国家也建立了广泛合作。很显然，奥巴马政府不断加强与主要经济体的深度接触，不断扩大和加深与主要新兴经济体的双边合作，就应对气候变化环境议题表现出积极的愿望与姿态。

更为重要的是，奥巴马政府正式对外宣布美国积极的温室气体减排承诺并积极参与《巴黎协定》的谈判与签署。早在 2009 年哥本哈根缔约方会议上，奥巴马总统就积极承诺，到 2020 年美国温室气体排放总量在 2005 年的基础上减少 17%。这个温室气体的减排目标与小布什政府时期的目标有本质区别。小布什政府时期的温室气体减排目标是碳减排强

① 国家气候战略中心：《中美联合声明应对气候变化部分（2009 年 11 月）》，2009 年 11 月 17 日。

② 国家气候战略中心：《中美气候变化联合声明（2013 年 4 月）》，2013 年 4 月 13 日。

③ 新华社：《中美气候变化联合声明》，2014 年 11 月 12 日。

④ 国家气候战略中心：《中美元首气候变化联合声明（2015 年 9 月）》，2015 年 9 月 25 日。

⑤ 国家气候战略中心：《中美元首气候变化联合声明（2016 年 3 月）》，2016 年 3 月 19 日。

⑥ *Fact Sheet：The United States and India-Moving Forward Together on Climate Change，Clean Energy，Energy Security，and the Environment*，The White House，Office of the Press Secretary，June 7，2016.

⑦ *Fact Sheet：The U.S.-Brazil Strategic Energy Dialogue*，The White House，Office of the Press Secretary，April 9，2012.

度，即单位 GDP 二氧化碳下降的速度。这也意味着美国的 GDP 增长得越快，二氧化碳减排的力度就越低。而奥巴马政府提出的温室气体减排目标是绝对量的减排，与美国经济的发展速度没有关系。这是一个本质的进步。2014 年 11 月，在《中美气候变化联合声明》中美国政府明确提出，到 2025 年美国温室气体排放总量在 2005 年的基础上降低 26%～28%，并努力达到 28%。[①] 2015 年 3 月，这个温室气体减排方案作为美国国家自主贡献方案（Intended Nationally Determined Contributions，INDC）正式对外宣布，为 2015 年年底就 2020 年后应对气候变化全球协议的谈判奠定了良好基础。[②] 正是由美国积极主动地提出进步的温室气体减排方案，中美双方联手推动了《巴黎协定》的落地。《巴黎协定》在国际上通过后，奥巴马政府吸取小布什政府的教训，为确保协定生效，奥巴马政府并没有将协定提交国会批准，而是推动美国环保局将二氧化碳认定为大气污染物，而后根据《清洁空气法》的授权，使美国政府很快将其作为一项行政协议进行签署和认可，而无须通过国会批准。这也意味着尽管奥巴马政府对待气候变化环境议题的愿望与姿态积极，但受到美国国会的掣肘，最终的综合政策并不一定积极。从奥巴马政府提出不同阶段积极的温室气体减排目标及积极参加《巴黎协定》的谈判与签署可以看出，美国政府在应对气候变化环境议题上的愿望是积极与主动的。

与此同时，奥巴马政府积极开展对外应对气候变化的援助工作。奥巴马总统在入主白宫后的当年 12 月，在《联合国气候变化框架公约》第十五次缔约方会议上参与谈判并达成《哥本哈根协议》，其中就包括发达国家要为发展中国家提供气候融资援助，以此帮助发展中国家应对气候变化。在第十六次缔约方会议上，奥巴马总统表示，美国将与其他发达国家共同提供约 300 亿美元的“快速启动”资金。在 2010 财年，美国对快速启动资金贡献了 17 亿美元。[③] 2014 年 11 月，奥巴马总统宣布美国计划向绿色气候基金（Green Climate Fund，GCF）捐赠 30 亿美元，以减少碳污染，增强发展中国家的应变能力。美国的这项承诺将会为该基金带来超过 100 亿美元的初始资本。[④] 可以说，美国积极主动地承担起发达国家向发展中国家应对气候变化进行资助的义务，不仅得到了发展中国家的赞扬，还为其他发达国家树立了榜样。

在国内层面，奥巴马政府出台了《总统气候行动计划》（*President's Climate Aciton Plan*，PCAP），积极谋划美国应对气候变化的顶层设计；为应对消极的国会，奥巴马政府绕开国会，充分发挥总统的行政权力，有针对性地签署了与多项气候变化相关的行政命令，为气候变化顶层战略保驾护航。更为重要的是，在应对气候变化顶层战略框架内，奥巴马政府从缓解和适应两个角度建立起完整的应对气候变化政策体系，为美国政府实现温室气体减

---

① 新华社：《中美气候变化联合声明》，2014 年 11 月 12 日。

② *President Obama Pledges Greenhouse Gas Reduction Targets as Contribution to 2015 Global Climate Change Deal*，Congressional Research Service，June 12，2015.

③ *Fast Start Financing：U.S. Climate Funding in FY 2010*，U.S. Department of State.

④ *Leading International Efforts to Combat Global Climate Change*，The White House.

排目标奠定了坚实基础。因此，与前任小布什政府的目标和策略相比，奥巴马政府应对气候变化的政策更为积极。从另一个角度说，奥巴马在应对气候变化环境议题上的愿望是积极的，但最终的综合政策效果并不一定积极。

奥巴马政府高度重视应对气候变化问题，在其总统第一任期就着力推动美国国内的气候变化立法，然而由于国会共和党的反对，立法工作困难重重。为此，奥巴马政府退而求其次，通过政府行政手段打造美国应对气候变化的顶层战略。2013 年 6 月，美国发布《总统气候行动计划》。[①] 该计划由多项行政行动组成，共有三大重要支柱：一是减少美国的碳污染，奥巴马政府正在制定严格的新规则，以减少碳污染，并将经济转向清洁能源，以创造良好的就业机会并降低家庭能源账单；二是为美国应对气候变化做好准备，奥巴马政府将帮助州和地方政府加强道路、桥梁和海岸线，从而更好地保护美国人的家园、企业及生活方式免受恶劣天气的影响；三是领导应对全球气候变化的国际行动，气候变化是一个全球环境议题，任何一个国家都不能免受气候变化的影响，也不能独自应对这一挑战，为此美国必须履行大国责任，努力引领并推动国际应对气候变化谈判，找到真正的全球解决方案。在该计划中，最引人瞩目的是明确要求美国环保局监管燃煤电厂的排放；加快发展清洁能源，以促进美国在可再生能源方面的领导地位；控制氢氟碳化物及甲烷等其他温室气体排放，等等。

同月，奥巴马总统发表了应对气候变化的主题演讲，呼吁国内各党派和利益相关方给予广泛支持。奥巴马总统指出，有记录以来最热的 12 年都发生在过去的 15 年里，美国已经到了不得不全力以赴地应对气候变化的境地，这就是出台《总统气候行动计划》的原因。该计划旨在减少二氧化碳污染，保护美国免受气候变化影响，以及领导世界进行应对气候变化。[②] 奥巴马政府提出的“气候新政”得到了国际社会的高度肯定。联合国气候变化事务高级官员克里斯蒂娜 • 菲格雷斯（Christiana Figueres）指出，“奥巴马总统的气候行动计划是必要的下一步，以弥补应对气候变化行动上紧迫和令人担忧的不足，并可能在达成新的全球气候协议道路上向前迈出关键一步。至关重要的是，作为世界上最大的发达经济体，美国被视为在国内外带头采取认真行动应对气候变化。如果这些新步骤得到最大限度的落实，它们将有助于实现这些目标。”[③] 就连欧盟主席巴罗佐（José Manuel Barroso）也高度赞扬了该计划对全球气候变化行动的推动作用。[④]

同时，为绕开消极的国会，奥巴马总统充分发挥总统行政权力，签署多项气候变化相关行政命令，为气候变化顶层战略保驾护航。例如，2009 年 10 月，“联邦环境、能源和经济绩效领导力”行政命令要求联邦机构积极参与制定“使各机构的政策和做法与国家气候

① *The President's Climate Action Plan*，Executive Office of the President，June 2013.

② *Remarks by the President on Climate Change*，The White House，Office of the Press Secretary，June 25，2013.

③ *Media Alert：UNFCCC Executive Secretary reaction to the Climate Action Plan of US President Barack Obama*，United Nations Climate Change Secretariat，June 25，2013.

④ 王田、李依风、李怡棉：《奥巴马气候新政各方反应》，国家应对气候变化战略研究和国际合作中心，2013 年 7 月 2 日。

变化适应战略相适应并得到加强的方案”，[①] 要求联邦机构在降低能耗、减少碳排放方面率先垂范。2013 年 11 月，“让美国做好应对气候变化影响的准备”行政命令要求各州和地方提高适应气候变化的能力。[②] 2014 年 9 月，“气候韧性国际发展”行政命令要求将气候韧性纳入美国的所有国际发展工作，对当前和未来气候变化影响的考虑将提高联邦政府更广泛的国际发展计划、项目、投资、海外设施和相关融资决策的韧性。[③] 2016 年 12 月，“北白令海气候韧性”行政命令决心通过努力保护北极生物多样性来应对北极不断变化的挑战，依靠最高的安全和环境标准（包括遵守国家气候目标）来建立一个可持续的北极经济。[④] 一系列的行政命令可以有效绕过美国国会及其常规立法过程，确保美国政府可以实现奥巴马提出的应对气候变化执政理念、目标及计划，但也为这些政策的影响力和可持续性埋下了隐患。

更为重要的是，在应对气候变化顶层战略框架内，奥巴马政府建立和完善了减缓及适应政策体系。《清洁电力计划》（*Clean Power Plan*）是最为核心的应对气候变化的减缓政策。美国的发电厂是温室气体排放最大的来源，其温室气体排放量占美国国内总量的 1/3 左右。2015 年 8 月，奥巴马总统与美国环保局共同宣布了《清洁电力计划》，这在减少美国发电厂碳排放方面迈出了历史性的一步。该计划旨在加强美国能源向更清洁和更低碳，不仅为发电厂制定了强有力的标准，还为各州设定了减排目标；同时，还表明美国将致力于领导全球应对气候变化。[⑤] 当 2030 年《清洁电力计划》全面实施时，电力部门的碳污染将比 2005 年的水平低 32%，并将带来显著的经济效益、环境效益和健康效益。在不断强化减缓气候变化的同时，美国不断构建适应政策体系。2011 年，美国环保局首次发布适应气候变化的政策宣言。2013 年，美国环保局发布《适应气候变化计划》（*Climate Change Adaptation Plan*，CCAP）草稿，确定了 10 项重点行动。第二年，美国政府发布《适应气候变化计划》的最终版本，构建应对气候变化行动目标、适应能力建设及绩效评估等内容的适应政策体系。

综上所述，在应对气候变化环境议题上，奥巴马政府在国际层面与国际主流的思想和行为相一致，在国内层面致力于反转上届小布什政府的消极态度，这充分表明奥巴马政府是以积极的愿望与姿态应对气候变化的。但是，来自美国国会的影响也常使奥巴马政府在减排努力上力不从心。

---

① *Executive Order 13514：Federal Leadership in Environmental，Energy，and Economic Performance*，The American Presidency Project，October 5，2009.

② *Executive Order 13653：Preparing the United States for the Impacts of Climate Change*，The American Presidency Project，November 1，2013.

③ *Executive Order 13677：Climate-Resilient International Development*，The American Presidency Project，September 23，2014.

④ *Executive Order 13754：Northern Bering Sea Climate Resilience*，The American Presidency Project，December 9，2016.

⑤ Fact Sheet：Overview of the Clean Power Plan-Cutting Carbon Pollution from Power Plants，United States Environment Protection Agency，August 3，2015.

7.5.2 美国国会从支持立法变为反对立法

正如本节前述分析，奥巴马执政时期对应美国第 111 届（2009—2011 年）、第 112 届（2011—2013 年）、第 113 届（2013—2015 年）和第 114 届（2015—2017 年）共 4 届国会。其中，第 111 届参、众两院的多数议员都是民主党；112～113 届参议院的多数议员是民主党，而众议院的多数议员是共和党；第 114 届参、众两院的多数议员都是共和党。所以在奥巴马总统执政期间，美国国会在应对气候变化环境议题上的姿态从积极逐渐转变为消极。

2009 年，众议院提出《2009 年美国清洁能源和安全法案》（*American Clean Energy and Security Act of 2009*），规定了有关清洁能源、能源效率、缓解全球变暖、向清洁能源经济过渡及农业和林业相关补偿等条款，提出了美国应对全球气候变化的“一揽子”方案，成为美国气候变化立法历史上的里程碑事件。该法案提出了一系列主要目标：建立温室气体排放限额交易制度，以便到 2012 年将温室气体排放量减少到 2005 年水平的 97%，到 2020 年减少到 83%，到 2030 年减少到 58%，到 2050 年减少到 17%；制定能效和可再生电力的综合标准，并要求零售电力供应商到 2020 年通过可再生电力和节电满足 20%的需求（其中，2012 年为 6%，2014 年为 13%，2018 年为 16.5%，2022—2039 年为 20%）；制订战略计划，到 2012 年将美国整体能源生产率提高至少 2.5%，并在 2030 年之前保持这个速度。为实现上述目标，该法案提出了具体要求。例如，大力发展清洁能源并提高能源效率，在保障国家能源独立和安全的同时推动低碳转型；在全国范围内实施排放限额及许可证交易制度，以此达到温室气体减排的目标；保护消费者的能源消费权益不能因为限制温室气体排放而受到损害；努力创造清洁能源就业岗位，保障工人权益；为发展中国家提供项目和资金援助，等等。[①] 然而，考虑到该法案可能会影响美国的失业率及国际应对气候变化的进程飘忽不定等因素，该法案在众议院通过后并没有在参议院获得通过。尽管如此，该法案仍是美国气候变化立法进程中的标志性成果，也标志着美国国会在应对气候变化环境议题上有着积极的愿望与姿态。

2010 年，在《2009 年美国清洁能源和安全法案》的基础上，参议院提出了与其相匹配的《美国能源法案》（*American Power Act*）。该法案提出的温室气体减排目标是，相较于 2005 年的排放水平，2013 年下降 4.75%，2020 年下降 17%，2030 年下降 42%，2050 年下降 83%。[②] 这个温室气体减排目标与美国根据《哥本哈根协定》的要求提交给《联合国气候变化框架公约》秘书处的目标一致。与《2009 年美国清洁能源和安全法案》相比，该法案坚持将气候变化问题与能源安全、经济转型和技术创新三大战略相联系，但对排放许可的分配进行了调整，突出了对纳税人能源消费权益的保护，对维护碳市场稳定进行了更多

---

① Henry A. Waxman，“H.R.2454-American Clean Energy and Security Act of 2009”，*111th Congress*（*2009-2010*），May 15，2009.

② *American Power Act of 2010 in the 111th Congress*，U.S. Environmental Protection Agency，June，2010.

规定，并提出更加严格的“碳关税”条款。[①] 法案草案发布后不久，代表收入超过 1.2 万亿美元和 100 多万员工的 60 家美国主要公司和环境组织向奥巴马总统发出了一封信，要求美国政府通过该法案，[②] 而奥巴马总统也明确表示支持该法案。尽管最终该法案由于本届国会任期届满而被废除，但其在应对气候变化环境议题上的愿望与姿态是积极的。

2010 年之后，共和党人对气候变化立法的反对态度变得强硬起来，随着共和党人控制着众议院，显然不会通过任何新的支持减排的立法。尽管奥巴马政府希望将其拟议的《总统气候行动计划》作为巴黎会议上推动新国际气候协议的基础，但共和党却在多个场合明确表示要削弱或取消奥巴马的计划。因此，尽管奥巴马总统上台之初的形势一片大好，众议院和参议院也先后提出了相关的气候变化立法提议，然而由于共和党人逐渐控制了美国国会，使奥巴马政府后期的气候变化立法举步维艰、困难重重，从而导致其气候变化立法几乎没有什么新的进展。

从以上分析可以看出，在应对气候变化环境议题上，美国国会刚开始积极提出《2009 年美国清洁能源和安全法案》和与之匹配的《美国能源法案》，试图制定美国应对气候变化的“一揽子”方案，这不仅成为美国应对气候立法史上的里程碑事件，也使美国在气候变化立法进程中前进了一大步，与国际主流思想和行为完全一致，由此表明此时美国国会的愿望与姿态很积极。然而，随着共和党人逐渐在美国国会中占据主导地位，并明确表示出与奥巴马政府相反的愿望，美国在气候变化立法上举步维艰，其姿态逐渐从积极变为消极。

综上所述，在应对气候变化环境议题上，奥巴马政府的愿望与姿态是积极的，而美国国会的态度先积极后消极，美国总体的政策倾向和综合政策呈现消极。一方面，尽管奥巴马总统上台后积极签署《巴黎协定》，并建立健全应对气候变化的政策体系，然而这些措施都是绕开国会进行的，大大削弱了政策的稳定性和持续性，很容易被下届特朗普政府轻易废除，从而使美国整体的气候作为非常有限；另一方面，尽管在奥巴马上台初期，美国国会多数议员是民主党，提出了多项积极的应对气候变化立法提案，但是这些提案最终并没有形成法律，从而使应对气候变化效果大打折扣。更为重要的是，奥巴马政府曾经承诺用资金与项目来援助发展中国家，然而由于美国国会的阻挠，直到奥巴马总统下台，这些承诺远远没有兑现。从这些方面可以看出，美国总体的政策倾向与国际主流并不一致。所以说，在奥巴马总统主政的整个时期，美国在环境议题上的总体政策倾向和综合政策仍是消极的。

---

① 高翔、牛晨：《美国气候变化立法进展及启示》，第 39-51 页。

② Danielle Droitsch and Clare Demerse，“The American Power Act：An Analysis of the May 2010 Discussion Draft”，*The Pembina Institute*，June 2010.

7.6 特朗普时期

特朗普总统执政时期，环境议题支持方与反对方延续博弈“动态平衡”的状态，使美国的政策倾向仍取决于美国的党派政治。共和党人特朗普于 2017 年 1 月入主白宫，接替民主党人奥巴马成为美国总统，一直到 2021 年 1 月被民主党人拜登总统所取代。在特朗普总统执政期间，经历了 115～116 届国会（表 7.2），其中，第 115 届参议院和众议院的多数议员都为共和党，这届国会对特朗普政府最为支持，在应对气候变化环境议题上的姿态明显消极；到第 116 届，尽管参议院的多数议员仍为共和党，但众议院的多数议员成为民主党，使美国国会的愿望较为积极。可以预期，特朗普总统执政期间，在应对气候变化环境议题上，美国政府的姿态将会消极，美国国会将从消极逐渐转变为较为积极，但总体来说，美国在特朗普执政时期的政策倾向仍然消极。

本节内容分两部分进行论述。在环境议题支持方与反对方保持势均力敌的基础上，先从国际和国内两个层面对特朗普政府的姿态进行分析，再对美国国会的姿态进行分析。

7.6.1 特朗普政府全盘否定上一届政府的做法

共和党人特朗普入主白宫之前就通过媒体等各种方式极力否认气候变化的科学事实，甚至诽谤气候变化是由中国杜撰出来的；入主白宫后，特朗普政府不顾国际社会的强烈谴责，直接宣布退出《巴黎协定》并拒绝开展国际资金和项目援助。更为极端的是，特朗普总统全盘否定和推翻了奥巴马时期的应对气候变化政策，重新重视化石能源，几乎完全忽略了气候变化问题的存在。可以说，特朗普政府在应对气候变化环境议题上的姿态很消极，甚至是抵制的。

一直以来，特朗普总统极力否认气候变化的科学事实，甚至声称全球升温是中国杜撰出来的。特朗普在入主白宫之前就专门针对应对气候变化发表过很多离谱的言论，故意歪曲应对气候变化的科学性。粗略概括起来特朗普对气候变化的科学性问题主要有几类观点：一类是“中国威胁论”，特朗普在推特上提出他的气候变化理论，认为全球变暖的概念是中国人杜撰出来的，目的是让美国的制造业丧失竞争力，这样的言论得到了国会一些参议员的坚决抨击；[①] 另一类观点是应对气候变化是“骗局”，特朗普说“我们应该专注于清洁健康的空气，不要被代价昂贵的全球变暖恶作剧所分心”“全球变暖是一个彻头彻尾、代价非常高的骗局”“以色列正在下雪，埃及的金字塔也在下雪。我们还在全球变暖的骗局上浪费数十亿美元吗？让美国更具竞争力！”“我们的国家什么时候才能停止在全球变暖和其他许多真正‘愚蠢’的事情上浪费金钱，开始专注于减税呢？”等等；[②] 还有一

① *Sanders：Trump Thinks“Climate Change Is A Hoax Invented By The Chinese”*，Talking Point Memo，January 17，2016.

② Chris Cillizza，“Donald Trump doesn't Think Much of Climate Change，in 20 Quotes”，*CNN Politics*，August 8，2017.

类观点是全球气候不是变暖而是变冷，特朗普说“外面冷得要命，哪里是该死的‘全球变暖’？”“极地冰盖处于历史最高水平，北极熊的数量从未像现在这样强大，全球变暖究竟在哪里？”“创纪录的低温和大量降雪，全球变暖究竟在哪里？”等等。[①] 一系列离奇言论表明，特朗普在应对气候变化的科学事实抱有极大的怀疑和偏见。当特朗普上台后，马上重新组建了美国国家气候变化评估团队，而团队中的很多人都是坚定的气候变化怀疑论者或者干脆是气候变化的反对者。[②] 所以说，特朗普总统自始至终都是一个彻底的应对气候变化科学的怀疑论者或反对者，这注定了在其任内以消极的姿态对待应对气候变化环境议题。

更为严重的是，特朗普政府直接退出应对气候变化的《巴黎协定》并拒绝提供国际援助。正是基于根深蒂固的气候怀疑论及气候反对论思想，特朗普刚刚上台就宣布美国打算退出《巴黎协定》。他说，《巴黎协定》对美国不利，只对其他国家有利，将会使美国工人和纳税人承担失业、工资下降、工厂倒闭和生产大幅下降等巨大代价。他还说，如果美国遵守《巴黎协定》的条款，那么到 2025 年，美国将可能失去多达 270 万个工作岗位。如果延续上届美国政府的承诺，将会为美国经济和工业界带来不可挽回的巨大损失。而中国因为不受温室气体减排的限制，可以做任何它想做的事，而印度可以从发达国家获得巨额援助。此外，《巴黎协定》还要求发达国家通过绿色气候基金向发展中国家提供巨额援助资金，这将使美国可能承担数百亿美元的义务，并且未来会承担更多的义务。这些对美国来说非常不公平。因此，特朗普宣布“从今天起，美国将停止执行不具约束力的《巴黎协定》，以及该协定给美国带来的沉重财政和经济负担。这包括结束国家自愿捐助的实施，以及非常重要的是结束让美国损失巨额资金的绿色气候基金”。特朗普还表示，美国将加快煤炭的开采利用。[③] 众所周知，煤炭的燃烧将会排放大量二氧化碳，是全球变暖的主要因素。特朗普总统宣布退出《巴黎协定》，也意味着美国将会加快煤炭的开发利用，继续加快二氧化碳的排放。因此，特朗普总统宣布退出《巴黎协定》并拒绝国际援助等一系列行为表明，美国政府的姿态和行为与国际主流完全相反，也意味着特朗普政府对待应对气候变化环境议题的姿态非常消极，甚至是抵制的。

更极端的是，特朗普政府全面否定奥巴马政府建立的气候变化政策体系。奥巴马时期为应对气候变化，美国政府提出并实施了两项非常重要的措施，即《总统气候行动计划》和《清洁电力计划》。然而，特朗普总统宣布就职当天签署了《美国优先能源计划》（*American First Energy Plan*），并宣布废除奥巴马政府提出的这两项计划。《美国优先能源计划》提出，要降低能源价格，尽量开发本土能源，从而减少国外石油进口依赖；为美国能源工业松绑，取消对美国能源有害的《总统气候行动计划》；继续开展页岩气革命；支持清洁煤炭技术，

① Chris Cillizza，“Donald Trump doesn't Think Much of Climate Change，in 20 Quotes”，*CNN Politics*，August 8，2017.

② 赵斌、谢淑敏：《重返〈巴黎协定〉：美国拜登政府气候政治新变化》，《和平与发展》2021 年第 3 期，第 37-58 页。

③ *Full Text of Trump's Remarks on Exiting the Paris Climate Accord*，MarketWatch，June 1，2017.

重振美国煤炭工业；致力于保护清洁空气和水体等。[1] 可以看出，特朗普政府提出的《美国优先能源计划》无视应对气候变化，而是将重心放在扩大本国低成本的化石能源开采和利用，目标是既增加就业又实现美国能源独立。更为重要的是，特朗普政府发誓重振美国长期衰落的煤炭工业，提升煤炭在整个能源体系中的地位。因此，他认为奥巴马政府提出的《总统气候行动计划》对美国能源的发展有害，必须废除。[2] 此外，特朗普政府还推翻了奥巴马政府出台的《清洁电力计划》。特朗普于 2017 年 3 月签署"能源独立"行政命令，命令美国环保局和内政部对《清洁电力计划》进行审查，并要求在必要时撤销该计划。最终特朗普政府正式废除了该计划，放松了地方和企业减排标准，并试图加大对化石燃料的使用。同时，特朗普政府还通过一系列新的行政命令和备忘录，撤销了奥巴马时期所颁布的行政命令和备忘录，最终在很短的时间内将当年奥巴马政府建立的应对气候变化政策体系彻底瓦解。可以看出，奥巴马政府一直以积极的愿望应对气候变化，而特朗普政府却全盘否定奥巴马政府的应对气候变化政策，积极推行以化石能源为主的能源政策，完全忽视了气候变化问题。换句话说，特朗普政府在应对气候变化环境议题上的姿态是消极的。

综上所述，在应对气候变化环境议题上，特朗普政府在国际层面与国际主流的思想和行为完全相反，在国内层面全面反转了上一届奥巴马政府的积极姿态和制定的积极政策，这充分表明特朗普政府是以消极的姿态应对气候变化的。

7.6.2 美国国会从支持特朗普转变为积极推进解决气候危机

特朗普执政的时期对应于美国第 115 届（2017—2019 年）和第 116 届（2019—2021 年）两届国会。其中，第 115 届和第 116 届参议院的多数党派都是共和党；第 115 届众议院的多数党派是共和党，而第 116 届众议院的多数党派却为民主党。特朗普主政的前两年，即对应于第 115 届国会的阶段，由于参、众两院的多数党派都是共和党，所以他们的观点基本与特朗普政府保持一致，都以消极的愿望对待应对气候变化环境议题；特朗普总统主政的后两年，即对应于第 116 届国会的阶段，尽管参议院的多数党派是共和党，但众议院的多数党派是民主党，所以参议院基本与特朗普政府保持一致的消极姿态，而众议院却提出了多项积极的议案，要求特朗普政府积极应对气候变化。所以，在特朗普总统执政期间，美国国会在应对气候变化环境议题上的姿态从消极逐步转变为较为积极。

由于第 115 届国会的多数议员是共和党，所以他们的观点与特朗普政府基本一致，在这个阶段并没有提出过积极的法案。到第 116 届国会，尽管参议院多数议员仍是共和党，但众议院多数议员成为民主党，众议院提出了积极的法案和计划。例如，2019 年针对特朗普总统拟退出《巴黎协定》，众议院提出并通过了《立即采取气候行动法案》（*Climate Action Now Act*），强调美国加入《巴黎协定》的重要性。法案要求美国政府必须履行"到

---

① Reuters，"Trump Administration Unveils Plan to Eliminate Obama's Climate Action Plan"，*Fortune*，January 21，2017.

② 《特朗普政府提出"美国优先能源计划"》，中国科学院科技战略咨询研究院，2017 年 6 月 30 日。

2025 年将温室气体排放量在 2005 年的水平上降低 26%～28%”的目标，且总统在提交和更新计划时必须征求和公布民众的意见；要求总统每年制订和更新计划，以便美国能够很好地根据《巴黎协定》作出应对气候变化的国家自主贡献；要求总统报告美国退出《巴黎协定》将会对美国全球经济竞争力和美国就业的潜在影响。① 显然，众议院并不想让特朗普政府退出《巴黎协定》，而是督促其加入协定。众议院的观点与特朗普政府相反，但是与国际主流意见保持一致，意味着其应对气候变化的愿望是积极的。

更为重要的是，2020 年 6 月，美国众议院发布了名为《解决气候危机——国会清洁能源经济和健康、有韧性、公正的美国行动计划》（*Solving the Climate Crisis：The Congressional Action Plan for a Clean Energy Economy and a Healthy，Resilient，and Just America*，以下简称《气候危机行动计划》），这是美国政治史上最详细、最周密的应对气候变化计划。该行动计划也对特朗普政府退出《巴黎协定》提出了批评。该计划指出“美国在《巴黎协定》的成功谈判中发挥了关键作用，特朗普总统退出该协定破坏了美国的全球领导力”，要求特朗普政府以积极的姿态对待《巴黎协定》，以积极的态度对待应对气候变化环境议题。②

同时，《气候危机行动计划》还提出了美国温室气体减排目标，即到 2030 年，美国温室气体净排放量比 2010 年减少 37%；到 2050 年，温室气体排放量比 2010 年降低 88%，其中剩余的 12%排放量主要来自最难脱碳的行业，如重型和越野运输、工业及农业等，但可以用碳汇的形式予以抵消，即到 2050 年前美国整个经济范围内实现温室气体净零排放；21 世纪下半叶实现温室气体净负排放。这个减排目标其实成为后来美国国家自主贡献的主要内容。当然，特朗普政府并没有接受这个目标，而是被新一届的拜登政府所采纳。

为实现上述目标，《气候危机行动计划》为美国国会的全面行动提出了数百项建议，形成了美国国会行动的总体框架。这些建议主要集中于 12 个关键支柱：①投资基础设施，建设公正、公平和具有韧性的清洁能源经济；②推动清洁能源和深度脱碳技术的创新和部署；③优化美国产业，扩大清洁能源和零排放技术在美国国内产业化；④打破清洁能源技术壁垒，废除化石能源税收减免，从而向清洁能源技术倾斜；⑤建立清洁能源经济，帮助失业工人重返工作岗位，确保建设更公平的经济；⑥正面应对气候危机和环境种族主义，改善所有社区的公共健康及福祉；⑦改善公共卫生，应对卫生基础设施的气候风险；⑧加大农业领域的投资，在解决气候危机的同时提高生态系统效益；⑨使美国社区更能适应气候变化的影响；⑩保护和恢复美国的土地、水域、海洋和野生动物；⑪直面美国国家安全面临的气候风险，恢复美国在国际舞台上的领导地位；⑫加强美国的核心制度以促进气候行动；等等。可以说，该行动计划中提出的建议涉及美国应对气候变化的方方面面，如果美国政府能予以采纳并付诸实施，一定能够实现行动计划中提出的温室气体减排目标，一

---

① Kathy Castor，“H.R.9-Climate Action Now Act”，*116th Congress（2019-2020）*，March 27，2019.

② “Solving the Climate Crisis：The Congressional Action Plan for a Clean Energy Economy and a Healthy，Resilient，and Just America”，*Select Committee Democrats*，116th Congress，June 2020.

定能够为全球应对气候作出巨大贡献。

综上可知，在特朗普执政时期，开始的前两年中国会几乎没有太多的声音，其愿望与特朗普政府保持一致；在后两年，美国国会（主要是众议院）走向特朗普政府的对立面，强烈要求特朗普政府积极支持《巴黎协定》，并为其提出合理可行的温室气体减排目标，制订详尽的应对气候变化行动计划。这些减排目标及行动计划与国际主流高度一致，说明此时的美国国会在应对气候变化环境议题上的愿望与姿态是积极的。尽管特朗普政府最终没有采纳美国国会的这些建议，但是这些建议最终在拜登政府时期得以采纳并落实。

综上所述，对于应对气候变化环境议题，特朗普政府的姿态始终消极，而美国国会的姿态尽管先消极后较为积极，但是美国总体的政策倾向和综合政策呈现消极。一方面，特朗普就职之初就宣布退出《巴黎协定》，尽管美国国会最后强烈要求政府加入协定并履行协定的职责，但在特朗普总统当政的整个时期美国并没有加入，一直游离于协定的约束框架之外，这与国际主流思想和行为相反；另一方面，在美国国内，特朗普政府全盘否定了奥巴马政府时期积极的应对气候变化政策体系，重新重视化石能源，推行所谓的《美国能源优先计划》。尽管美国国会后来建议政府限制化石能源而向清洁能源倾斜，但实际上并没有被特朗普政府采纳。这些做法与国际上加大限制化石能源使用，加快清洁能源发展的主流相背离。所以说，在应对气候变化环境议题进入实质阶段后，特朗普总统主政美国的整个时期，美国对待环境议题的总体政策倾向和出台的综合政策是消极的。

7.7　拜登时期

拜登总统执政时期，环境议题支持方与反对方延续博弈“动态平衡”的状态，使美国的政策倾向仍取决于美国的党派政治。民主党人拜登于 2021 年 1 月入主白宫，接替共和党人特朗普成为美国总统，在应对气候变化环境议题上的愿望和姿态明显积极。在拜登总统执政期间，已经经历了第 117 届国会，第 118 届国会于 2023 年 1 月改选（表 7.2），其中第 117 届参议院和众议院的多数议员都为民主党，这届国会对拜登政府最为支持，在应对气候变化环境议题上的愿望和姿态明显积极；第 118 届国会参议院和众议院的多数议员都为共和党，目前还没有提出相关法案或计划，但可以预期本届国会的姿态将会转变为消极。

本节内容分两部分进行论述。在环境议题支持方与反对方保持势均力敌的基础上，先从国际和国内两个层面对拜登政府的态度进行分析，再对美国国会的行为与姿态进行分析。

7.7.1　拜登政府积极扭转特朗普政府的负面影响

民主党人拜登总统上台后，在国际层面积极采取措施扭转特朗普政府在国际上留下的负面影响，积极开展应对气候变化双边和多边外交合作，积极谋求全球应对气候变化的领导权；同时，主动宣布具有雄心的温室气体减排国家自主贡献方案，重返《巴黎协定》；随后，积极参加联合国气候变化缔约方会议，发起了一系列倡议行动，并开展国际援助，在应对气候变化环境议题上的愿望与姿态积极。

拜登总统上台伊始，积极扭转特朗普政府在国际层面的负面影响，重返《巴黎协定》并主动宣布美国的温室气体减排国家自主贡献方案，重回应对气候变化国际谈判，谋求全球应对气候变化的领导权。拜登总统宣布就职的第一天，就重返《巴黎协定》，[①] 并很快创建了有史以来第一个国家气候特别工作组（National Climate Task Force），该工作组由来自各机构的 20 多名内阁级领导人共同组成。[②] 2021 年 4 月，美国宣布了应对气候变化的国家自主贡献，即到 2030 年美国将实现温室气体净排放量在 2005 年的水平上下降 50%～52%，2035 年实现电力脱碳目标，最迟在 2050 年实现全经济净零排放：旨在树立应对气候变化的雄心。[③] 美国政府重返《巴黎协定》并公开宣布积极的国家自主贡献目标标志着美国重新回到了国际气候治理舞台，这与国际主流的思想和行动完全一致，表明拜登政府积极应对气候变化的愿望和姿态。

与此同时，拜登政府积极开展应对气候变化双边和多边谈判，积极谋求全球应对气候变化的领导权。拜登总统一上台就任命约翰·福布斯·克里（John Forbes Kerry）作为美国总统气候问题特使，相继出访欧洲和亚洲。2021 年 3 月，克里会见了欧盟委员会主席乌尔苏拉·冯德莱恩（Ursula Von der Leyen），双方讨论了《联合国气候变化框架公约》第二十六次缔约方会议之前为提高全球气候目标所做的努力，并发表联合声明。[④] 同年 4 月，克里与中国气候变化事务特使解振华共同发表《中美应对气候危机联合声明》，重启中美应对气候变化对话合作，为解决气候危机作出进一步贡献。[⑤] 同月，美国联合加拿大共同发起绿色政府倡议（greening government initiative），旨在吸引和支持世界各国推动绿色政府建设，分享知识和经验教训，促进创新，并帮助履行《巴黎协定》的承诺。[⑥] 同月，拜登总统邀请 40 位国家元首参加由美国主办的领导人气候峰会（leaders summit on climate），旨在激励主要经济体努力应对气候危机，并强调采取果断行动的紧迫性和经济效益，为格拉斯哥峰会提供“美国方案”。[⑦] 同年 9 月，作为领导人气候峰会的延续，拜登总统召集举办了主要经济体能源和气候论坛，强调《联合国气候变化框架公约》第二十六次缔约方

---

① *Paris Climate Agreement*，The White House，January 20，2021.

② *Readout of the Second National Climate Task Force Meeting*，The White House，March 18，2021.

③ *Fact Sheet：President Biden Sets 2030 Greenhouse Gas Pollution Reduction Target Aimed at Creating Good-Paying Union Jobs and Securing U.S. Leadership on Clean Energy Technologies*，The White House，April 22，2021.

④ *Joint Statement：The United States and the European Union Commit to Greater Cooperation to Counter the Climate Crisis*，U.S. Department of State，March 9，2021.

⑤ 《中美应对气候危机联合声明》，国家气候战略中心，2021 年 4 月 18 日。

⑥ *Greening Government Initiative*，Office of the Federal Chief Sustainability Officer，Council on Environmental Quality.

⑦ *President Biden Invites 40 World Leaders to Leaders Summit on Climate*，The White House，March 26，2021.

会议之前加强气候雄心的紧迫性。[①] 论坛上，美国联合欧盟共同发起了全球甲烷承诺（global methane pledge），即到2030年，全球甲烷排放量在2020年的基础上减少至少30%。这一系列活动既向国际社会表达了美国积极应对气候变化的决心，也为美国争夺全球气候变化的领导权奠定了良好基础。

随后，拜登政府积极参加《联合国气候变化框架公约》缔约方会议，发起一系列倡议行动，并积极开展国际援助。在做好一系列铺垫后，美国积极高调地参加了《联合国气候变化框架公约》第二十六次缔约方会议和第二十七次缔约方会议，拜登总统亲自参加会议并发表讲话，再次重申了美国应对气候变化的决心，同时牵头发起了一系列的倡议行动，并且积极援助发展中国家共同应对气候变化。

拜登在《联合国气候变化框架公约》第二十六次缔约方会议上再次重申美国政府对加入《巴黎协定》的重视。他说："我确实为美国在上一届政府中退出《巴黎协定》并让美国落后而道歉，这（重新加入《巴黎协定》）是我当选后做的第一件事。"[②] 接着，拜登总统再次明确了美国应对气候变化的国家自主贡献，并且重申了美国推动和落实全球甲烷承诺和全球森林保护计划等。[③] 更重要的是，拜登表示美国会充分落实《联合国气候变化框架公约》和《巴黎协定》对发达国家的要求，积极开展对发展中国家的援助。他指出，美国政府将与国会合作，到2024年将美国的气候融资增加两倍，向《适应和韧性紧急计划》适应基金捐助5000万美元。[④]

在2022年11月举办的《联合国气候变化框架公约》第二十七次缔约方会议上，拜登总统又一次亲自参与并发表重要讲话。在讲话中，拜登总统再次表明美国应对气候变化的决心，并且宣布启动净零政府倡议（net-zero government initiative），目标是签署国于2050年前实现本国政府业务的净零排放。[⑤] 拜登总统还宣布将进一步加快实施《适应和韧性紧急计划》，美国将对适应基金的承诺在《联合国气候变化框架公约》第二十六次缔约方会议的基础上增加一倍，即达到1亿美元，并且宣布美国将提供超过1.5亿美元的新支持，以加快在非洲各地的适应和韧性应急计划工作，提供2000多万美元用于加快在小岛屿发展中国家开展的工作。同时，美国联合德国共同宣布投入超过2.5亿美元，以撬动100亿美元的商业投资来支持埃及的清洁能源发展。此外，美国不仅致力于实现拜登总统提出的将美国气候融资翻两番的宏伟目标，即达到每年110亿美元及以上，并与其他国家合作，实现动员1000亿美元的目标，而且致力于以新的创新方式利用公共融资，以释放应对气候危

① *Joint US-EU Press Release on the Global Methane Pledge*，The White House，September 18，2021.

② *Remarks by President Biden at the COP26 Event on "Action and Solidarity: The Critical Decade"*，The White House，November 1，2021.

③ *Remarks by President Biden at the COP26 Leaders Statement*，The White House，November 1，2021.

④ *Remarks by President Biden at the COP26 Event on "Action and Solidarity: The Critical Decade"*，The White House，November 1，2021.

⑤ *Net-Zero Government Initiative*，Office of the Federal Chief Sustainability Officer，Council on Environmental Quality.

机所需的更大资金池。这些资金将直接支持全球基础设施和投资伙伴关系。①

之后于 2022 年 11 月在巴厘岛举行的 G20 峰会上，美国参与发表的领导人宣言继续强调，“我们重申坚定承诺，为实现《联合国气候变化框架公约》的目标，通过加强全面有效执行《巴黎协定》及其温控目标来应对气候变化，体现公平和共同但有区别的责任原则，并根据不同国情发挥各自的能力……我们决心继续努力将气温升高限制在 1.5℃以内，通过制定明确的国家道路，使长期目标与短期和中期目标相一致。”② 在同年 12 月召开的 G7 峰会上，美国参与发表的领导人声明中继续强调，“我们重申坚定致力于落实《巴黎协定》和《联合国气候变化框架公约》第二十六次和第二十七次缔约方会议成果，承诺在 10 年内采取紧急、雄心勃勃和包容性的气候行动，将全球变暖控制在比工业化前水平高 1.5℃的范围内。我们重申 2050 年前实现净零排放的承诺……呼吁建立一个开放和合作的国际气候俱乐部。”③

在国内层面，拜登政府全面扭转特朗普政府应对气候变化的消极做法，在《巴黎协定》要求的总体框架下，以美国国家自主贡献为目标，全面加强应对气候变化的顶层设计，积极推动并签署相关立法，通过行政命令的方式推动多项气候变化政策落地，组建高级别的应对气候变化团队为美国政府保驾护航。因此，与其前任特朗普政府的目标及策略相比，拜登政府的应对气候变化政策则更为积极。

拜登政府全面加强应对气候变化战略的顶层设计，提出《清洁能源革命与环境正义计划》（*Plan for a Clean Energy Revolution and Environmental Justice*）。为应对全球气候危机，拜登总统在竞选时就提出了一个宏伟的愿景，即建立一个让所有美国人受益的清洁能源经济体系，为家庭生活降低成本，为工人提供高薪工作，为社区提供更健康的空气和更清洁的水。④ 拜登总统强调，“气候变化危机实际上是对我们国家和世界的生存造成严重威胁，影响到我们日常生活的方方面面。为此，美国进行了有史以来最大的投资来帮助全国各地的社区建设基础设施，目的是抵御我们今天看到的各种灾难——酷热、干旱、洪水、飓风和龙卷风。”⑤ 为此，在《巴黎协定》要求的总体框架下，在美国国家自主贡献目标的约束下，拜登政府提出了美国《清洁能源革命与环境正义计划》。该计划成为美国应对气候变化的顶层战略，具体内容包括重新加入《巴黎协定》，号召全世界采取紧急和共同行动应对气候变化；确保美国在 2050 年前实现整个经济的净零排放；在清洁能源和创新方面进行历史性投资，计划 10 年内投资 4000 亿美元；加快清洁能源技术部署；制定严格的法律法规，要求污染者承担气候污染的全部费用；要求天然气和石油行业严格限制甲烷排放，

① *Fact Sheet: President Biden Announces New Initiatives at COP27 to Strengthen U.S. Leadership in Tackling Climate Change*，The White House，November 11，2022.

② *G20 Bali Leaders' Declaration*，The White House，November 16，2022.

③ *G7 Leaders' Statement*，The White House，December 12，2022.

④ *President Biden's Actions to Tackle the Climate Crisis*，The White House.

⑤ *Remarks by President Biden on Actions to Tackle the Climate Crisis*，The White House，July 20，2022.

制定严格的新燃油经济性标准；将环境正义设置为所有联邦机构的优先事项；通过重建基础设施，减少和抵御气候危机的影响，同时创造 1000 万个工作岗位，使各行各业的工人受益；提高从事化石燃料生产工人的福利，等等。[①]

在顶层设计框架下，拜登政府全面支持应对气候变化相关立法并制定了一系列相关规章制度。拜登总统入主白宫后，先后签署了《通胀削减法案》、《两党基础设施法》和《基加利修正案》，在逐步实现国家自主贡献的同时，不断加强能源安全，降低清洁能源使用成本。除此之外，拜登总统签署了一系列行政命令，为应对气候变化战略顶层设计及相关法律保驾护航，快速扭转特朗普时期美国国内在能源和气候领域的倒退局面。例如，“应对国内外气候危机”行政命令是将气候危机置于美国外交政策和国家安全的中心，设置专门机构为政府应对气候决策做好支撑，取消化石燃料补贴，转而投资洁净能源技术和基础设施，通过重建基础设施、推进农业和植树造林和振兴能源社区等方式赋予工人权利，确保环境公正并刺激经济发展。[②]“通过联邦可持续发展促进美国清洁能源经济”行政命令要求减少联邦行动中的排放，投资于美国的清洁能源产业和制造业，并创建清洁、健康和韧性的社区。[③] 行政命令发布后，美国联邦政府各机构迅速采取行动，积极实施联邦可持续发展计划雄心勃勃的目标。有些行政命令要求在国务院内设立气候变化支持办公室，以促进美国应对气候变化倡议的双边和多边参与，[④] 还有些行政命令则要求加强美国在清洁汽车和卡车方面的领导地位。[⑤] 总之，拜登政府在美国国内出台了一系列应对气候变化的法律法规，是美国国家自主贡献及应对气候变化顶层设计的具体细化，更体现出美国政府应对气候变化的积极愿望。

综上所述，在应对气候变化环境议题上，拜登政府在国际层面与国际主流的思想和行为完全一致，在国内层面扭转了上一届特朗普政府的消极姿态，这充分表明拜登政府是以积极的愿望和姿态应对气候变化的。

7.7.2　美国国会的态度何去何从

正如本节前述分析，拜登执政的时期已经经历过第 117 届（2021—2023 年）国会，第 118 届（2023—2025 年）国会刚刚改选完毕。其中，第 117 届国会参、众两院的多数议员都是民主党；第 118 届国会参、众两院的多数议员都是共和党。所以，可以预期在拜登总统执政时期美国国会对待应对气候变化环境议题的姿态将从目前的积极逐渐转变为消极。

---

① *9 Key Elements of Joe Biden's Plan for a Clean Energy Revolution*，Democratic National Committee，November 13，2020.

② *Executive Order on Tackling the Climate Crisis at Home and Abroad*，White House，January 27，2021.

③ *Fact Sheet：President Biden Signs Executive Order Catalyzing America's Clean Energy Economy Through Federal Sustainability*，The White House，December 8，2021.

④ *Executive Order 14027：Establishment of the Climate Change Support Office*，The American Presidency Project，May 7，2021.

⑤ *Executive Order 14037：Strengthening American Leadership in Clean Cars and Trucks*，Executive Office of the President，August 10，2021.

第 117 届国会高度重视应对气候变化相关立法。换届结束不久，国会就提出并投票通过了美国历史上最为重要的《基础设施投资和就业法案》（*Infrastructure Investment and Jobs Act*）。该法案除包含传统意义上的基础设施外，还包括应对气候变化在内的新基础设施，目的是通过对美国的基础设施进行投资，从而创造出大量就业岗位，进而实现美国经济的可持续发展，以确保美国在全球竞争中的领先地位。在应对气候变化方面，该法案要求在 2030 年 80%的电力为清洁能源电力，将全社会的碳排放降低到 2005 年水平的一半；为清洁能源提供更多的财政和金融支持；对电动汽车等新能源汽车提供更多的税收激励；制订新的甲烷减排计划，采用污染者进口费来促进甲烷减排，等等。[①] 该法案由众议院于 2021 年 6 月提出，同年 7 月在众议院获得通过，8 月参议院投票通过，11 月由拜登总统签署生效。该法案是拜登入主白宫后签署的第一个包含应对气候变化重要内容的法律。在应对气候变化方面，该法案的内容和理念与拜登政府高度一致。从这项法案的提出与签署可以看出，美国国会与拜登政府都非常重视应对气候变化问题，都是以积极的愿望与姿态来对待应对气候变化环境议题的。

很快，国会又提出并投票通过了美国历史上应对气候危机和加强美国能源安全最重要的立法，即《降低通货膨胀法》（*The Inflation Reduction Act*）。该法最主要的目的之一是实现拜登政府提出的美国国家自主贡献目标，即到 2030 年将温室气体排放在 2005 年的水平基础上下降 50%～52%，并到 2050 年实现净零排放。[②] 该目标的实现在很大程度上归功于一项用于遏制气候变化和促进清洁能源使用的 3690 亿美元的投资。这些投资主要包括降低家庭的能源成本，每年为家庭节省数百美元的能源账单；用于制造太阳能电池板、电动汽车和风电涡轮机等清洁能源和汽车生产，为美国工人创造数百万个高薪工作岗位；支持建筑物和工业的去碳化，并且解决重大温室气体甲烷的排放；通过减少污染和促进环境正义，为子孙后代留下一个可持续的未来，等等。[③] 该法由众议院于 2021 年 9 月提出，并于同年 11 月在众议院获得通过，2022 年 8 月参议院投票通过，同年 8 月由拜登总统签署生效。可以看出，该法是在拜登政府宣布国家自主贡献目标之后、《联合国气候变化框架公约》第二十六次缔约方会议之前提出的，并且得到了参议两院的批准和拜登总统的签署，可以说是美国国会的意见与拜登政府高度一致的体现，也标志着其对应对气候变化环境议题的愿望与姿态非常积极。

同时，国会迅速批准了《基加利修正案》。氢氟碳化物是一种具有很高全球升温潜能值的温室气体，其大量排放对全球变暖的贡献很大。为此，国际社会于 2016 年 10 月通过了《基加利修正案》，将氢氟碳化物纳入《蒙特利尔议定书》的管控范围，即要求减少氢氟碳化物的生产和使用。特朗普在主政时期并没有签署该修正案，更没有将其递交国会批

---

① Peter A. DeFazio，“H.R.3684-Infrastructure Investment and Jobs Act”，*117th Congress*（*2021-2022*），June 4，2021.

② John A. Yarmuth，“H.R.5376-Inflation Reduction Act of 2022”，*117th Congress*（*2021-2022*），September 27，2021 .

③ 南紫晗：《3690 亿美元，美国史上最大气候法案获众议院通过》，《界面新闻》，2022 年 8 月 14 日。

准。2021 年，拜登总统签署该修正案后，于同年 11 月转交国会批准。2022 年 9 月，美国参议院对《基加利修正案》进行了讨论并投票。在讨论会上，有参议员强调说，如果我们不批准该修正案，我们将失去数十亿美元的出口和数千个就业机会。这就是为什么商业界给予了大量支持，为什么美国全国制造商协会、美国商会和受影响的行业都支持这一实际的、跨党派的参议院行动。还有的参议员更具体地指出，到 2027 年批准该法案将为美国带来数十亿美元的经济利益，并为美国创造约 15 万个就业机会。[①] 最终，美国参议院以 69∶27 的投票结果通过该修正案，美国成为第 138 个批准该协定的国家。

综上可知，在应对气候变化环境议题上，美国国会刚开始就积极提出并通过了《基础设施投资和就业法案》和《降低通货膨胀法》，最终经拜登总统签署后成为法律，也是美国应对气候危机和加强美国能源安全最重要的立法，实现了美国气候变化立法的胜利。同时，当拜登总统签署《基加利修正案》并将其提交美国国会批准时，美国国会迅速予以批准，很快扭转了特朗普总统忽视该修正案的负面影响，这些事实与国际主流思想和行为完全一致，表明此时国会的愿望和姿态很积极。但随着共和党逐渐在国会占据主导地位，可以预期这种积极的姿态也将会随之变为消极。

综上所述，在应对气候变化环境议题上拜登政府的愿望和姿态是积极的，而美国国会的态度目前与拜登政府保持一致，也很积极，但随着共和党开始主导美国国会，预期其姿态将从积极转变为消极，届时美国总体在应对气候变化环境议题上的政策倾向和综合政策也将变为消极。

7.8　小结

应对气候变化议题是一个典型的产生原因在全球、环境后果的发生也在全球的环境问题。

作为一项全球环境议题，其发展过程大约经历了两个阶段。第一阶段为 1994 年以前，是应对气候变化环境议题的初始阶段。1988 年，美国及全球很多地方发生了极端天气，引起国际社会的广泛关注并强烈呼吁在国际层面采取措施共同应对气候变化，应对气候变化环境议题的国际讨论开始加速。在初始阶段，最具典型代表的是在国际层面通过了不具约束力的《联合国气候变化框架公约》，并于 1994 年生效。第二阶段为 1995 年至今，是该环境议题的实质阶段。从 1995 年开始，国际社会开始谈判制定具有约束力的温室气体减排协定，由此环境议题进入实质阶段。此后，最具典型意义的是在国际层面上先后通过了《京都议定书》和《巴黎协定》。应对气候变化的总体目标是在 21 世纪末将全球温升控制在 2℃，并力争控制在 1.5℃以内，所以目前仍是环境议题的实质阶段。

① *Congressional Record – Senate*，117th Congress（2021-2022）-2nd Session，Vol. 168，No. 151，September 20，2022，p. S4840.

在环境议题的初始阶段，由于以美国科学界、广大民众及环境组织为代表的环境议题支持方的力量远大于以工业界为代表的反对方，所以美国的政策倾向积极。最为典型的是，在初始阶段尽管老布什总统是共和党，国会多数议员是民主党，但当《联合国气候变化框架公约》在国际上通过后，老布什总统很快予以签署，国会很快予以批准。这说明美国对待环境议题的政策倾向主要受到支持方的影响，支持方力量对反对方力量的压倒性优势在这一时期排除了党派政治在气候变化议题中的作用。进入环境议题的实质阶段，由于美国工业界的利益受损，反对环境议题的力量逐渐增强，甚至一度有超过支持方的实力。但是《京都议定书》在国际上通过后，美国工业界中越来越多的企业放弃反对立场而进入支持方，从而实现了支持方与反对方的“动态平衡”。由于支持方与反对方的力量基本相互抵消，所以双方力量对比并不会直接影响美国最终对待环境议题的政策倾向。此时，党派政治成为影响美国对待环境议题政策倾向的主要原因。

应对气候变化环境议题进入实质阶段后，美国总共经历了五任总统，分别是克林顿（民主党）、小布什（共和党）、奥巴马（民主党）、特朗普（共和党）和拜登（民主党），而国会参、众两院多数议员时而都是民主党，时而都是共和党，或参议院多数议员是民主党而众议院是共和党，或者参议院多数议员是共和党而众议院是民主党。由于民主党往往重视环境问题，所以对待应对气候变化环境议题的愿望与姿态非常积极；而共和党往往更重视生产效率问题，所以对待气候变化议题的姿态比较消极。基于此，在实质阶段基本上美国总统党派和国会两院多数议员党派的所有情况都有所出现，从而使美国对待应对气候变化环境议题的政策倾向时而积极、时而消极，但在大尺度和综合效果上，美国的综合政策比国际社会主流的态度更为消极。当前，美国总统是民主党人拜登，美国政府的姿态积极；第 117 届国会参、众两院多数议员的党派都为民主党，使国会的姿态也很积极。但是，2023 年 1 月国会进行了换届选举，第 118 届国会参、众两院多数议员的党派变为了共和党。可以预期，国会的态度也会随之变为消极，进而使拜登总统执政时期美国的总体政策倾向和综合政策将趋向消极。

本书的研究假设提出，如果美国将环境议题的后果看作全球或国外环境问题，在全球环境议题的初始阶段，其政策倾向积极；在进入实质性落实阶段，其政策倾向会比之前更加消极。本书的环境问题产生的主要原因在全球、后果主要在全球，符合本书研究假设中的条件。就应对气候变化环境议题来讲，其总共经历了两个阶段：第一个阶段是初始阶段，经过环境议题支持方和反对方的博弈，美国政策倾向积极；第二个阶段是实质阶段，由于环境议题支持方与反对方的力量不相上下，党派政治决定了美国的政策倾向。由于党派政治的波动导致美国的政策倾向波动很大，但总体来说，在实质阶段美国的政策倾向是消极的。该环境议题的两个阶段与假设中先积极后消极的结论完全一致，因此可以说本案例充分验证了研究假设的正确性。

值得注意的是，应对气候变化与臭氧层保护问题从科学角度上看有相似性，但是两个环境议题在美国的境遇有很大的不同。臭氧层损耗造成的环境后果（皮肤癌、白内障）在美国有较为直接和明显的体现，美国民众能充分感受到其生存危机，也普遍认可这一点，因此普遍支持对臭氧层损耗采取控制措施，美国可以一直对该议题保持积极态度。而气候变化则不然。尽管科学研究表明，温室气体排放会引起全球升温，气候变化也会带来全球性的灾难，但是多数情况下科学研究并未能够明确和直接地预测气候变化给美国境内带来的特定灾难，即对美国民众的生存威胁并不确定。应对气候变化环境议题的反对方也抓住了这一点，否定了气候变化给美国带来的环境损害。这种气候变化怀疑论削弱了美国民众对这一议题的支持力度，使美国国内在气候变化的政治博弈中出现僵局和摇摆。对环境问题后果认识的这种差别使美国关于应对气候变化与臭氧层保护问题的政策倾向出现了较大的差别。

第 8 章

结论与展望

面对不同的环境议题，美国的政策倾向往往不同。本书从环境问题产生的主要原因在美国国内还是全球，以及主要后果在美国国内还是全球这两个维度出发，对相关环境议题进行了全面考察，并选取了滴滴涕污染、臭氧层保护、禁止危险废物越境转移和应对气候变化四个环境议题进行重点案例研究，以回答面对不同的环境议题，美国政策的动态特征有何不同，其原因何在。对于这一问题的研究，一方面，形成了解释美国大型环境恶化的治理议题的统一解释框架，建立了因果机制理论框架，为国际关系一些传统领域甚至新兴领域的研究提供了启发，具有一定的理论意义；另一方面，加深了对美国国内政治及由此衍生的政策的规律性认识，探讨了全球环境治理的进程，有助于我国更好地制定应对策略以避免出现误判，因此具有一定的现实意义。

本章从三方面对全书进行系统总结：8.1 节阐述了本书的主要结论和发现，通过梳理研究问题、诠释理论架构及结合案例的实证分析，总结美国对环境问题的长期政策倾向及其形成机制；8.2 节提炼出本书的三个创新点，概述本研究可能的贡献；8.3 节根据本书已有的研究发现，讨论研究中存在的不足，从深度与广度两个方面来探讨下一步的研究方向。

8.1 主要结论

美国在国际环境治理中的作用至关重要。但是，面对不同的大型环境恶化治理议题，美国表现的政策倾向经常不同。对于有些环境议题，美国自始至终保持积极的政策倾向；对于有些环境议题，美国在开始阶段表现积极，但在后续实质阶段却相对消极。本书将研究的问题聚焦为面对一项具体环境议题，美国环境政策的动态特征有什么特点？其长期政策倾向形成的原因和机制是什么？

为回答上述问题，本书提出了理论假设，考察了所有的大型环境恶化治理议题，并选取了滴滴涕污染、臭氧层保护、禁止危险废物越境转移及应对气候变化四个案例进行重点分析和检验。经过研究，得出如下结论：

结论一：对于某项环境议题，无论产生环境问题的原因是在国内还是国外（或全球），只要环境后果主要发生在美国国内，美国的环境政策倾向始终保持积极。

美国对待一项环境议题的政策倾向主要取决于该环境议题产生的主要后果的地理分布。如果环境后果主要体现在美国国内，环境恶化会对美国的广大民众造成严重影响，增加其生存危机，美国民众必定会强烈反应，要求加快环境治理。如果美国采取措施进行该项环境治理，就会给部分美国工业界的利益带来损失，这部分美国工业界也会反弹，反对环境治理。但是，由于环境后果事关广大民众的切身利益，以他们为主体的支持方对环境议题的支持力度强大且持久。而工业界常常会考虑自身形象，并为抢占国际竞争制高点而使部分利益受损，其他企业往往有转型的机会。所以，以工业界为代表的环境议题反对方往往力量远不及支持方，部分转型成功的企业甚至会变反对为支持，加入该环境议题的支持方。在上述情况下，环境议题支持方的力量远大于反对方，从而使美国在该环境议题的政策倾向上始终保持积极。需要注意的是，有些环境议题的后果看起来分布在全球范围，但实际上在美国国内有突出的体现。环境后果在国内的体现越突出，美国民众越关心，美国的政策倾向也就越积极。例如，臭氧层保护环境议题往往被认为与气候变化类似，是单纯的全球环境议题。但实际上，臭氧层损耗的后果在美国国内有突出和明确的体现，对美国广大民众的健康影响相当大，对其构成生存威胁，因此在美国国内受到充分与广泛的重视。

结论二：对于某项环境议题，无论产生环境问题的原因是在国内还是在国外（或全球），只要环境后果主要在国外（或全球），在环境议题的初始阶段美国的环境政策倾向往往积极，而在环境议题进入实质性落实阶段美国的环境政策会比之前更加消极。

在此类环境议题的初始阶段，主要的针对性活动是相关科学和知识的传播，或在国际上谈判不具约束力的协定。科学界、美国热心环保的民众和环境组织往往会组成环境议题的支持方。此阶段环境议题还不会对工业界的利益造成损失，其生存威胁微不足道。即使美国工业界进行反对，其反对力量也远低于支持方。此阶段环境议题支持方与反对方博弈的结果是支持方明显有利，所以在初始阶段美国的环境政策倾向往往积极。进入实质阶段以后，由于环境后果主要体现在美国国外或全球，缺乏明确和直接的证据表明美国广大民众受到特别特定的严重影响。即使偶有严重影响，也缺少直接的证据和预测，造成的感知是环境问题对民众的生存威胁影响不大，所以美国广大民众和本土的环境组织往往对此的支持力度不够强大。在此阶段，工业界的利益受损，其生存威胁不断提升，所以会强烈反对该环境议题，形成力量强大的反对方。环境议题支持方与反对方激烈博弈的结果是后者力量逐渐赶上前者，所以美国会采取比初始阶段更消极的环境政策，即政策倾向消极。

美国的环境政策倾向机制源于环境议题支持方与反对方的力量博弈。当环境议题支持方的力量远大于反对方时，美国的环境政策倾向积极；反之，则倾向消极。但是，实现美国的政策偏向需要经过一些具体的政治过程，如选举政治、游说政治、利益集团政治及公开辩论等，这些政治过程会改变美国政策调整的节奏。当环境议题支持方的力量与反对方相差不大时，双方力量博弈陷入僵局，此时美国的环境政策倾向由美国党派政治所决定。当美国总统和国会两院多数议员都是民主党时，美国的环境政策倾向最为积极，在时间窗口足够宽的时候会签署并批准相关国际环境条约。当美国总统是民主党而国会至少一个院的多数议员是共和党时，美国总统的环境政策会受到国会的掣肘，出现美国签约不批约的情况。当美国总统是共和党时，不管两院多数党派情况如何，美国的环境政策倾向十分消极，不仅不会签署环境国际条约，甚至可能退出已经签署的条约。总之，在环境议题支持方与反对方的博弈中，当双方的力量悬殊时，美国的环境政策倾向取决于力量大的一方；如果双方的力量差距不大，美国的环境政策倾向就会取决于美国的党派政治。国际社会对美国政策倾向的影响相对不大。

8.2 研究创新

本研究的创新点主要有三个：

一是认清美国环境政策倾向随时间变化的现象和特征。学界普遍根据党派特征和总统任期等因素将美国环境政策倾向总体划分为若干阶段，偏重从宏观层面认识在绝对时间上美国环境政策倾向的变化规律。而本书研究认为，不同环境议题的特点不同，应从微观视角出发，深入认识美国面对不同环境议题而采取的环境政策变化特征，进而得出一般性规律；同时，本书更加注重相对时间上美国环境政策倾向的变化规律，从而可以更加准确地认识已经存在的现象。

二是建立美国环境政策倾向的框架解释理论和因果机制。在美国环境政策倾向研究领域，目前学界要么针对某一个或某几个环境议题进行理论解释或原因探索，要么提出的因果机制存在解释力不强等不足。本书重新对美国环境议题进行分类，针对不同类别的环境问题提出了统一的理论框架并建立了因果机制。本书案例检验表明，本书建立的理论架构和因果机制简约、真实、融贯、有效。

三是提出美国国内政治“动态博弈”的演化机制。对于全球环境议题，学界主流提出综合国际因素和国内因素的“双层博弈”模型；对于美国国内环境议题，学界主流根据党派特征和总统任期等因素进行宏观分析，且两者经常将美国国内政治因素看作静态因素。本书认为，环境议题的类别决定了美国国内支持方与反对方随着环境议题进程的“动态博弈”，而这种“动态博弈”的结果反过来又决定了美国环境政策倾向的变化规律。

8.3 研究展望

本书研究构建了环境后果的范围影响美国在环境议题实质阶段的政策倾向的理论分析框架，通过案例分析加以检验，使该理论在解释美国对环境问题的长期政策倾向及其形成机制上具有较强的解释力与预测力。

对滴滴涕污染和臭氧层保护这类环境后果主要体现在美国国内的环境议题，美国仍会以积极的政策倾向去对待。虽然滴滴涕污染问题已经在美国得到彻底解决，但后续如果有类似的农药污染问题，美国也会遵循滴滴涕污染治理的思路，以积极的政策导向予以解决。对于臭氧层保护这个环境议题，几十年来经过各国的艰苦努力，目前臭氧层损耗已经得到较好的治理。我们预测，未来如果发现某种化学物质的使用和排放会造成臭氧层损耗，美国仍会以积极的态度进行国际谈判，并且会签署和批准相关修正案，以确保臭氧层损耗问题能得到很好的解决。其实，只要是已经发生或将要发生的那些环境后果主要体现在美国国内的环境议题，我们预测美国都会以积极的政策进行治理，即环境政策倾向积极。

对于禁止危险废物越境转移这项环境议题，由于其环境后果主要体现在美国国外，所以在实质阶段，美国的政策倾向始终保持消极，一个重要的指标是美国在实质阶段没有签署和批准一系列的修正案。2022 年，《蒙特利尔议定书》缔约方会议通过《电子废物修正案》，将电子和电气相关废物纳入公约的约束范围。当前，该修正案正处于各国签署和批准阶段。根据我们的理论预测，美国对此修正案既不签署，也不批准，仍表现出消极的政策倾向。未来，根据实际情况，还会有更多的固体废物被纳入公约的约束范围，还会对公约不断进行修正。我们预测，美国也不会签署和批准这些修正案，一直会保持消极的政策倾向。其实，对危险化学品污染及持久性有机污染物等环境议题仍具有相似的预测结果。

对应对气候变化环境议题，由于其环境后果主要体现在全球，在实质阶段，环境议题支持方与反对方的力量不相上下，美国的党派政治决定了美国的环境政策倾向，所以我们看到美国对该项环境议题的态度时而积极、时而消极，但总体消极。当前，美国正处于民主党人拜登执政时期，根据我们的理论预测，美国政府仍会对该项环境议题表现出积极的姿态；但是，国会两院多数议员的党派刚刚从民主党变为共和党，我们预期，国会将会对政府的政策形成掣肘，从而使在拜登执政时期美国在应对气候变化环境议题上的政策倾向总体上仍将消极。所以，我国应提前保持警惕，充分应对美国即将发生的气候变化政策转变。根据《巴黎协定》的目标，各国同意将全球温升幅度控制在 2℃，并尽量不超过 1.5℃。也就是说，在 21 世纪内气候变化带来的影响会越来越大。可以想象，随着这种影响力越来越大，美国国内民众的生存威胁也会越来越大，那么应对气候变化环境议题支持方的力量也会越来越强；同时，低碳发展是全球的大势所趋，传统的高碳排放和高污染企业会加强技术创新和产业升级，也会逐渐从环境议题反对方转变为强大的支持力量，从而有可能会出现环境议题支持方的力量逐渐增长并占据优势的情况。到那时，美国对待气候变化环境议题的政策倾向仍将由环境议题支持方与反对方的博弈结果所决定，而非党派政治。一段时期后，气候变化的环境后果在美国国内的体现将会更加明确和直接，美国有可能将其按照美国国内环境问题进行对待，美国的环境政策也将趋向积极。这也给我们一个启示，对于某些当前环境后果没有明确体现在美国国内的环境议题，很可能在较大的时间尺度上这种环境后果会发生变化，进而会改变美国的环境政策倾向。

尽管本书取得了一定的研究成果，但是受限于资料获取难度和研究精力，书中仍然存在一些不足，待后续进一步深入研究。具体而言，主要有三个方面的不足：

一是案例选择有限。美国面对的环境议题很多，本书根据研究设计只考察了后果范围较宽、偏重环境恶化的七组案例，并详细和深入考察了其中的三组案例及另外的滴滴涕污染环境议题。本书没有考察美国对动植物保护及船舶事故污染两大类环境议题的政策倾向。未来可以广泛搜集材料，对美国环境议题进行全样本数据分析，纠正因案例选择带来的偏差。

二是缺乏对关键变量更精准的操作化，如环境议题的支持方与环境议题的反对方这两个变量的范围、环境议题反对方与支持方的力量测量、美国政策倾向消极或积极的程度等。未来可以将这些关键变量进一步量化，定量与定性相结合，提高理论的可靠性。

三是本书研究主要聚焦于环境政策领域，缺乏研究结论的普适性研究。未来可考虑将本书的使用范围推广至其他领域。

参考文献

弗里德约夫·南森研究所. 绿色全球年鉴 2001/2002[M]. 中国国家环境保护总局国际合作司，译. 北京：中国环境科学出版社，2002.

薄燕. 国际谈判与国内政治：对美国与《京都议定书》的双层博弈分析[D]. 上海：复旦大学，2003.

丁金光. 国际环境外交[M]. 北京：中国社会科学出版社，2007.

高翔，牛晨. 美国气候变化立法进展及启示[J]. 美国研究，2010，24（3）：39-51.

龚捷. 论小布什政府的环境外交[D]. 北京：外交学院，2007.

国家气候战略中心. 中美联合声明应对气候变化部分（2009 年 11 月）[EB/OL].（2009-11-17）[2023-03-02]. http://www.ncsc.org.cn/SY/gjlhsm/202003/t20200319_769575.shtml.

国家气候战略中心. 中美气候变化联合声明（2013 年 4 月）[EB/OL].（2013-04-13）[2023-03-02]. http://www.ncsc.org.cn/SY/gjlhsm/202003/t20200319_769578.shtml.

国家气候战略中心. 中美应对气候危机联合声明[EB/OL].（2021-04-18）[2023-03-03]. http://www.ncsc.org.cn/SY/gjlhsm/202104/t20210418_829139.shtml.

国家气候战略中心. 中美元首气候变化联合声明（2015 年 9 月）[EB/OL].（2015-09-25）[2023-03-02]. http://www.ncsc.org.cn/SY/gjlhsm/202003/t20200319_769614.shtml.

国家气候战略中心. 中美元首气候变化联合声明（2016 年 3 月）[EB/OL].（2016-03-19）[2023-03-02]. http://www.ncsc.org.cn/SY/gjlhsm/202003/t20200319_769631.shtml.

韩庆娜. 克林顿执政时期的美国环境外交研究[D]. 青岛：青岛大学，2005.

何忠义，盛中超. 冷战后美国环境外交政策分析[J]. 国际论坛，2003（1）：63-68.

金琳. 美国参与国际气候谈判的双层博弈分析[D]. 北京：外交学院，2021.

金应忠，倪世雄. 国际关系理论比较研究（修订本）[M]. 北京：中国社会科学出版社，2003.

克莱德·普雷斯托维茨. 流氓国家——谁在与世界作对[M]. 王振西，译. 北京：新华出版社，2004.

肯尼迪·沃尔兹. 国际政治理论[M]. 信强，译. 上海：上海世纪出版集团，2003.

蕾切尔·卡森. 寂静的春天[M]. 马绍博，译. 天津：天津人民出版社，2017.

李铁城，钱文荣. 联合国框架下的中美关系[M]. 北京：人民出版社，2006.

联合国. 联合国气候变化框架公约[A/OL]. [2023-03-01]. https://unfccc.int/sites/default/files/convchin.pdf. FCCC/INFORMAL/84.

联合国环境规划署. 《巴塞尔公约》缔约国会议第一次会议报告[R/OL].（1992-12-05）[2023-02-28].

http://www.basel.int/TheConvention/ConferenceoftheParties/Meetings/COP1/tabid/6154/Default.aspx. UNEP/CHW.1/24.

联合国环境规划署. 控制危险废物越境转移及其处置巴塞尔公约缔约方会议第三次会议报告[A/OL].（1995-10-17）[2023-03-01]. http://www.basel.int/TheConvention/ConferenceoftheParties/Meetings/COP3/tabid/6152/Default.aspx. UNEP/CHW.3/34.

楼庆红. 美国环境外交的三个发展阶段[J]. 社会科学，1997（10）：28-30.

罗斯·格尔布斯潘. 炎热的地球：气候危机，掩盖真相还是寻求对策[M]. 戴星翼，等译. 上海：上海译文出版社，2001.

马建英. 全球气候治理政治化现象和实质[J]. 中华环境，2016，23（Z1）：34-36.

南紫晗. 3690 亿美元，美国史上最大气候法案获众议院通过[EB/OL]. 界面新闻.（2022-08-14）[2023-03-04]. https://mp.weixin.qq.com/s/q1wo4EMwfCBBGfGNQXEo9w.

倪世雄. 当代西方国际关系理论[M]. 上海：复旦大学出版社，2001.

齐皓. 国际环境问题合作的成败——基于国际气候系统损害的研究[J]. 国际政治科学，2010（4）：96-97.

史卉. 论小布什执政时期美国的环境外交[J]. 前沿，2007（10）：205-209.

汤琳艳. 试论克林顿政府的环境外交[D]. 上海：华东师范大学，2018.

滕志波. 美国环境外交的兴起及其特点研究[D]. 青岛：青岛大学，2009.

王彬. 小布什执政时期的美国环境外交研究[D]. 青岛：青岛大学，2009.

王田，李依风，李怡棉. 奥巴马气候新政各方反应[EB/OL].（2013-07-02）[2023-03-02]. http://www.ncsc.org.cn/yjcg/fxgc/201307/t20130702_609631.shtml.

夏正伟，孔宁. 克林顿政府的环境外交[J]. 历史教学问题，2014（4）：29-34.

夏正伟，梅溪. 试析奥巴马的环境外交[J]. 国际问题研究，2011（2）：23-28.

夏正伟，许安朝. 试析尼克松政府的环境外交[J]. 世界历史，2009（1）：44-56.

新华社. 中美气候变化联合声明[EB/OL].（2014-11-12）[2023-03-02]. http://www.gov.cn/xinwen/2014-11/13/content_2777663.htm.

徐蕾. 美国环境外交的历史考察（1960—2008 年）[D]. 长春：吉林大学，2012.

徐再荣. 臭氧层损耗问题与国际社会的回应[J]. 世界历史，2003（3）：21-28，127.

俞可平. 全球化与全球治理[M]. 北京：社会科学文献出版社，2003.

詹姆斯·多尔蒂，小罗伯特·普法尔茨格拉芙. 争论中的国际关系理论（第五版，中译文第二版）[M]. 阎学通，陈寒溪，等译. 广州：世界知识出版社，2018.

詹姆斯·古斯塔夫·史伯斯. 朝霞似火：美国与全球环境危机——公民的行动议程[M]. 北京：中国社会科学出版社，2007.

赵斌，谢淑敏. 重返《巴黎协定》：美国拜登政府气候政治新变化[J]. 和平与发展，2021（3）：37-58.

赵嘉欣. 奥巴马执政时期的美国环境外交研究[D]. 青岛：青岛大学，2017.

赵杰. 从退出《京都议定书》透视小布什政府的环境外交[D]. 上海：华东师范大学，2009.

郑斯中. 世界气候大会[J]. 世界农业，1981（12）：44-45.

中国科学院科技战略咨询研究院. 特朗普政府提出“美国优先能源计划”[EB/OL].（2017-06-30）[2023-03-02]. http://www.casisd.cn/zkcg/ydkb/kjzcyzxkb/2017/201703/201706/t20170630_4820570.html.

周佳苗. 美国当代环境外交的肇始：探析尼克松时期的环境外交（1969—1972）[D]. 南京：南京大学，

2015.

邹伟．小布什政府的环境政策研究[D]．石家庄：河北师范大学，2019.

1988 Was Hottest Year on Record as Global Warming Trend Continues[N]. Washington Post，1989-02-04.

Accentuating the Positive[Z]. Chemical Week，1962-09-22.

American Cancer Society. Cancer Facts & Figures 2022[R]. Atlanta：American Cancer Society. [2023-02-27]. https://www.cancer.org/content/dam/cancer-org/research/cancer-facts-and-statistics/annual-cancer-facts-and-figures/2022/2022-cancer-facts-and-figures.pdf.

American Chemical Society. Chlorofluorocarbons and Ozone Depletion：A National Historic Chemical Landmark[EB/OL].（2017-04-18）[2023-02-27]. https://www.acs.org/education/whatischemistry/landmarks/cfcs-ozone.html.

American Chemistry Council. Basel Convention Amendments Could Further Hamstring Waste Management Practices In Developing Regions[EB/OL].（2019-05-10）[2023-03-01]. https://www.americanchemistry.com/chemistry-in-america/news-trends/press-release/2019/basel-convention-amendments-could-further-hamstring-waste-management-practices-in-developing-regions.

American Chemistry Council. Chemicals and Plastics Industry Corrects Record on Its Position Regarding US-Kenya Trade Negotiations[EB/OL].（2020-08-31）[2023-03-01]. https://www.americanchemistry.com/chemistry-in-america/news-trends/press-release/2020/chemicals-and-plastics-industry-corrects-record-on-its-position-regarding-us-kenya-trade-negotiations.

Amy Royden. U.S. Climate Change Policy Under President Clinton：A Look Back[J]. Golden Gate University Law Review，2002，32（4）：37.

Andrew Moravcsik. Taking Preferences Seriously：A Liberal Theory of International Politics[J]. International Organization，1997，51（4）：513-553.

Andrew Webster-Main. Keeping Africa out of the Global Backyard：A Comparative Study of the Basel and Bamako Conventions[J]. Environmental Law and Policy Journal，2002，26（1）：65-94.

Anthony Lewis. The Long and the Short[N]. The New York Times，1989-05-11.

Aspin，Leslie. H.R.17545-A bill to prohibit the manufacture or importation of Freon and similar substances unless a study finds such substances are not harmful to human life，agriculture，or the national environment[EB/OL].（1974-12-03）[2023-02-27]. https://www.congress.gov/bill/93rd-congress/house-bill/17545/all-info?r=146&s=3.

Automakers Criticize Global Warming Pact[N]. Reuters，1997-12-12.

Barbara Boxer. S.3036-Lieberman-Warner Climate Security Act of 2008[EB/OL].（2008-05-20）[2023-03-02]. https://www.congress.gov/bill/110th-congress/senate-bill/3036.

Basel Action Network. A Letter from the Basel Action Network to the Acting Assistant Secretary of State Kenneth C. Brill[EB/OL].（2001-08-09）[2023-03-01]. https://www.ciel.org/wp-content/uploads/2015/05/BANSIGNFIN2001.pdf.

Baucus，Max Sieben. S.570-Stratosphere Protection Act of 1987[EB/OL].（1987-02-19）[2023-02-28]. https://www.congress.gov/bill/100th-congress/senate-bill/570?q=%7B%22search%22%3A%22s.570%22%7D.

Baucus，Max Sieben. S.Res.226-A Resolution Expressing the Sense of the Senate with Respect to Ongoing

International Negotiations to Protect the Ozone Layer[EB/OL].（1987-06-05）[2023-02-28]. https://www.congress.gov/bill/100th-congress/senate-resolution/226/titles?r=1&s=7.

Baucus，Max Sieben. S.Res.312-A resolution expressing the sense of the Senate with respect to ratification of the Montreal Protocol to the Vienna Convention for the Protection of the Ozone Layer[EB/OL].（1987-11-03）[2023-02-28]. https://www.congress.gov/bill/100th-congress/senate-resolution/312/titles.

Baylor Collections of Political Materials. Norman E. Borlaug to Miss Betty Chapman[Z]. box 111，file 3，Poage Papers，BCPM. 1971-10-04.

Bert Bolin. A History of the Science and Politics of Climate Change：the Role of the Intergovernmental Panel on Climate Change[M]. Cambridge：Cambridge University Press，2007.

Baylor Collections of Political Materials. Betty Chapman to Representative Harley Staggers[Z]. box 111，file 3，Poage Papers，1971-10-12.

Big U.S. Role Seen in Peril to Ozone[N]. The New York Times，1975-12-10.

Brent Steel，Richard Clinton，Nicholas Lovrich. Environmental Politics and Policy：A Comparative Approach[M]. New York：McGraw Hill，2003.

Brodeur，Paul. Annals of Chemistry：In the Face of Doubt[J]. The New Yorker，1986（6/9）：71-87.

Brooks Flippen. Nixon and the Environment[M]. Albuquerque：University of New Mexico Press，2000.

Bruce Benedict. Rachel Carson Bugs the Entomologists[N]. San Francisco Chronicle，1962-06-29.

Business Goes on Offensive at Global Warming Meet[N]. Reuters，1997-12-03.

Byron W. Daynes，Glen Sussman. White House Politics and the Environment：Franklin D. Roosevelt to George W. Bush[M]. College Station：Texas A&M University Press，2010.

Caitlin Johnson. The Legacy of “Silent Spring” [N]. CBS News，2007-04-22.

Campaigning Against Warming Proposals，Industrial Titans Disunited About What to Do[N]. Associated Press，1997-12-03.

CAPP Gravely Concerned About Kyoto Agreement[N]. Business Wire，1997-12-12.

Center for International Environmental Law. Green Groups Call on USA to Ratify International Toxic Waste Dumping Ban as Part of Basel Treaty[EB/OL].（2001-09-09）[2023-03-01]. https://www.ciel.org/news/green-groups-call-on-usa-to-ratify-international-toxic-waste-dumping-ban-as-part-of-basel-treaty/.

Chafee，John Hubbard. S.1082-Hazardous and Additional Waste Export and Import Act of 1991[EB/OL].（1991-05-15）[2023-02-28]. https://www.congress.gov/bill/102nd-congress/senate-bill/1082?q=%7B%22search%22%3A%5B%22S.1082%22%2C%22S.1082%22%5D%7D&s=2&r=1.

Chafee，John Hubbard. S.571-Stratospheric Ozone and Climate Protection Act of 1987[EB/OL].（1987-02-19）[2023-02-28]. https://www.congress.gov/bill/100th-congress/senate-bill/571?q=%7B%22search%22%3A%22s.571%22%7D.

Charles F. Wurster. DDT Makes Matters Worse[N]. New York Times，1971-08-12.

Charles F. Wurster. DDT Proved Neither Essential nor Safe[J]. BioScience，1973，23（2）：105-106.

Charles F. Wurster. Its Persistency Threatens Disaster to Beast and Man[Z]. Smithsonian，1970-10.

Charles W. Schmidt. Trading Trash：Why the U.S. Won’t Sign on to the Basel Convention[J]. Environmental Health Perspectives，1999，107（8）：A410-A413.

Chris Cillizza. Donald Trump doesn't think much of climate change, in 20 quotes[EB/OL]. CNN Politics. (2017-08-08)[2023-03-02]. https://edition.cnn.com/2017/08/08/politics/trump-global-warming/index.html.

Committee on Energy and Natural Resources. Greenhouse Effect and Global Climate Change: Hearing Before the Committee on Energy and Natural Resources of the United States Senate (Part 2) [A/OL]. Washington: U.S. Government Printing Office. (1988-06-23) [2023-03-01]. https://babel.hathitrust.org/cgi/pt?id=uc1.b5127807&view=1up&seq=1. S.HRG.100-461 Pr. 2.

Committee on Foreign Relations. Hearing Before the Committee on Foreign Relations United States Senate, One Hundred Second Congress Second Session[A]. Washington, DC: U.S. Government Printing Office, 1992-03-12. S.HRG. 102-576.

Congressional Committee on Energy and Commerce. Hearing Before the Subcommittee on Transportation and Hazardous Materials of the Committee on Energy and Commerce House of Representatives one Hundred Second Congress First Session on H.R. 2358, H.R. 2398, and H.R. 2580[A]. Washington, DC: U.S. Government Printing Office, 1991-10-10. Serial No. 102-66.

Congressional Research Service. President Obama Pledges Greenhouse Gas Reduction Targets as Contribution to 2015 Global Climate Change Deal[R]. 2015.

Danielle Droitsch, Clare Demerse. The American Power Act: An Analysis of the May 2010 Discussion Draft[R/OL]. The Pembina Institute. (2010-06) [2023-03-02]. https://www.pembina.org/reports/american-power-act-briefing.pdf.

David Brian Robertson. Leader to Laggard: How Founding Institutions Have Shaped American Environmental Policy[J]. Studies in American Political Development, 2020, 34 (1): 110-131.

David Kinkela. DDT and the American Century: Global Health, Environmental Politics, and the Pesticide That Changed the World[M]. North Carolina: University of North Carolina Press, 2011.

David Toke. Epistemic Communities and Environmental Groups[J]. Politics, 1999, 19 (2): 97-102.

Delay on Gas Ban Held Ozone Peril[N]. The New York Times, 1974-12-23.

Democratic National Committee. 9 Key Elements of Joe Biden's Plan for a Clean Energy Revolution[EB/OL]. (2020-11-13) [2023-03-03]. https://joebiden.com/9-key-elements-of-joe-bidens-plan-for-a-clean-energy-revolution/#.

Dennis C. Williams. The Guardian: EPA's Formative Years, 1970-1973[Z/OL]. US Environmental Protection Agency. (1993-09) [2023-02-27]. https://www.epa.gov/archive/epa/aboutepa/guardian-epas-formative-years-1970-1973.html. EPA 202-K-93-002.

Dennis L. Soden. The Environmental Presidency[M]. New York: SUNY Press, 1999.

Department of Health, Education, and Welfare. Report on the Secretary's Commission on Pesticides and Their Relationship to Environmental Health (Parts 1 and 2) [R]. 1969-12.

Detlef Sprinz, Tapani Vaahtoranta. The Interest-Based Explanation of International Environmental Policy[J]. International Organization, 1994, 48 (1): 77-105.

Dimitris Stevis, Valerie J. Assetto. The International Political Economy of the Environment: Critical Perspectives[M]. Colorado: Lynne Rienner, 2001.

Donald J. Wuebbles, David W. Fahey, Kathy A. Hibbard. Climate Science Special Report: Fourth National

Climate Assessment（NCA4，Volume I）[R]. Washington，D.C.：U.S. Global Change Research Program，2017：36.

Douglas W. Cray. Aerosol Industry Is Trying Hard To Find Fluorocarbons Substitute[N]. The New York Times，1976-11-20.

Du Pont Will Stop Making Ozone Killers[N]. The Washington Post，1988-03-25.

E. W. Kenworthy. U.S. Court Orders New Unit to File Notice of DDT Ban[N]. New York Times，1971-01-08.

Edward A. Parson. Protecting the Ozone Layer：Science and Strategy[M]. Oxford：Oxford University Press，2003.

Eileen Claussen. Global Environmental Governance：Issues for the New Administration[J]. Environment：Science and Policy for Sustainable Development，2001，43（1）：28-34.

Elizabeth R. DeSombre. Understanding United States unilateralism：Domestic sources of U.S. international environmental policy[M]//Regina S. Axelrod，David Downie，Norman Vig. The global environment：Institutions，law and policy（2nd edition）. Washington，DC：CQ Press，2005：181-199.

Environment News Service. USA：Bush Pulls Out of Kyoto Protocol[EB/OL].（2001-03-28）[2023-03-02]. https://www.corpwatch.org/article/usa-bush-pulls-out-kyoto-protocol.

Ernest F. Hollings. S.169-Global Change Research Act of 1990[EB/OL].（1989-01-25）[2023-03-01]. congress.gov/bill/101st-congress/senate-bill/169.

Executive Office of the President. The President's Climate Action Plan[R/OL].（2013-06）[2023-03-02]. https://obamawhitehouse.archives.gov/sites/default/files/image/president27sclimateactionplan.pdf.

The White House. Executive Order 12902-Energy Efficiency and Water Conservation at Federal Facilities[A]. Federal Register，1994，59（47）.（1994-03-10）.

The White House. Executive Order 13123-Greening the Government Through Efficient Energy Management[A]. Federal Register，1999，64（109）.（1999-06-08）.

F. R. De Gruijl. Skin cancer and solar UV radiation[J]. European Journal of Cancer，1999，35（14）：2003-2009.

F. Sherwood Rowland. Chlorofluorocarbons and the Depletion of Stratospheric Ozone[J]. American Scientist，1989，77（1）：36-45.

Fish Killed by DDT in Mosquito Tests[N]. New York Times，1945-08-09.

Florio，James Joseph. H.R.2867-Hazardous and Solid Waste Amendments of 1984[EB/OL].（1983-05-03）[2023-02-28]. https://www.congress.gov/bill/98th-congress/house-bill/2867?q=%7B%22search%22%3A%5B%22Hazardous+and+Solid+Waste+Amendments%22%2C%22Hazardous%22%2C%22and%22%2C%22Solid%22%2C%22Waste%22%2C%22Amendments%22%5D%7D&s=1&r=1.

Fluorocarbon Sprays Curb Backed[N]. The New York Times，1976-11-23.

G. John Ikenberry. After Victory：Institutions，Strategic Restraint，and the Rebuilding of Order after Major Wars（New Edition）[M]. Princeton：Princeton University Press，2019.

Gary Kroll. The "Silent Springs" of Rachel Carson：Mass media and the origins of modern environmentalism[J]. Public Understanding of Science，2001，10（4）：403-420.

Gene Smith. Outwitting Aerosol Ban：New System Ready[N]. The New York Times，1977-05-13.

Gilbert N. Plass. The Carbon Dioxide Theory of Climatic Change[J]. Tellus，1956，8（2）：140-154.

Glen Sussman. The USA and Global Environmental Policy：Domestic Constraints on Effective Leadership[J]. International Political Science Review，2004，25（4）：349-369.

Global Warming Treaty Opposition Unites Industry，Labour（US）[N]. Reuters，1997-11-18.

Grant L. Kratz. Implementing The Basel Convention into U.S. Law：Will it Help or Hinder Recycling Efforts?[J]. Brigham Young University Journal of Public Law，1992，6（2）：323-342.

Greenpeace. President Biden：Champion a Strong Plastics Treaty![EB/OL]. [2023-03-01]. https://engage.us.greenpeace.org/OnlineActions/07fGI0bIL0SUQKADsuyWdA2?utm_source=website&utm_medium=actioncard&utm_campaign=platreaty&sourceid=1013928.

Harlan L. Watson. Kyoto Protocol：Assessing the Status of Efforts to Reduce Greenhouse Gases[EB/OL].（2005-10-05）[2023-03-02]. https://2001-2009.state.gov/g/oes/rls/rm/54306.htm.

Harold M. Schmeck Jr. Ban Proposed by'79 on Spray-can Gases[N]. The New York Times，1977-05-12.

Harvey Alter. Industrial Recycling and the Basel Convention[J]. Resources，Conservation and Recycling. 1997，19（1）：29-53.

Henry A. Waxman. H.R.2454-American Clean Energy and Security Act of 2009[EB/OL].（2009-05-15）[2023-03-02]. https://www.congress.gov/bill/111th-congress/house-bill/2454.

Hopgood Stephen. American Foreign Environmental Policy and the Power of the State[M]. New York：Oxford University Press，1998.

Ian Manners. Normative Power Europe：A Contradiction in Terms?[J]. Journal of Common Market Studies，2002，40（2）：235-258.

In Summary[N]. The New York Times，1977-05-15.

Institute of Scrap Recycling Industries，Inc. Re：Open-ended Working Group：Proposal for Inclusion of Certain Plastic Wastes in Annex II and Removal of Solid Plastic Wastes from Annex IX[EB/OL].（2018-08-28）[2023-03-01]. https://www.isri.org/docs/default-source/default-document-library/2018-08-28-norway-proposal-trade-assns-letter-final.pdf?sfvrsn=88916612_2.

Institute of Scrap Recycling Industries，Inc. Recycling Industry：Basel Convention Ignores Fact that Recycling Works to Help Environment[EB/OL].（2019-05-10）[2023-03-01]. https://www.isri.org/news-publications/news-details/2019/05/10/recycling-industry-basel-convention-ignores-fact-that-recycling-works-to-help-environment.

Inter Press Service. Environment：U.S. Seen Retreating from Hazardous Waste Pact[EB/OL].（2001-08-15）[2023-03-01]. https://www.ipsnews.net/2001/08/environment-trade-us-seen-retreating-from-hazardous-waste-pact/.

International Institute for Sustainable Development. Summary of the Second Conference of the Parties to the Framework Convention on Climate Change：8-9 July 1996[J]. Earth Negotiations Bulletin，1996，12（38）：1-14.

Jacobson，Harold. Climate Change：Unilateralism，Realism，and Two-Level Games[M]//Stewart Patrick，Shepard Forman. Multilateralism and U.S. Foreign Policy：Ambivalent Engagement. Boulder，CO：Lynne Rienner，2002：415-436.

Jäger，J.，Ferguson，H.L. Climate Change：Science，Impacts and Policy：Proceedings of the Second World

Climate Conference[M]. Cambridge：Cambridge University Press，1991.

Jake Thompson and Elizabeth Heyd. Senate Should OK Ratification of Kigali HFC Phase Down[EB/OL]. Natural Resources Defense Council.（2021-11-16）[2023-02-28]. https://www.nrdc.org/media/2021/211116.

James E. Dougherty，Robert L. Pfaltzgraff，Jr. Contending Theories of International Relations：A Comprehensive Survey[M]. New York：Longman，1997：492-493.

James Gerstenzang. President's Nose Cancer Surgery Goes "Very Well" [N]. Los Angeles Times，1987-08-01.

James Rosenau. Environmental Challenges in a Global Context[M]//Sheldon Kamieniecki. Environmental Politics in the International Arena：Movements，Parties，Organizations and Policy. Albany：State University of New York Press，1993：257.

Jamie L. Whitten. That We May Live[M]. Princeton，N.J.：D. Van Nostrand，1966.

Jane E. Brody. Use of DDT at a 20-Year Low，Chiefly Due to Voluntary Action[N]. New York Times，1970-07-20.

Jean Galbraith. Prospective Advice and Consent[J]. The Yale Journal of International，2012，37（247）：247-308.

Jeff D. Colgan，Jessica F. Green，Thomas N. Hale. Asset Revaluation and the Existential Politics of Climate Changet[J]. International Organization，2021，75（2）：586-610.

Jeffrey L. Dunoff，Mark A. Pollack. Interdisciplinary Perspectives on International Law and International Relations[M]. Cambridge：Cambridge University Press，2012.

Jeffrey M. Gaba. Exporting Waste：Regulation of the Export of Hazardous Wastes from the United States[J]. William & Mary Environmental Law and Policy Review，2012，36（2）：405-490.

Jennifer Clapp. The Toxic Waste Trade with Less-Industrialised Countries：Economic Linkages and Political Alliances[J]. Third World Quarterly，1994，15（3）：505-518.

Jerry Lewis. H.R.4194-105th Congress（1997—1998）：Departments of Veterans Affairs and Housing and Urban Development，and Independent Agencies Appropriations Act，1999[EB/OL].（1998-07-08）[2023-03-02]. https://www.congress.gov/bill/105th-congress/house-bill/4194/text.

Jim Fuller. Companies Look for Ways to Cut Heat-Trapping Greenhouse Gases[EB/OL]. U.S. Department of State's Office of International Information Programs.（2000-11-20）[2023-03-02]. https://usinfo.org/usia/usinfo.state.gov/topical/global/climate/00112001.htm.

Joe Skeen. H.R.1906-Agriculture，Rural Development，Food and Drug Administration，and Related Agencies Appropriations Act，2000[EB/OL].（1999-05-24）[2023-03-02]. https://www.congress.gov/bill/106th-congress/house-bill/1906/text?q=%7B%22search%22%3A%5B%22H.R.1906%22%5D%7D.

John A. Yarmuth. H.R.5376-Inflation Reduction Act of 2022[EB/OL].（2021-09-27）[2023-03-04]. https://www.congress.gov/bill/117th-congress/house-bill/5376/actions?r=44&s=1.

John C. Whitaker. Striking a Balance：Environment and Natural Resources Policy in the Nixon-Ford Years[M]. Washington，D.C.：American Enterprise Institute，1976：127.

John F. Murphy. The United States and the Rule of Law in International Affairs[M]. Cambridge：Cambridge University Press，2004.

Joseph I. Lieberman. S.139-Climate Stewardship Act of 2003[EB/OL].（2003-01-09）[2023-03-02]. https://www.congress.gov/bill/108th-congress/senate-bill/139/text?r=2&s=6.

Judith G. Kelley，Jon C.W. Pevehouse. An Opportunity Cost Theory of US Treaty Behavior[J]. International Studies Quarterly，2015，59（3）：531-543.

Kal Raustiala. Domestic Institutions and International Regulatory Cooperation：Comparative Responses to the Convention on Biological Diversity[J]. World Politics，1997，49（4）：482-509.

Kathy Castor. H.R.9-Climate Action Now Act[EB/OL].（2019-03-27）[2023-03-02]. https://www.congress.gov/bill/116th-congress/house-bill/9?q=%7B%22search%22%3A%22h.r.9%22%7D.

Kevin E. Trenberth. Executive summary of the ozone trends panel report[J]. Environment：Science and Policy for Sustainable Development，1988，30（6）：25-26.

Kristin S. Schafer. Global Toxics Treaties：U.S. Leadership Opportunity Slips Away[EB/OL].（2005-10-04）[2023-02-27]. https://fpif.org/global_toxics_treaties_us_leadership_opportunity_slips_away/.

Larry. Gilman. Energy Industry Activism[M]//Brenda Wilmoth Lerner，K. Lee Lerner. Climate Change：In Context. Detroit，Mich.：Gale，2008.

Laura Parker. Shipping plastic waste to poor countries just got harder[EB/OL]. National Geographic.（2019-05-11）[2023-03-01]. https://www.nationalgeographic.com/environment/article/shipping-plastic-waste-to-poor-countires-just-got-harder.

Lester R. Brown. Redefining National Security. Worldwatch Papers 14[R/OL]. Washington：Worldwatch Institute，1977. https://files.eric.ed.gov/fulltext/ED147229.pdf.

Lester R. Brown. The Rise and Fall of the Global Climate Coalition[EB/OL]. Earth Policy Institute.（2000-07-25）[2023-03-02]. http://www.earth-policy.org/mobile/releases/alert6.

Lydia Dotto，Harold Schiff. The Ozone War（1st edition）[M]. Garden City，N.Y.：Doubleday，1978.

M. S. Weil. Chlorofluorocarbon Update：Stir Caused by EPA-Supported World Ban Proposal[J]. Contracting Business，1984（10）：11-12.

Margaret L. Kripke. Impact of ozone depletion on skin cancers[J]. The Journal of Dermatologic Surgery and Oncology，1988，14（8）：853-857.

Marilyn M. Gruebel. International Environmental Agreements and State Cooperation：the Stratospheric Ozone Protection Treaty[D]. Albuquerque：University of New Mexico，2007.

Mario J. Molina，F. Sherwood Rowland. Stratospheric Sink for Chlorofluoromethanes：Chlorine Atomic Catalysed Destruction of Ozone[J]. Nature，1974，249：810-812.

Mark A. Pollack. Who supports international law，and why? The United States，the European Union，and the international legal order[J]. International Journal of Constitutional Law，2015，13（4）：873-900.

Market Watch. Full Text of Trump's Remarks on Exiting the Paris Climate Accord[EB/OL].（2017-06-01）[2023-03-02]. https://www.marketwatch.com/story/full-text-of-trumps-remarks-on-exiting-the-paris-climate-accord-2017-06-01.

Marti Mueller. HEW Examines Cancer Institute Report[J]. Science，1969，164（3887）：1503.

Martin S. Indyk，Kenneth G. Lieberthal，Michael E.O' Hanlon. Bending History：Barack Obama's Foreign Policy[M]. Washington D.C.：Brookings Institution Press，2013.

Mary H. Cooper. Global Warming Update：Are limits on Greenhouse gas Emissions Needed?[R]. Congressional Quarterly Researcher，1996：961-984.

Mary Tiemann. Waste Exports：U.S. and International Efforts to Control Transboundary Movement[R]. Congressional Research Service Issue Brief，1989.

Mary Tiemann. Waste Trade and the Basel Convention：Background and Update，Specialist in Environmental Policy Environment and Natural Resources Policy Division[R]. Congressional Research Service Report for Congress，1998.

Matthew C. Nisbet，Teresa Myers. Trends：Twenty Years of Public Opinion about Global Warming[J]. Public Opinion Quarterly，2007，71（3）：444-470.

Maureen T. Walsh. The Global Trade in Hazardous Wastes：Domestic and International Attempts to Cope with a Growing Crisis in Waste Management[J]. Catholic University Law Review，1992，42（1）：103-140.

Michael Lisowski. Playing the Two-level Game：US President Bush's Decision to Repudiate the Kyoto Protocol[J]. Environmental Politics，2002，11（4）：101-119.

Mostafa K. Tolba. Global Environmental Diplomacy：Negotiating Environmental Agreements for the World，1973—1992[M]. Cambridge，MA：MIT Press，1998.

National Geographic Society. Remarks by the President on Global Climate Change[EB/OL].（1997-10-22）[2023-03-02]. https://clintonwhitehouse3.archives.gov/Initiatives2/Climate/19971022-6127.html.

National Research Council. Climate Change Science：An Analysis of Some Key Questions[M]. Washington，D.C.：The National Academies Press，2001.

National Research Council. Energy and Climate：Studies in Geophysics[R]. Washington D.C.：The National Academies Press，1977.

National Research Council. Halocarbons：Effects on Stratospheric Ozone[R]. Washington D.C.：National Academy of Sciences，1976.

National Research Council. Protection Against Depletion of Stratospheric Ozone by Chlorofluorocarbons[M]. Washington D.C.：The National Academies Press，1979.

National Research Council. Report of Committee on Persistent Pesticides，Division of Biology and Agriculture[R]. Washington D.C.：The National Academies Press，1969.

Norman E. Borlaug. Where Ecologists Go Wrong[N]. The Sun，1971-11-14.

OECD. Decision-Recommendation of the Council on Transfrontier Movements of Hazardous Waste[EB/OL]. [2023-02-28]. https://legalinstruments.oecd.org/public/doc/53/53.en.pdf#:~:text=The%20Decision-Recommendation%20on%20Transfrontier%20Movements%20of%20Hazardous%20Wastes,in%20order%20to%20protecthuman%20health%20and%20the%20environment. OECD/LEGAL/0209.

Office of the Federal Chief Sustainability Officer，Council on Environmental Quality. Greening Government Initiative[EB/OL]. [2023-03-03]. https://www.sustainability.gov/ggi/#:~:text=The%20Greening%20Government%20Initiative%20%28GGI%29%20is%20an%20international,the%20United%20States%20and%20Canada%2C%20in%20April%202021.

Office of the Federal Chief Sustainability Officer，Council on Environmental Quality. Net-Zero Government Initiative[EB/OL]. [2023-03-03]. https://www.sustainability.gov/federalsustainabilityplan/net-zero-initiative.html.

Oona A. Hathaway. Treaties' End：The Past，Present，and Future of International Lawmaking in the United States[J].

The Yale Law Journal，2008，117（7）：1236-1372.

Organic Consumers Association. 180 Countries-Except Us-Agree to Plastic Waste Agreement[EB/OL]. [2023-03-01]. https://organicconsumers.org/180-countries-except-us-agree-plastic-waste-agreement/.

Paul G. Harris. Climate Change and American Foreign Policy[M]. New York：Martin's Press，2000.

Paul G. Harris. The Environment，International Relations，and U.S. Foreign Policy[J]. Washington：Georgetown University Press，2001.

Paul Wapner. Environmental Activism and World Civic Politics[M]. New York：SUNY Press，1996.

Per Ove Eikeland. US energy policy at a crossroads?[J]. Energy Policy，1993，21（10）：987-999.

Perry Wheeler. Maine becomes dumping ground for UK plastic waste before 2021 Basel Convention ban[EB/OL]. Greenpeace.（2020-12-11）[2023-03-01]. https://www.greenpeace.org/usa/news/maine-becomes-dumping-ground-for-uk-plastic-waste-before-2021-basel-convention-ban/.

Peter A. DeFazio. H.R.3684-Infrastructure Investment and Jobs Act[EB/OL].（2021-06-04）[2023-03-04]. https://www.congress.gov/bill/117th-congress/house-bill/3684.

Peter M. Haas. Banning Chlorofluorocarbons：Epistemic Community Efforts to Protect Stratospheric Ozone[J]. International Organization，1992，46（1）：187-224.

Peter M. Haas. Introduction：epistemic communities and international policy coordination[J]. International Organization，1992，46（1）：3.

Peter Obstler. Toward a Working Solution to Global Pollution：Importing CERCLA to Regulate the Export of Hazardous Waste[J]. Yale Journal of International Law，1991，16（1）：80.

Philip M. Boffey. Reagan to Have Surgery on Nose for Skin Cancer[N]. New York Times，1987-07-31.

Philip R. Sharp. H.R.776-Energy Policy Act of 1992[EB/OL].（1991-02-04）[2023-03-01]. https://www.congress.gov/bill/102nd-congress/house-bill/776.

Philip Shabecoff. Bush Tells Environmentalists He'll Listen to Them[N]. The New York Times，1988-12-01.

President's Science Advisory Committee. Restoring the Quality of Our Environment[R]. The White House，1965.

President's Science Advisory Committee. Use of Pesticides[R]. U.S. Government Printing Office，1963.

R. Daniel Kelemen，David Vogel. Trading Places：The Role of the United States and the European Union in International Environmental Politics[J]. Comparative Political Studies，2010，43（4）：427-456.

R. Daniel Kelemen，Tim Knievel. The United States，the European Union，and international environmental law：The domestic dimensions of green diplomacy[J]. International Journal of Constitutional Law，2015，13（4）：945-965.

R. L. McCarthy. Testimony before the U.S. House of Representatives，Committee on Interstate and Foreign Commerce，Hearings，in Fluorocarbons：Impact on Health and Environment[Z]. Washington，D.C.：U.S. Government Printing Office，1974：381.

Ralph Dannheisser. Senate Panel Approves "Sense of Congress" on Climate Change[EB/OL]. U.S. Department of State's Office of International Information Programs.（2001-08-01）[2023-03-02]. https://usinfo.org/usia/usinfo.state.gov/topical/global/climate/01080102.htm.

Rebecca A. Kirby. The Basel Convention and the Need for United States Implementation[J]. Georgia Journal of

International and Comparative Law，1994，24（2）：281-305.
Reuters. Trump Administration Unveils Plan to Eliminate Obama's Climate Action Plan[EB/OL]. Fortune.（2017-01-21）[2023-03-02]. https://fortune.com/2017/01/20/trump-website-climate-change/.
Richard D. Lyons. Hickels Extends Pesticide Curb[N]. New York Times，1970-06-18.
Richard Elliot Benedick. Ozone Diplomacy：New Directions in Safeguarding the Planet（Enlarged Edition）[M]. Cambridge，Mass.：Harvard University Press，1998.
Richard S. Stolarski，Ralph J. Cicerone. Stratospheric Chlorine：a Possible Sink for Ozone[J]. Canadian Journal of Chemistry，1974，52：1610-1615.
Richardson，Bill. H.Con.Res.47-A Concurrent Resolution Urging the President to Take Immediate Action to Reduce the Depletion of the Ozone Layer Attributable to Worldwide Emissions of Chlorofluorocarbons[EB/OL].（1987-02-18）[2023-02-28]. https://www.congress.gov/bill/100th-congress/house-concurrent-resolution/47?q=%7B%22search%22%3A%22H.+Con.+Res.+47%22%7D.
Richardson，Bill. H.R.5737-Stratospheric Ozone and Climate Protection Act of 1986[EB/OL].（1986-10-18）[2023-02-28]. https://www.congress.gov/bill/99th-congress/house-bill/5737?q=%7B%22search%22%3A%22H.R.5737%22%7D.
Riley E. Dunlap，Xiao Chenyang，Aaron M. McCright. Politics and environment in America：Partisan and Ideological Cleavages in Public Support for Environmentalism[J]. Environmental Politics，2001，10（4）：30.
Robert C. Byrd. S.Res.98-A resolution expressing the sense of the Senate regarding the conditions for the United States becoming a signatory to any international agreement on greenhouse gas emissions under the United Nations Framework Convention on Climate Change[EB/OL].（1997-06-12）[2023-03-02]. https://www.congress.gov/bill/105th-congress/senate-resolution/98/text.
Robert D. Putnam. Diplomacy and Domestic Politics：The Logic of Two-Level Games[J]. International Organization，1988，42（3）：427-460.
Robert D. Putnam. Diplomacy and Domestic Politics：The Logic of Two-Level Games[M]//Peter B. Evans，Harold K. Jacobson，Robert D. Putnam. Double-Edged Diplomacy：International Bargaining and Domestic Politics，California：University of California Press，1993：436-438.
Robert Gillette. DDT：On Field and Courtroom a Persistent Pesticide Lives On[J]. Science，1971，174（4014）：1108-1110.
Robert S. Devine. Bush Versus the Environment[M]. New York：Random House，Inc，2004.
Roger Revelle，Hans E. Suess. Carbon Dioxide Exchange Between Atmosphere and Ocean and the Question of an Increase of Atmospheric CO_2 during the Past Decades[J]. Tellus，1957，9（1）：18-27.
Rogers，Paul Grant. H.R.17577-Clean Air Act Amendments[EB/OL].（1974-12-05）[2023-02-27]. https://www.congress.gov/bill/93rd-congress/house-bill/17577/all-info.
Ruth Desmond to Jerome Wiesner of the White House[A]. RCC，Box #43，Folder 788. 1963-04-12.
Secretariat of the Basel Convention. Basel Convention E-waste Amendments[EB/OL]. [2023-03-01]. http://www.basel.int/Implementation/Ewaste/EwasteAmendments/Overview/tabid/9266/Default.aspx.
Secretariat of the Basel Convention. Basel Convention on the Control of Transboundary Movements of Hazardous Wastes and their Disposal[EB/OL]. [2023-02-28]. http://www.basel.int/TheConvention/Overview/

TextoftheConvention/tabid/1275/Default.aspx.

Secretariat of the Basel Convention. Plastic Waste Overview[EB/OL]. [2023-03-01]. http://www.basel.int/Implementation/Plasticwaste/Overview/tabid/8347/Default.aspx.

Select Committee Democrats. Solving the Climate Crisis：The Congressional Action Plan for a Clean Energy Economy and a Healthy，Resilient，and Just America[R/OL].（2020-06）[2023-03-02]. https://docs.house.gov/meetings/GO/GO28/20220316/114492/HHRG-117-GO28-Wstate-KingC-20220316- SD001.pdf.

Sharp Curb Ordered on Aerosol Products[N]. The New York Times，1978-03-16.

Sheila Jasonoff. The Fifth Branch：Science Advisors as Policymakers[M]. Cambridge，MA：Harvard University Press，1990.

Sherwood Rowland. Chlorofluorocarbons and the Depletion of Stratospheric Ozone[J]. American Scientist，1989，77（1）：36-45.

Stark，Fortney Hillman. H.R.2854-Ozone Protection and CFC Reduction Act of 1987[EB/OL].（1987-06-30）[2023-02-28]. https://www.congress.gov/bill/100th-congress/house-bill/2854?q=%7B%22search%22%3A%22h.r.2854%22%7D.

Stephen Hopgood. Looking Beyond the“K-Word”：Embedd Multilateralism in American Foreign Environmental Policy[M]//Rosemary Foot，S. Neil Macfarlane，Michael Mastanduno. US Hegemony and International Organizations：The United States and Multilateral Institutions. Oxford：Oxford University Press，2003.

Stephen O Andersen，K Madhava Sarma. Protecting the Ozone Layer：The United Nations History[M]. London：Taylor & Francis Group，2002.

Steven C. Wofsy，Michael B. Mcelroy，Nien Dak Sze. Freon Consumption：Implications for Atmospheric Ozone[J]. Science，1975，187（4176）：535-537.

Steven Greenhouse. Aerosol Feels the Ozone Effect[N]. The New York Times，1975-06-22.

Stevens，Haley. H.R.2821-Plastic Waste Reduction and Recycling Research Act[EB/OL].（2021-04-22）[2023-03-01]. https://www.congress.gov/bill/117th-congress/house-bill/2821/text?q=%7B%22search%22%3A%5B%22Plastic+Waste%22%2C%22Plastic%22%2C%22Waste%22%5D%7D&r=1&s=2.

Stuart E. Eizenstat. Statement before the Subcommittee on Energy and Power，House Commerce Committee on March 4，1998，House Science Committee on March 5，1998，and Senate Committee on Agriculture，Nutrition，and Forestry on March 5，1998[EB/OL].（1988-03-05）[2023-03-02]. https://1997-2001.state.gov/policy_remarks/1998/980304_eizenstat_warming.html.

Synar，Michael Lynn. H.R.2358-Waste Export Control Act[EB/OL].（1991-05-15）[2023-02-28]. https://www.congress.gov/bill/102nd-congress/house-bill/2358?q=%7B%22search%22%3A%5B%22H.R.2358%22%2C%22H.R.2358%22%5D%7D&s=3&r=1.xiuding.

T. Swarbrick. Carson Versus Chemicals[Z]. The Grower，1963-02-09.

Talking Point Memo. Sanders：Trump Thinks“Climate Change Is A Hoax Invented By The Chinese”[EB/OL].（2016-01-17）[2023-03-02]. https://www.talkingpointsmemo.com/livewire/sanders- trump-climate-change-hoax-chinese.

The American Presidency Project. Executive Order 13514：Federal Leadership in Environmental，Energy，and Economic Performance[A/OL].（2009-10-05）[2023-03-02]. https://www.presidency.ucsb.edu/documents/

executive-order-13514-federal-leadership-environmental-energy-and-economic-performance.

The American Presidency Project. Executive Order 13653：Preparing the United States for the Impacts of Climate Change[A/OL].（2013-11-01）[2023-03-02]. https://www.presidency.ucsb.edu/documents/executive-order-13653-preparing-the-united-states-for-the-impacts-climate-change.

The American Presidency Project. Executive Order 13677：Climate-Resilient International Development[A/OL].（2014-09-23）[2023-03-02]. https://www.presidency.ucsb.edu/documents/executive- order-13677-climate-resilient-international-development.

The American Presidency Project. Executive Order 13754：Northern Bering Sea Climate Resilience[A/OL].（2016-12-09）[2023-03-02]. https://www.presidency.ucsb.edu/documents/executive-order-13754-northern-bering-sea-climate-resilience.

The American Presidency Project. Executive Order 14027：Establishment of the Climate Change Support Office[EB/OL].（2021-05-07）[2023-03-03]. https://www.presidency.ucsb.edu/documents/executive-order-14027-establishment-the-climate-change-support-office.

The American Presidency Project. Executive Order 14037：Strengthening American Leadership in Clean Cars and Trucks[EB/OL].（2021-08-05）[2023-03-04]. https://www.presidency.ucsb.edu/documents/executive-order-14037-strengthening-american-leadership-clean-cars-and-trucks.

The American Presidency Project. Letter to Members of the Senate on the Kyoto Protocol on Climate Change[EB/OL].（2001-03-13）[2023-03-02]. https://www.presidency.ucsb.edu/documents/letter-members-the-senate-the-kyoto-protocol-climate-change.

The Desolate Year[N]. Monsanto Magazine，1962-10-05.

The Heartland Institute. Sensenbrenner：Global Warming Treaty Doomed[EB/OL].（1999-09-01）[2023-03-02]. https://heartland.org/opinion/sensenbrenner-global-warming-treaty-doomed/.

The Senate of the United States. 1997 Amendment to Montreal Protocol[EB/OL].（1999-09-16）[2023-02-28]. https://www.congress.gov/106/cdoc/tdoc10/CDOC-106tdoc10.pdf. Treaty Doc. 106-10.

The Senate of the United States. Amendment to the Montreal Protocol on Substances that Deplete the Ozone Layer[A]. 1993-07-20. S. Treaty Doc. 103-9.

The Senate of the United States. Basel Convention on the Control of Transboundary Movements of Hazardous Wastes and Their Disposal[A]. 1991-05-17. S. Treaty Doc. No. 102-5.

The White House，Office of the Press Secretary. Climate Change Technology Initiative：$4.0 Billion in Tax Incentives[EB/OL].（2000-02-03）[2023-03-02]. https://clintonwhitehouse4.archives.gov/WH/New/html/20000204_9.html.

The White House，Office of the Press Secretary. Fact Sheet：The United States and India-Moving Forward Together on Climate Change，Clean Energy，Energy Security，and the Environment[EB/OL].（2016-06-07）[2023-03-02]. https://obamawhitehouse.archives.gov/the-press-office/2016/06/07/fact-sheet-united-states-and-india-%E2%80%93-moving-forward-together-climate.

The White House，Office of the Press Secretary. Fact Sheet：The U.S.-Brazil Strategic Energy Dialogue[EB/OL].（2012-04-09）[2023-03-02]. https://obamawhitehouse.archives.gov/the-press-office/ 2012/04/09/fact-sheet-us-brazil-strategic-energy-dialogue.

The White House, Office of the Press Secretary. Remarks by the President on Climate Change[EB/OL].（2013-06-25）[2023-03-02]. https://obamawhitehouse.archives.gov/the-press-office/2013/06/25/remarks-president-climate-change.

The White House. A National Security Strategy for a Global Age[R/OL].（2000-12）[2023-03-02]. https://history.defense.gov/Portals/70/Documents/nss/nss2000.pdf.

The White House. A National Security Strategy for A New Century[R/OL].（1997-05）[2023-03-02]. https://www.hsdl.org/c/view?docid=795582.

The White House. A National Security Strategy of Engagement and Enlargement[R/OL].（1994-07）[2023-03-02]. https://nssarchive.us/wp-content/uploads/2020/04/1994.pdf.

The White House. Action on Climate Change Review Initiatives[EB/OL].（2001-07-13）[2023-03-02]. https://2001-2009.state.gov/g/oes/rls/rm/4101.htm.

The White House. Background Material on President Clinton's Climate Change Proposal[EB/OL].（1997-10-22）[2023-03-02]. https://1997-2001.state.gov/global/global_issues/climate/background.html.

The White House. CEQ Earth Day 2000 Report[R/OL]. [2023-03-02]. https://clintonwhitehouse4.archives.gov/CEQ/earthday/ch3.html.

The White House. Fact Sheet: President Biden Announces New Initiatives at COP27 to Strengthen U.S. Leadership in Tackling Climate Change[EB/OL].（2022-11-11）[2023-03-03]. https://www.whitehouse.gov/briefing-room/statements-releases/2022/11/11/fact-sheet-president-biden-announces-new-initiatives-at-cop27-to-strengthen-u-s-leadership-in-tackling-climate-change/.

The White House. Fact Sheet: President Biden Sets 2030 Greenhouse Gas Pollution Reduction Target Aimed at Creating Good-Paying Union Jobs and Securing U.S. Leadership on Clean Energy Technologies[EB/OL].（2021-04-22）[2023-03-03]. https://www.whitehouse.gov/briefing-room/statements-releases/2021/04/22/fact-sheet-president-biden-sets-2030-greenhouse-gas-pollution-reduction-target-aimed-at-creating-good-paying-union-jobs-and-securing-u-s-leadership-on-clean-energy-technologies/.

The White House. Fact Sheet: President Biden Signs Executive Order Catalyzing America's Clean Energy Economy Through Federal Sustainability[EB/OL].（2021-12-08）[2023-03-03]. https://www.whitehouse.gov/briefing-room/statements-releases/2021/12/08/fact-sheet-president-biden-signs-executive-order-catalyzing-americas-clean-energy-economy-through-federal-sustainability/.

The White House. G20 Bali Leaders' Declaration[EB/OL].（2022-11-16）[2023-03-03]. https://www. whitehouse.gov/briefing-room/statements-releases/2022/11/16/g20-bali-leaders-declaration/.

The White House. G7 Leaders' Statement[EB/OL].（2022-12-12）[2023-03-03]. https://www.whitehouse.gov/briefing-room/statements-releases/2022/12/12/g7-leaders-statement-4/.

The White House. Joint US-EU Press Release on the Global Methane Pledge[EB/OL].（2021-09-18）[2023-03-03]. https://www.whitehouse.gov/briefing-room/statements-releases/2021/09/18/joint-us-eu-press-release-on-the-global-methane-pledge/.

The White House. Leading International Efforts to Combat Global Climate Change[EB/OL]. [2023-03-02]. https://obamawhitehouse.archives.gov/energy/climate-change.

The White House. Paris Climate Agreement[EB/OL].（2021-01-20）[2023-03-03]. https://www.whitehouse.gov/

briefing-room/statements-releases/2021/01/20/paris-climate-agreement/.

The White House. President Biden Invites 40 World Leaders to Leaders Summit on Climate[EB/OL].（2021-03-26）[2023-03-03]. https://www.whitehouse.gov/briefing-room/statements-releases/2021/03/26/president-biden-invites-40-world-leaders-to-leaders-summit-on-climate/#:~:text=The%20President%20invited%20the%20following%20leaders%20to%20participate,Canada%208%20President%20Sebasti%C3%A1n%20Pi%C3%B1era%2C%20Chile%20More%20items.

The White House. President Biden's Actions to Tackle the Climate Crisis[EB/OL]. [2023-03-03]. https://www.whitehouse.gov/climate/.

The White House. Readout of the Second National Climate Task Force Meeting[EB/OL].（2021-03-18）[2023-03-03]. https://www.whitehouse.gov/briefing-room/statements-releases/2021/03/18/readout-of-the-second-national-climate-task-force-meeting/.

The White House. Remarks by President Biden at the COP26 Event on "Action and Solidarity：The Critical Decade"[EB/OL].（2021-11-01）[2023-03-03]. https://www.whitehouse.gov/briefing-room/speeches-remarks/2021/11/01/remarks-by-president-biden-at-the-cop26-event-on-action-and-solidarity-the- critical-decade/.

The White House. Remarks by President Biden at the COP26 Leaders Statement[EB/OL].（2021-11-01）[2023-03-03]. https://www.whitehouse.gov/briefing-room/speeches-remarks/2021/11/01/remarks-by-president-biden-at-the-cop26-leaders-statement/.

The White House. Remarks by President Biden on Actions to Tackle the Climate Crisis[EB/OL].（2022-07-20）[2023-03-03]. https://www.whitehouse.gov/briefing-room/speeches-remarks/2022/07/20/remarks-by-president-biden-on-actions-to-tackle-the-climate-crisis/.

The White House. Report of the National Energy Policy Development Group[R/OL].（2001-05）[2023-03-02]. https://georgewbush-whitehouse.archives.gov/energy/2001/index.html.

The White House. Text of a Letter from the President to Senators Hagel，Helms，Craig，and Roberts[EB/OL].（2001-03-13）[2023-03-02]. https://georgewbush-whitehouse.archives.gov/news/releases/2001/03/20010314.html.

Thomas Gale Moore. Climate of Fear：Why we shouldn't worry about global warming[M]. Washington，D.C.：Cato Institute，1998.

Thomas H. Jukes. A Town in Harmony[Z]. Chemical Week，1962-08-18.

Thomas R. Dunlap. DDT：Scientists，Citizens，and Public Policy[M]. Princeton：Princeton University Press，1981.

Through Rose-Colored Sunglasses[N]. The New York Times，1987-05-31.

Timothy Wirth. U.S. Policy on Climate Change[J]. Global Issues：Climate Change，1997，2（2）：6.

Tom Skilling. The Drought of 1988 was the worst since the Dust Bowl[EB/OL]. WGN Television.（2018-07-21）[2023-03-01]. https://wgntv.com/news/the-drought-of-1988-was-the-worst-since-the-dust-bowl/.

Tori DeAngelis. Clinton's climate change action plan[J]. Environmental Health Perspectives，1994，102（5）：448-449.

Towns，Edolphus. H.R.2580-Waste Export and Import Prohibition Act[EB/OL].（1991-10-10）[2023-02-28]. https://www.congress.gov/bill/102nd-congress/house-bill/2580?q=%7B%22search%22%3A%5B%22H.R.

2580%22%2C%22H.R.2580%22%5D%7D&s=5&r=1.

Towns，Edolphus. H.R.3893-Waste Export and Import Prohibition Act[EB/OL].（1996-07-24）[2023-03-01]. https://www.congress.gov/bill/104th-congress/house-bill/3893?q=%7B%22search%22%3A%5B%22H.R.3893%22%2C%22H.R.3893%22%5D%7D&s=4&r=1.

U.S. Department of State. White House Climate Change Review-Interim Report[R/OL].（2001-06-11）[2023-03-02]. https://2009-2017.state.gov/documents/organization/4584.pdf.

U.S. Department of State. Fast Start Financing：U.S. Climate Funding in FY 2010[R/OL]. [2023-03-02]. https://2009-2017.state.gov/documents/organization/164668.pdf.

U.S. Department of State. Joint Statement：The United States and the European Union Commit to Greater Cooperation to Counter the Climate Crisis[EB/OL].（2021-03-09）. https://www.state.gov/joint-statement-the-united-states-and-the-european-union-commit-to-greater-cooperation-to-counter-the-climate-crisis/.

U.S. Department of State. Remarks by President Bush on Global Climate Change[EB/OL].（2001-06-11）[2023-03-02]. https://2001-2009.state.gov/g/oes/rls/rm/4149.htm.

U.S. Department of State. Stuart Eizenstat Spoke at the UNFCCC Conference of the Parties-4[EB/OL].（1998-11-14）[2023-03-02]. https://1997-2001.state.gov/policy_remarks/1998/981114_eizen_brief.html.

U.S. Government Information GPO. Administration of William J. Clinton[A/OL].（1993-02-17）[2023-03-01]. https://www.govinfo.gov/content/pkg/WCPD-1993-02-22/pdf/WCPD-1993-02-22-Pg215-2.pdf.

United Nations Climate Change Secretariat. Media Alert：UNFCCC Executive Secretary reaction to the Climate Action Plan of US President Barack Obama[A/OL].（2013-06-25）[2023-03-02]. https://unfccc.int/files/press/press_releases_advisories/application/pdf/ma20132506_us_cap.pdf.

United Nations Environment Programme Ozone Secretariat. Helsinki Declaration on the protection of the ozone layer（1989）[EB/OL].（1989-05-02）[2023-02-28]. https://ozone.unep.org/node/2777.

United Nations Environment Programme Ozone Secretariat. Report of the Parties to the Montreal Protocol on the Work of Their First Meeting[EB/OL].（1989-05-06）[2023-02-28]. https://ozone.unep.org/system/files/documents/1mop-5e.shtm. UNEP/OzL.Pro.1/5.

United Nations Environment Programme Ozone Secretariat. The Beijing Amendment（1999）：The Amendment to the Montreal Protocol Agreed by the Eleventh Meeting of the Parties[EB/OL]，（1999-11-29）[2023-02-28]. https://ozone.unep.org/treaties/montreal-protocol/amendments/beijing-amendment-1999-amendment-montreal-protocol-agreed.

United Nations Environment Programme Ozone Secretariat. The Copenhagen Amendment（1992）：The amendment to the Montreal Protocol agreed by the Fourth Meeting of the Parties[EB/OL].（1992-11-23）[2023-02-28]. https://ozone.unep.org/treaties/montreal-protocol/amendments/copenhagen-amendment-1992-amendment-montreal-protocol-agreed.

United Nations Environment Programme Ozone Secretariat. The London Amendment（1990）：The amendment to the Montreal Protocol agreed by the Second Meeting of the Parties[EB/OL].（1990-06-27）[2023-02-28]. https://ozone.unep.org/treaties/montreal-protocol/amendments/london-amendment-1990-amendment-montreal-protocol-agreed.

United Nations Environment Programme Ozone Secretariat. The Montreal Protocol on Substances that Deplete the Ozone Layer[EB/OL]. [2023-02-27]. https://ozone.unep.org/treaties/montreal-protocol/montreal-protocol-substances-deplete-ozone-layer.

United Nations Environment Programme Ozone Secretariat. The Montreal Amendment（1997）：The amendment to the Montreal Protocol agreed by the Ninth Meeting of the Parties[EB/OL].（1997-09-15）[2023-02-28]. https://ozone.unep.org/treaties/montreal-protocol/amendments/montreal-amendment-1997-amendment-montreal-protocol-agreed.

United Nations Environment Programme Ozone Secretariat. The Vienna Convention for the Protection of the Ozone Layer[EB/OL]. [2023-02-27]. https://ozone.unep.org/treaties/vienna-convention.

United Nations Environment Programme. Amendments to Annexes II，VIII and IX to the Basel Convention[A/OL]. [2023-03-01]. file:///C:/Users/Wj/Downloads/UNEP-CHW-COP.14-BC-14-12.English %20(2).pdf. BC-14/12.

United Nations Environment Programme. Draft Protocol on Chlorofluorocarbons or Other Ozone-modifying Substances：Proposal Submitted by Canada[A/OL].（1986-10-29）[2023-02-28]. https://ozone.unep.org/system/files/documents/adhoc-vg-151-l1-draft_protocol_on_cf-canada.86-12-01.pdf. UNEP/WG.151/L.1.

United Nations Environment Programme. Note by the Executive Director[A/OL].（1992-01-27）[2023-02-28]. https://ozone.unep.org/system/files/documents/6oewg-4.e.pdf. UNEP/OzL.Pro/WG.1/6/4.

United Nations Environment Programme. Proposals to amend Annexes II，VIII and IX to the Basel Convention[A/OL].（2018-12-17）[2023-03-01]. http://www.basel.int/TheConvention/ConferenceoftheParties/Meetings/COP14/tabid/7520/Default.aspx. UNEP/CHW.14/27.

United Nations Environment Programme. Provisional Proposal by the European Community[A/OL].（1987-02-16）[2023-02-28]. https://ozone.unep.org/system/files/documents/adhoc-vg-151-l5-provisional_proposal_by_ec.86-12-01.pdf. UNEP/WG.151/L.5.

United Nations Environment Programme. Report of the Ad Hoc Working Group on the work of its 3rd session：United Nations Environment Programme，Ad Hoc Working Group of Legal and Technical Experts for the Preparation of a Protocol on Chlorofluorocarbons to the Vienna Convention for the Protection of the Ozone Layer（Vienna Group），3rd session[R/OL].（1987-05-08）[2023-02-28]. https://digitallibrary.un.org/record/143068. UNEPIWG.172/2.

United Nations Environment Programme. Report of the Governing Council on the Work of its Fifteenth Session[R/OL]. New York：United Nations，1989：164-168. https://digitallibrary.un.org/record/79301/files/A_44_25-EN.pdf?ln=zh_CN.

United Nations Environment Programme. Revised Draft Protocol on Chlorofluorocarbons Submitted by the US[A/OL].（1986-11-25）[2023-02-28]. https://ozone.unep.org/system/files/documents/adhoc-vg-151-l2-revd_draft_prot_cfcs_by_usa.86-12-01.pdf. UNEP/WG.151/L.2.

United Nations Environment Programme. Synthesis of the reports of the Ozone Scientific Assessment Panels[A/OL].（1991-12-09）[2023-02-28]. https://ozone.unep.org/system/files/documents/6oewg-3.e.pdf. UNEP/OzL.Pro/WG.1/6/3.

United Nations Framework Convention on Climate Change. A Guide to the Climate Change Convention Process[A/OL]. [2023-03-01]. https://unfccc.int/resource/docs/publications/guideprocess-p.pdf.

United Nations. Report of the Conference of the Parties on its First Session，Held at Berlin From 28 March to 7 April 1995[R/OL].（1995-06-06）[2023-03-01]. https://unfccc.int/resource/docs/cop1/07a01.pdf. FCCC/CP/1995/7/Add.1.

United Nations. UN General Assembly Resolution 43/53：Protection of Global Climate for Present and Future Generations of Mankind[A/OL].（1988-12-06）[2023-03-01]. https://documents-dds-ny.un.org/doc/RESOLUTION/GEN/NR0/530/32/IMG/NR053032.pdf?OpenElement. A/43/905.

United States Congress. Congressional Record-House[A/OL]. 1988，134（3）：4081. https://www.congress.gov/bound-congressional-record/1988/03/16/house-section.

United States Congress. Congressional Record-Senate[A/OL]. 1985，131（17）：23088. https://www.congress.gov/bound-congressional-record/1985/09/09/senate-section.

United States Congress. Congressional Record-Senate[A/OL]. 1986，132（20）：29536. https://www.congress.gov/bound-congressional-record/1986/10/08/senate-section.

United States Congress. Congressional Record-Senate[A/OL]. 1987，133（3）：3784，3804. https://www.congress.gov/bound-congressional-record/1987/02/19/senate-section.

United States Congress. Congressional Record-Senate[A/OL]. 1988，134（3）：3719，3722. https://www.congress.gov/bound-congressional-record/1988/03/14/senate-section.

United States Congress. Congressional Record-Senate[A/OL]. 2022，168（151）：S4840. https://www.congress.gov/117/crec/2022/09/20/168/151/CREC-2022-09-20-senate.pdf.

United States Department of State. Climate Action Report[R/OL].（1997-07）[2023-03-02]. https://1997-2001.state.gov/global/oes/97climate_report/index.html.

United States Environmental Protection Agency. Clean Air Act Overview[EB/OL].（2022-05-04）[2023-02-28]. https://www.epa.gov/clean-air-act-overview/clean-air-act-text#toc.

US Environment Protection Agency. Fact Sheet：Overview of the Clean Power Plan - Cutting Carbon Pollution from Power Plants[EB/OL].（2015-08-03）[2023-03-02]. https://archive.epa.gov/epa/cleanpowerplan/fact-sheet-overview-clean-power-plan.html.

US Environmental Protection Agency. American Power Act of 2010 in the 111th Congress[EB/OL].（2010-06）[2023-03-02]. https://www.epa.gov/climate-change/american-power-act-2010-111th-congress- june-2010.

US Environmental Protection Agency. DDT Ban Takes Effect[EB/OL].（1972-12-31）[2023-02-27]. https://www.epa.gov/archive/epa/aboutepa/ddt-ban-takes-effect.html.

US Environmental Protection Agency. DDT，A Review of Scientific and Economic Aspects of the Decision To Ban Its Use as a Pesticide[R]. 1975. EPA-540/1-75-022.

US Environmental Protection Agency. EPA to Ask for Comments on New Pesticides Law[EB/OL].（1972-11-08）[2023-02-27]. https://www.epa.gov/archive/epa/aboutepa/epa-ask-comments-new-pesticides- law.html.

US Environmental Protection Agency. Ozone Layer Protection Milestones of the Clean Air Act[EB/OL]. [2023-02-27]. https://www.epa.gov/ozone-layer-protection-milestones-clean-air-act.

US Environmental Protection Agency. Quarles Testifies on the Need for Toxic Substances Act[EB/OL].（1975-07-10）[2023-02-27]. https://www.epa.gov/archive/epa/aboutepa/quarles-testifies-need-toxic-substances-act.html.

US Environmental Protection Agency. Report of the DDT Advisory Committee to William D. Ruckelshaus, Administrator, US Environmental Protection Agency[R]. 1971-09-09.

US Environmental Protection Agency. Studies Show DDT To Be Carcinogenic: Petition to FDA Requests Zero Tolerance in Foods[R]. 1969-10-10.

US Environmental Protection Agency. Summary of the Toxic Substances Control Act[EB/OL]. (2022-10-04) [2023-02-27]. https://www.epa.gov/laws-regulations/summary-toxic-substances-control-act.

US Environmental Protection Agency. Train Sees New Toxic Substances Law as"Preventive Medicine"[EB/OL]. (1976-10-21) [2023-02-27]. https://www.epa.gov/archive/epa/aboutepa/train-sees-new-toxic-substances-law-preventive-medicine.html.

US Environmental Protection Agency. What is Energy Star?[EB/OL]. [2023-03-02]. https://www.nist.gov/system/files/documents/iaao/EnergyStar.pdf.

US Farm Groups Fighting Global Climate Treaty[N]. Reuters, 1997-10-09.

Vanessa Houlder. Greenhouse Gases Environmental Campaigners Call for Talks to Resume: EU and US under Pressure on Climate Deal[N]. Financial Times, 2000-12-02.

Vanishing Shield?[N]. The New York Times, 1975-04-13.

W. K. Stevens. Ozone Loss Over U.S. Is Found to Be Twice as Bad as Predicted[N]. The New York Times, 1991-04-05.

Waite Sullivan. Federal Ban Urged on Spray-Can Propellants Suspected in Ozone Depletion and Possible Cancer Rise[N]. The New York Times, 1974-11-21.

Walter Sullivan. A New Satellite Launching is Set for Further Studies on Ozone[N]. The New York Times, 1975-11-15.

Walter Sullivan. Studies Are Cited to Show That Effects of Fluorocarbons on Ozone Layer May Be Cut "Nearly to Zero" [N]. The New York Times, 1976-05-13.

Wanted: For Murder and Theft[Z]. Cyanamid Magazine, Winter 1963.

Washington General Assembly. Statement of Carol Browner, Administrator, U.S. E.PA. before the Global Legislators Organization for Balanced Environment[A]. 1994-03-01.

White House. Executive Order on Tackling the Climate Crisis at Home and Abroad[EB/OL]. (2021-01-27) [2023-03-03]. https://www.whitehouse.gov/briefing-room/presidential-actions/2021/01/27/executive-order-on-tackling-the-climate-crisis-at-home-and-abroad/.

Will Allen. Out of the Frying Pan, Avoiding the Fire: Ending the Use of Methyl Bromide[R]. Ozone Action, 1995.

William J. Clinton. Opening Remarks at the White House Conference on Climate Change Online by Gerhard Peters and John T. Woolley, October 6, 1997[C]. The American Presidency Project, 2023.

World Meteorological Organisation. Report of the International Conference on the assessment of the role of carbon dioxide and of other greenhouse gases in climate variations and associated impacts[EB/OL]. (1985-10-09) [2023-03-01]. https://library.wmo.int/doc_num.php?explnum_id=8512.

World Meteorological Organization, Organisation Météorologique Mondiale. Conference Proceedings of The Changing Atmosphere: Implications for Global Security[A/OL]. (1988-06-27) [2023-03-01].

https://wedocs.unep.org/bitstream/handle/20.500.11822/29980/ChangAtmsProcedn.pdf?sequence=1&isAllowed=y. WMO/OMM-No.710.

World Meteorological Organization. Atmospheric Ozone 1985：Assessment of Our Understanding of the Processes Controlling its Present Distribution and Change[R]. 1985：4-12，786-787.

World Meteorological Organization. Global Ozone Research and Monitoring Project-Report No. 20：Scientific Assessment of Stratospheric Ozone：1989 [R/OL].（1990-01-01）[2023-02-28]. https://ntrs.nasa.gov/api/citations/19920006212/downloads/19920006212.pdf.

Zuoyue Wang. Scientists，Popular Science Communication，and Environmental Policy in the Kennedy Years[J]. Science Communication，1997，19（2）：141-163.

附　录

缩略语

ACC　美国化学理事会（American Chemistry Council）
BAN　巴塞尔行动网络（Basel Action Network）
BRC　商业回收联盟（Business Recycling Coalition）
CAS　大气研究委员会（Council on Atmospheric Studies）
CBS　哥伦比亚广播公司（Columbia Broadcasting System）
CCAP　《气候变化行动计划》（*Climate Change Action Plan*）
CCAP　《适应气候变化计划》（*Climate Change Adaptation Plan*）
CDM　清洁发展机制（Clean Development Mechanism）
CEIP　卡内基国际和平基金会（Carnegie Endowment for International Peace）
CEN　《化学与工程新闻》（*Chemical & Eengineering New*）
CEQ　环境质量委员会（Council on Environmental Quality）
CMA　化学制造商协会（Chemical Manufactures Association）
CNRA　公民自然资源协会（Citizen Natural Resources Association）
CPSC　美国消费品安全委员会（Consumer Product Safety Commission）
CSIS　战略与国际问题研究中心（Center for Strategic and International Studies）
DNR　自然资源部（Department of Natural Resources）
DOI　内政部（Department of the Interior）
DPC　美国白宫国内政策委员会（Domestic Policy Council）
EC　认知共同体（Epistemic Community）
EDF　美国环保协会（Environmental Defense Fund）
EEI　爱迪生电气研究所（Edison Electric Institute）
EPA　美国国家环境保护局（U.S. Environmental Protection Agency）

ESA 美国昆虫学学会（Entomological Society of America）
FAA 美国联邦航空局（Federal Aviation Administration）
FAO 联合国粮食及农业组织（Food adn Agriculture Organization of the United Nations）
FCST 联邦科学技术委员会（Federal Council for Science and Technology）
FDA 食品和药物管理局（Food and Drug Administration）
FIFRA 《联邦杀虫剂、杀菌剂和灭鼠法》（*Federal Insecticide，Fungicide，and Rodenticide Act*）
FOE 地球之友（Friends of the Earth）
FPP 氟碳计划小组（Fluorocarbon Program Panel）
GCC 全球气候联盟（Global Climate Coalition）
GCF 绿色气候基金（Green Climate Fund）
GEF 全球环境基金（Global Environment Facility）
GISS 戈达德空间研究所（Goddard Institute for Space Studies）
GP 绿色和平组织（Green Peace）
GWAP 清洁水行动项目（Clean Water Action Project）
GWP 全球变暖潜能值（Global Warming Potentials）
HEW 卫生、教育和福利部（Department of Health，Education，and Welfare）
HSIA 卤化溶剂工业联盟（Halogenated Solvents Industry Alliance）
HSWA 《危险和固体废物修正案》（*Hazardous and Solid Waste Amendments*）
ICE 环境信息委员会（Information Council for the Environment）
IEA 国际能源署（International Energy Agency）
IEADB 国际环境协定数据库（International Environmental Agreements Database）
INC 政府间谈判委员会（Intergovernmental Negotiating Committee）
INDC 国家自主贡献方案（Intended Nationally Determined Contribution）
IPCC 联合国政府间气候变化专门委员会（Intergovernmental Panel on Climate Change）
IPMI 国际贵金属协会（International Precious Metals Institute）
ISRI 废品回收工业协会（Institute of Scrap Recycling Industries）
MBAN 甲基溴替代品网络（Methyl Bromide Alternatives Network）
MEAs 多边环境协定（Multilateral Environmental Agreements）
NACA 全国农业化学协会（National Agricultural Chemicals Association）
NAS 国家奥杜邦协会（National Audubon Society）
NAS 美国国家科学院（National Academy of Sciences）
NASA 美国国家航空航天局（National Aeronautics and Space Administration）
NCI 美国国家癌症研究所（National Cancer Institute）
NEP 《国家能源政策》（*National Energy Policy*）

NEPA　《国家环境政策法案》（*National Environmental Policy Act*）
NFU　全国农民联盟（National Farmers Union）
NOAA　美国国家海洋和大气管理局（National Oceanic and Atmospheric Administration）
NRC　国家科学研究委员会（National Research Council）
NRDC　美国自然资源保护委员会（Natural Resources Defense Council）
NSF　美国国家科学基金会（National Science Foundation）
NTC　国家有毒物质运动（National Toxics Campaign）
NWF　国家野生动物联合会（National Wildlife Federation）
OA　臭氧行动（Ozone Action）
OECD　经济合作与发展组织（Organisation for Economic Co-operation and Development）
PCAP　《总统气候行动计划》（*President's Climate Aciton Plan*）
PFA　美国聚氨酯泡沫协会（Polyurethane Foam Association）
PIA　塑料工业协会（Plastics Industry Association）
PIMA　聚异氰尿酸盐绝缘制造商协会（Polyisocyanurate Insulation Manufacturers Association）
PIRG　美国公共利益研究小组（Public Interest Research Group）
PSAC　总统科学咨询委员会（President's Science Advisory Committee）
RCRA　《资源保护和恢复法》（*Resources Conservation & Recovery Act*）
SEC　美国证券交易委员会（Security and Exchange Commission）
SMA　钢铁制造商协会（Steel Manufacturers Association）
SWDA　《固体废物处置法》（*Solid Waste Disposal Act*）
TSCA　《有毒物质控制法》（*Toxic Substances Control Act*）
UNEP　联合国环境规划署（United Nations Environmental Programme）
USAID　美国国际开发署（U.S. Agency for International Development）
US-CAN　美国气候行动网络（US Climate Action Network）
USCIB　美国国际工商理事会（U.S. Council for International Business）
USDA　美国农业部（United States Department of Agriculture）
USFWS　美国鱼类及野生动植物管理局（United States Fish and Wildlife Service）
USGCRP　全球变化研究计划（U.S. Global Change Research Program）
WCP　世界气候计划（World Climate Program）
WHO　世界卫生组织（World Health Organization）
WMEAC　西密歇根州环境行动委员会（West Michigan Environmental Action Council）
WMO　世界气象组织（World Meteorological Organization）
WWI　美国世界观察研究所（Worldwatch Institute）